中等职业教育通用能力实践教材

丛书总主编　安如磐　丛书副总主编　邓国民

计算机通用能力

徐荣兰　张岩　主　编

张茹茵　陈晶　吴振东　副主编

清华大学出版社

北京

内容简介

本书根据各行业使用计算机办公软件能力的实际情况，通过"案例提出"、"案例分析"、"案例实现"、"相关问题"、"拓展与提高"、"知识巩固与扩充"的体例结构，有序地讲解并训练学生最基本的计算机应用能力，包括 Windows 系统的操作、Microsoft Office 办公软件的使用、Internet 网络工具的应用、常用工具软件的应用等内容。

本书可作为现代信息技术教育课程的教材，也可以作为广大计算机爱好者的启蒙参考书。

图书在版编目（CIP）数据

计算机通用能力/徐荣兰，张岩主编. —北京：清华大学出版社，2011.10
（中等职业教育通用能力实践教材）
ISBN 978-7-302-27046-1

Ⅰ. ①计…　Ⅱ. ①徐… ②张…　Ⅲ. ①计算机课—中等专业学校—教材　Ⅳ. ①G634.671

中国版本图书馆 CIP 数据核字(2011)第 199483 号

责任编辑：金燕铭
责任校对：李　梅
责任印制：王秀菊

出版发行：清华大学出版社　　地　址：北京清华大学学研大厦 A 座
http://www.tup.com.cn　　邮　编：100084
社 总 机：010-62770175　　邮　购：010-62786544
投稿与读者服务：010-62776969，c-service@tup.tsinghua.edu.cn
质 量 反 馈：010-62772015，zhiliang@tup.tsinghua.edu.cn
印 装 者：北京嘉实印刷有限公司
经　销：全国新华书店
开　本：185×260　印　张：13.25　字　数：302 千字
版　次：2011 年 10 月第 1 版　印　次：2011 年 10 月第 1 次印刷
印　数：1～3000
定　价：27.00 元

产品编号：043957-01

《国家中长期教育改革和发展规划纲要(2010—2020年)》战略主题中明确提出：坚持以人为本、全面实施素质教育是教育改革发展的战略主题，是贯彻党的教育方针的时代要求，其核心是解决好培养什么人、怎样培养人的重大问题，重点是面向全体学生、促进学生全面发展，着力提高学生服务国家和服务人民的社会责任感、勇于探索的创新精神和善于解决问题的实践能力。

多年来，各级教育行政部门、学校和广大教育工作者一直在积极探索改进与加强中等职业教育的工作。《中等职业教育通用能力实践教材》以中等职业学校学生职业通用能力教育为出发点，以《国务院关于大力发展职业教育的决定》提出的“以服务为宗旨，以就业为导向”的办学方针为指导，推行“品行教育与技能教育同步实施，学校教育与岗位学习交叉并举”，切实将“教、学、做、用”融为一体，以能力为本位，以培养合格的公民、培养胜任企业工作岗位需求的劳动者为主要教学内容，结合鲜活、生动的案例分析，为学生介绍学会学习、学会做事、学会生存的科学知识和基本技巧。

在教育教学实践中，经过广泛的调查分析，我们归纳出沟通与交流、应用文写作、礼节礼仪、审美、计算机应用等作为中等职业学校学生应该掌握的通用能力。为了给中等职业教育工作提供支持和服务，推广学校通用能力教学改革的成果经验，我们组织一线教师共同编写了这套《中等职业教育通用能力实践教材》，包含《沟通技巧与实训》、《实用写作基础》、《职业通用礼仪》、《服饰搭配技巧》、《计算机通用能力》、《硬笔书法》、《音乐与美术修养》七种教材，以此强化学生通用能力的培养，加强学生人文素质的塑造。

教育实践证明，中等职业学校学生的养成教育关系着社会的和谐稳定，更关系着全民族素质的提高。中职生从学校步入社会，中等职业学校是他们重要的生活空间、教育园地。通用能力的培养在学生由职业教育向社会教育过渡的过程中起着举足轻重的作用。本套教材的编写从满足经济发展对技能型人才的需要出发，在课程结构、教学内容、教学方法等方面进行了新的探索和创新，以利于学生更好地掌握职业基本能力。

在本套教材的编写过程中，编者参阅了国内外的有关著作，吸取了相关学科一些专家、学者的研究成果；同时，得到了大连商业职业教育集团同仁们的支持与帮助，在此一并深表谢意。

由于作者水平所限，书中难免存在疏漏和不妥之处，祈望专家、同行和广大读者批评指正，以便进一步修订和完善。

编审委员会

2011年9月

随着计算机操作技能的大众化，越来越多的计算机应用软件被青少年学生所青睐。为了使这些应用软件成为人们工作的帮手，使其在工作中达到事半功倍的效果，本书的编者们根据多年培养学生计算机应用能力的教学经验，结合职场工作人员应用计算机办公软件的实际情况，参照了各类计算机通用能力的鉴定内容，采用了“案例提出”、“案例分析”、“案例实现”、“相关问题”、“拓展与提高”、“知识巩固与扩充”的体例结构，将人们在使用计算机工作过程中的问题有序地进行归纳，并通过“分析”、“实现”、“提问”、“提高”等环节，对学生掌握计算机应用能力方面加以训练，帮助其在使用计算机办公方面具有一定的针对性。

本书共分八章，第 1 章根据学生感兴趣的问题，采取两人间的对话方式，回答了计算机基础知识的相关问题，为掌握计算机应用的常识问题和相应的基本训练编排了相关内容。第 2 章是“Windows XP 的应用”，为了培养学生学习和操作 Windows XP 的能力，本书中提出了相关的案例，通过案例的实现促进学生学习能力的提高。第 3 章“Word 文字处理软件的应用”和第 4 章“Excel 电子表格的应用”中结合职场工作中的实际应用，提出了许多有针对性的案例，使学生通过学习，不仅学会了解决问题的方法，而且还会注意到工作中应用 Office 办公软件时的常见问题。第 5 章“Internet 网络的应用”会使一个全然不知怎样上网的学生学会享受网络“办公”的乐趣。第 6 章“PowerPoint 的应用”结合实际，通过将一些文字编制成一个演示文稿的过程，使学生很快学会 PowerPoint 的使用。第 7 章“计算机常用工具软件的应用”重点介绍了压缩软件、下载软件、杀毒软件、图像处理软件、媒体播放软件的使用，这些软件基本属于个人计算机中的常备软件。第 8 章“计算机应用能力综合测试”通过一个测试案例，检验学生使用计算机办公的通用能力水平，也为其在应用计算机办公方面归纳了使用方法。

本书适合各类需要掌握计算机通用能力的初学者进行系统学习。

建议在使用本书学习的过程中，要在安装有 Windows XP 操作系统和 Microsoft Office 2000 以上版本软件以及安装有本书中介绍的软件环境下，边操作边学习。

本书由徐荣兰、张岩主编，张茹茵、陈晶、吴振东为副主编；第1章、第2章和附录由徐荣兰编写，第3章由陈晶编写，第4章由张茹茵编写，第5章、第7章由吴振东编写，第6章、第8章由张岩编写；课件内容主要由张茹茵编制。在编写本书的过程中，参考了许多专家的意见，在此表示衷心的感谢。

由于编者水平有限，书中难免存在不妥和疏漏之处，希望广大读者批评指正。

编　者

2011年8月

目
录

第1章 计算机知识趣味问答

中考结束后，小艾（以下简称小I）想选择一所职业学校学习，准备三年后在现代服务行业找一份工作。大家都知道，现代服务行业的工作都离不开应用计算机。何为计算机的应用能力，小艾一无所知，因此她想提前了解一些，可是家中没有计算机，只知道邻居家哥哥小涛（以下简称小T）毕业于某高校计算机网络专业，现担任某公司技术经理，于是小I到小T所在的公司向他询问了许多有关计算机的问题。说来也巧，IT组合，而IT正是计算机领域内的一个专用术语，意思是信息技术（Information Technology）。那么小I从小T那里讨教了些什么呢？

1.1 认识计算机

I："为什么人们工作都离不开计算机呢？"

T："众所周知，计算机无论是在科学计算、数据处理、生产过程控制和通信管理，还是在人们生活、学习中已成为不可缺少的工具，大的不说，就说眼前，使用它可为我们写文章、画图、加工数据、上网收集信息等带来很多便利。"

I："我知道计算机的种类很多，我想购买一台计算机，根据我的情况应该选择什么样的配置呢？"

T："根据计算机处理数据能力的大小来分，有巨型机、大型机、中小型机、微机和掌上机。根据它的用途分为通用机、专用机。你听说过国防科技大学研制的'天河一号'超级计算机（如图1-1所示）吗？它的运算速度能达到每秒1206万亿次。"

I："这么大的计算机呀，家庭可不能用啊。"

T："是的，你知道世界上第一台计算机有多大吗？"小T拿来世界上第一台计算机的照片（如图1-2所示）。

I："这哪是一台机器呀，这不是一个厂房吗？"小T笑了。

T："不可想象吧。1946年，美国宾夕法尼亚大学的科学家为了弹道计算的需要，研制出世界上第一台数字电子计算机（ENIAC）。它的运算速度为每秒30次，却是一个庞然大物，使用了18 000个电子管、1500个继电器，

图 1-1 “天河一号”超级计算机

图 1-2 世界上第一台数字电子计算机(ENIAC)

占地 300m²,重 30t,消耗功率为 50kW,价值 48 万美元。虽然它既大又贵,但却是现在各种计算机的先驱,为发展至今的数字电子计算机奠定了基础。”

I:“这不是 65 年前的事吗,现在的计算机怎么那么小呢?”

T:“这你就不知道了吧,因为生产电子计算机主要元器件的材料不断更新,所以计算机也不断地更新换代。在 1946—1958 年期间,主要使用的是电子管,1958—1964 年使用的是晶体管,1964—1970 年采用的是中小规模集成电路,1970 年出现了大规模和超大规模集成电路后,将原本计算机的核心部件——运算器和控制器集成在一个像火柴盒大小的芯片上,芯片集成度不断提高,各种款式的微型机以价格低、携带方便、处理数据快捷等优势越来越被人们所青睐,这样才使我们能把计算机搬到家中使用。这个芯片就是我们所说的 CPU(中央处理器),就是它。”小 T 指着 CPU(如图 1-3 所示)给小 I 看。

I:“科技真能把世界变小,这么小小的芯片就可以为我们做事了?”

T:“当然还不够,这个芯片是放在一块主板上,是这个。”小 T 拿出一块主板(如图 1-4 所示)给小 I。

图 1-3 CPU 的背面

图 1-4 主板

I:“这么复杂的东西,我真看不懂。”

T:“这个你暂时不用懂得很多,我告诉你它上面主要有哪些重要的东西就是了。”

小 T 告诉了小 I 以下一些关于计算机主板的相关知识。

(1) 主板。主板也称主机板,是安装在主机机箱内的一块矩形电路板,上面安装有计算机的主要电路系统。主板的类型和档次决定着整个微机系统的类型和档次,主板的性能影响着整个微机系统的性能。主板上安装有控制芯片组、BIOS芯片和各种输入输出接口、键盘和面板控制开关接口、指示灯插接件、扩充插槽及直流电源供电插接件等元件。

CPU、内存条插接在主板的相应插槽(座)中,驱动器、电源等硬件连接在主板上。主板上的接口扩充插槽用于插接各种接口卡,这些接口卡扩展了计算机的功能。常见接口卡有显示卡、声卡等。

(2) CPU。CPU(中央处理器)是计算机的核心,计算机处理数据的能力和速度主要取决于CPU。通常用位长和主频评价CPU的能力和速度,如PⅡ300 CPU能处理位长为32位的二进制数据,主频为300MHz。

(3) 内存储器。内存储器简称内存,是用于存放当前待处理的信息和常用信息的半导体芯片。使用32位系统的计算机无论搭配什么硬件,系统所能识别的最大内存容量都是4GB(注意:由于显存和内存都是需要寻址空间的,所以4GB是显存和内存的总和,也就是如果显卡是512MB的,那么内存最大只能识别3.5GB)。内存包括RAM、ROM和Cache。

① RAM:RAM(随机存取存储器)是计算机的主存储器,人们习惯将RAM称为内存。RAM的最大特点是关机或断电后数据便会丢失。电脑的内存越大,所能同时处理的信息量越大。我们用刷新时间评价RAM的性能,单位为ns(纳秒)。刷新时间越小,存取速度越快。

箱式机常用的RAM有EDORAM和SDRAM。存储器芯片安装在手指宽的条形电路板上,称为内存条(如图1-5所示)。内存条安装在主板上的内存条插槽中,按内存条与主板的连接方式不同有30线、72线和168线之分。目前装机常用168线、刷新时间为10ns、容量为32MB(或64MB)的SDRAM内存条。

图1-5　内存条

② ROM:ROM(只读存储器)是一种存储计算机指令和数据的半导体芯片,但只能从其中读出数据而不能写入数据,关机或断电后ROM的数据不会丢失。生产厂商把一些重要的、不允许用户更改的信息和程序存放在ROM中,例如存放在主板和显示卡ROM中的BIOS程序。

③ Cache:Cache(高速缓冲存储器)是位于CPU与主内存间的一种容量较小但速度很高的存储器。由于CPU的速度远高于主内存,CPU直接从内存中存取数据要等待一定时间周期,Cache中保存着CPU刚用过或循环使用的一部分数据,当CPU再次使用该部分数据时,可从Cache中直接调用,这样就减少了CPU的等待时间,提高了系统的效率。Cache又分为一级Cache(L1 Cache)和二级Cache(L2 Cache)。L1 Cache集成在CPU内部,L2 Cache一般是焊在主板上。常见主板上焊有256KB或512KB的L2 Cache。

前面提到存储容量,可以这样说,因为信息传递的单位是bit(比特),而信息存储是

byte(字节),所以说存储容量也是用 byte 表示的。信息存储和信息的存储容量是相似的,都是用二进制来表示,即产生位,1 字 8 位的含义是 1 个字节(byte)用的是 8 个二进制数(0、1)位,所以用 byte 表示存储的最小单位,简用 B 表示。

1024B=1KB　1024KB=1MB　1024MB=1GB　1024GB=1TB

(4) BIOS。BIOS 是一个程序,是微机的基本输入输出系统,其主要功能是对计算机的硬件进行管理。BIOS 程序是计算机开机运行的第一个程序。开机后 BIOS 程序首先检测硬件,对系统进行初始化,然后启动驱动器,读入操作系统引导记录,将系统控制权交给磁盘引导记录,由引导记录完成系统的启动。计算机运行时,BIOS 还配合操作系统和软件对硬件进行操作。BIOS 程序存放在主机板上的 ROM BIOS 芯片中。

(5) CMOS。CMOS 是主板上一块可读写的 RAM 芯片,用于保存当前系统的硬件配置信息和用户设定的某些参数。CMOS RAM 由主板上的电池供电,即使系统掉电,信息也不会丢失。对 CMOS 中各项参数的设定和更新需要运行专门的设置程序,开机时通过特定的按键(一般是 Del 键)就可进入 BIOS 设置程序,对 CMOS 进行设置。CMOS 设置习惯上也被叫做 BIOS 设置。

(6) 主频与外频。主频是指 CPU 内核工作的时钟频率。外频是指 CPU 与外部(主板芯片组)交换数据、指令的工作时钟频率。系统时钟就是 CPU 的外频,将系统时钟按规定比例倍频后所得到的时钟信号作为 CPU 的内核工作时钟(主频)。例如某计算机使用 Pentium 233 CPU,那么这台计算机的外频是 66MHz,而它的主频则是 233MHz(66×3.5=233)。系统时钟(外频)是计算机系统的基本时钟,计算机中各分系统中所有不同频率的时钟都与系统时钟相关联。如当前 100MHz 外频系统中,系统内存工作于 100MHz(或 66MHz),L2 Cache 工作于 100MHz,PCI 工作于 33MHz,AGP 工作于 66MHz。可以看出,上述频率都与外频有一定的比例关系。提高系统时钟(外频)可以提高整个计算机的性能,但提高外频必然改变其他各分系统的时钟频率,影响各分系统的实际运行情况,这一点在 CPU 超外频运行时应该加以充分重视。

(7) 系统总线。系统总线是连接扩充插槽的信息通路。其按功能分为控制总线、地址总线和数据总线。ISA 和 PCI 总线是目前 PC(PC 通常指的是个人计算机)的常用系统总线,主板上相应有 ISA 和 PCI 插槽。

(8) 输入输出接口。输入输出接口简称 I/O 接口,是连接主板与输入输出设备的接口。主机后侧的串口、并口、键盘接口、PS/2 接口、USB 接口以及主机内部的硬盘、软驱接口都是输入输出接口。

① 串行通信接口(RS-232C):简称串行口,是计算机与其他设备传送信息的一种标准接口。现在的计算机至少有两个串行口,即 COM1 和 COM2。

② 并行通信接口:简称并行口,是计算机与其他设备传送信息的一种标准接口,这种接口将 8 位数据位同时并行传送。并行口数据传送速度较串行口快,但传送距离较短。并行口使用 25 孔 D 形连接器,常用于连接打印机。

③ EIDE 接口:也称为扩展 IDE 接口,是主板上连接 EIDE 设备的接口。常见的 EIDE 设备有硬盘和光驱。目前较新的接口标准还有 Ultra DMA/33 和 Ultra DMA/66。

④ AGP:即"加速图形端口",是 Intel 公司在 1996 年 7 月提出的显示卡接口标准,通

过主板上的AGP插槽连接AGP显示卡。PCI总线的传输速度只能达到132MB/s，而AGP端口则能达到528MB/s，传输速度是前者的4倍。AGP技术使图形显示（特别是3D图形）的性能有了极大的提高，使PC在图形处理技术上又向前迈进一大步。

I："你真行，太专业了，可我看到的只是一个小铁箱子呀！"

T："是的，你看到的那个叫主机箱，当然主机箱中除了主板以外还有更重要的东西呢。"小T随手拿来了主机箱、硬盘和光驱，给小I讲述了以下知识。

（1）光盘驱动器：简称光驱（如图1-6所示），是读取光盘信息的设备，也是多媒体计算机中不可缺少的硬件配置。光盘存储容量大，价格便宜，保存时间长，适宜保存大量的数据，如声音、图像、动画、视频、电影等多媒体信息。目前CD-ROM驱动器基本已退出市场，DVD-ROM驱动器比较常见，但也许会很快退出市场，因为集合了CD、DVD刻录的驱动器已经上市。

（2）硬盘驱动器：简称硬盘（如图1-7所示），是一种主要的计算机存储媒介，由一个（或者多个）铝制（或者玻璃制）的碟片组成。这些碟片外覆盖有铁磁性材料。绝大多数硬盘都是固定硬盘，被永久性地密封固定在硬盘驱动器中。不过，现在可移动硬盘越来越普及，种类也越来越多。绝大多数箱式机使用的硬盘要么采用IDE接口，要么采用SCSI接口。SCSI接口硬盘的优势在于，最多可以有七种不同的设备连接在同一个控制器面板上。由于硬盘以每分钟3000～15 000转的恒定高速度旋转，因此，从硬盘上读取数据只需要很短的时间。

图1-6　光驱

图1-7　硬盘

小I指着主机箱说："没想到里面有这么重要的设备呀！我还看到过像电视屏幕那样的一个东西。"

小T拿来了显示器说："你说的是这个吧，它叫显示器，是计算机最重要的输出设备。箱式机通常采用CRT显示器（如图1-8所示）和LCD液晶显示器（图1-9所示）两种。"接着小T又给小I讲述了以下几个显示器的主要性能。

图1-8　CRT显示器

图1-9　LCD液晶显示器

(1) 扫描方式：显示器的扫描方式分为逐行扫描和隔行扫描两种。隔行扫描价低，但人眼明显感到闪烁，长时间使用，眼睛会感到疲劳，目前已被淘汰；逐行扫描克服了上述缺点，长时间使用眼睛不会感到疲劳。

(2) 刷新频率：刷新频率就是屏幕刷新的速度。刷新频率越低，图像闪烁和抖动越厉害，眼睛疲劳就越快，一般采用75Hz以上的刷新频率时可基本消除闪烁，因此，75Hz的刷新频率应是显示器稳定工作的最低要求。此外，还有一个常见的显示器性能参数是行频，即水平扫描频率，是指电子枪在屏幕上扫描过的水平点数，以kHz为单位。

(3) 点距：点距是同一像素中两个颜色相近的磷光体间的距离。点距越小，显示出来的图像越细腻，成本也越高。几年前显示器的点距多为0.31mm和0.39mm，现在大多数显示器的点距至少为0.28mm，有些高档显示器的点距为0.25mm，甚至更小。

(4) 分辨率：分辨率是指屏幕水平方向和垂直方向所显示的点数。例如1024×768、1280×1024等。1024×768中的1024指屏幕水平方向的点数，768指屏幕垂直方向的点数，分辨率越高，图像越清晰。

(5) 带宽：带宽是衡量显示器综合性能的最重要的指标之一，以MHz为单位，值越大越好，带宽是显示器性能差异的一个比较重要的因素。

(6) 亮度和对比度：最大亮度的含义即屏幕显示白色图形时白块的最大亮度，其量值单位是cd/m^2。一般情况下，背景较暗时白色的亮度在$70cd/m^2$以上即已经可令人满意。对比度的含义是显示画面或字符(测试时用白块)与屏幕背景底色的亮度之比。对比度越大，则显示的字符或画面越清晰。

(7) 尺寸：显示器的屏幕尺寸实际上是指显像管的尺寸，而实际用的远远到不了这个尺寸，原因是显像管的边框占了一部分空间。

小T边说边将小I所需要的计算机组装起来，基本配置如下。

(1) CPU：Intel酷睿i5 2300(盒装)，主频为2800MB。

(2) 主板：七彩虹战旗C.P67 X5 V20，采用Intel P67芯片组，集成声卡和网卡，CPU插槽为LGA 1155，内存类型为DDR3，8个USB 2.0接口、2个USB 3.0接口，8针和24针的电源接口各一个。

(3) 内存：宇瞻2GB DDR3 1333(经典系列)，单条内存为2GB，内存类型为DDR3。

(4) 硬盘：希捷2TB 32MB Barracuda LP系列(ST32000542AS)，硬盘容量为2000GB。

(5) 显卡：七彩虹iGame 560烈焰战神X D5 1024MB，核心频率为820/900MHz，显存容量为1024MB。

(6) 机箱：鑫谷雷诺塔，立式，材质采用SECC(电解镀锌钢板)。

(7) 电源：鑫谷劲翔400A，额定功率300W。

(8) 液晶显示器：三星EX1920W，产品类型为LED显示器，屏幕尺寸为19英寸。

(9) 键鼠：雷柏1800无线键鼠套装。

(10) 光驱：先锋DVR-219CHV，光驱类型为DVD刻录机。

1.2 输入输出设备的使用

小I了解了上述一些计算机的基本知识后说："你们的设备真够全的，可我怎么操作它呢？"

小T指着键盘和鼠标说："我们用这个来操作计算机，它是计算机主要的输入设备。"接着，小T给小I讲述了以下有关计算机输入输出设备的相关知识。

计算机只能识别二进制数字电信号，而人们习惯于接收图文和声像信号。输入输出设备起着信号转换和传输的作用。我们常用键盘输入文字，用麦克风输入声音，用数码相机、扫描仪和摄影机输入图像；常用的输出设备有显示器、打印机和喇叭。

1. 打印机

目前打印机有针式打印机、喷墨式打印机、激光式打印机和热敏式打印机。打印机的主要性能有打印幅面、打印速度、分辨率、打印负荷，墨盒(硒鼓)寿命等。

2. 鼠标

鼠标是极其重要的输入设备，通过拖动或单击可实现对计算机的各种控制操作。目前最常用的鼠标是三键鼠标。根据鼠标实现的功能不同分为6种。鼠标的握法如图1-10所示。

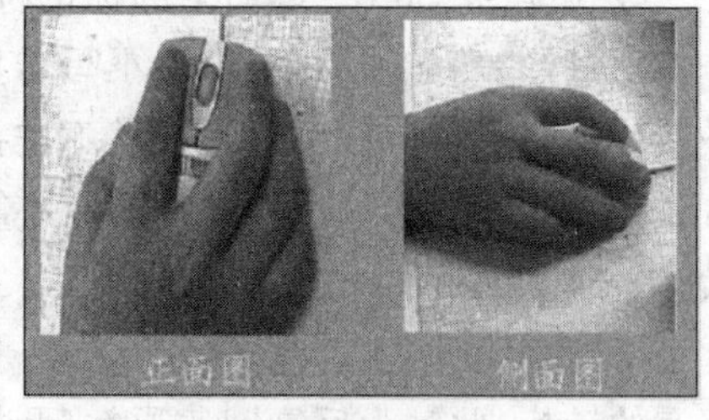

图1-10 鼠标的握法

鼠标的使用方法如下。

(1) 指向：指移动鼠标，将鼠标指针放到所需位置的过程。

(2) 单击：指将鼠标指针指向目标对象，用食指按下鼠标左键后快速松开按键的过程。该操作常用于选择对象、打开菜单或单击按钮。

(3) 双击：指将鼠标指针指向目标对象后用食指快速、连续地按鼠标左键两次的过程。该操作常用于启动某个程序、执行任务以及打开某个窗口、文件或文件夹。

(4) 右击：指将鼠标指针指向目标对象，按下鼠标右键后快速松开按键的过程。该操作常用于打开目标对象的快捷菜单。

(5) 拖动：指将鼠标指针指向对象，按住鼠标左键不放，然后移动鼠标指针到指定位置后再松开的过程，该操作常用于移动对象。

(6) 滚动：指在浏览网页或长文档时，滚动三键鼠标的滚轮，此时文档将沿滚轮滚动方向进行显示。

3. 键盘

计算机键盘的功能是系统控制和字符输入。

计算机键盘中的全部键按基本功能可分为四组，即键盘的四个分区：主键盘区、功能键区、编辑键区和数字键盘区，如图1-11所示。

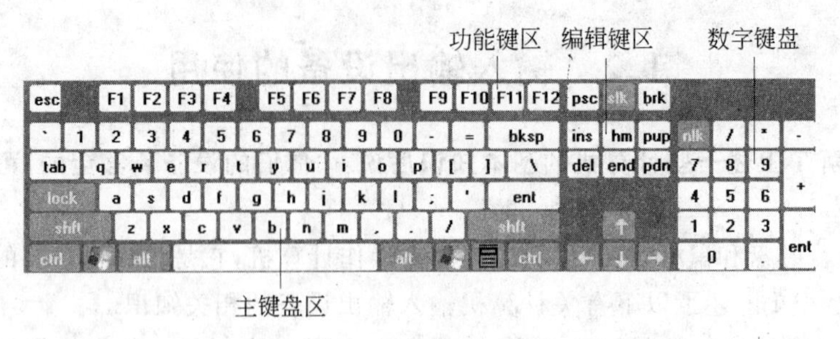

图 1-11 键盘分布

(1) 主键盘区

主键盘也称标准打字键盘，此区除包含 26 个英文字母、10 个数字符号、各种标点符号、数学符号、特殊符号等 47 个字符键外，还有若干基本的功能控制键。

① 字母键：所有字母键在键面上均刻印有大写的英文字母，表示上挡字母为大写，下挡字母为小写(即通常情况下，单按此键时输入下挡小写字母)。其键位排列形式与标准英文打字机相同。

② 数字键 0～9：主键盘第一行的一部分，键面上刻印有数字。单按时输入下挡键面数字。

③ 换挡键 Shift：键面上的标记符号为 Shift 或"↑"，主键盘的第四排左右两边各一个换挡键，其功能相同，用于大小写转换以及上挡符号的输入。操作时，先按住换挡键，再按其他键，输入该键的上挡符号；不按换挡键，直接按该键，则输入键面下方的符号。若先按住换挡键，再按字母键，字母的大小写进行转换(即原为大写转为小写，或原为小写转为大写)。

④ 大写字母锁定键 Caps Lock：在 104 主键盘左边的中间位置上，用于大小写输入状态的转换，此键为反复键。通常(开机状态下)系统默认输入小写，按此键后，键盘右上方中间 Caps Lock 指示灯亮，表示此时默认状态为大写，输入的字母为大写字母。再按一次 Caps Lock 键灯灭，表示此时状态为小写，输入的字母为小写字母。

⑤ 空格键：又称 Space 键，整个键盘上最长的一个键。按此键，将输入一个空白字符，光标向右移动一格。

⑥ 回车键 Enter：键面上的标记符号为 Enter 或 Return。位于主键盘右边中间，大部分键盘的这个键较大(因用得多，故制作大些便于操作)。在中英文文字编辑软件中，此键具有换段功能，当本段的内容输完，按回车键后，在当前光标处插入一个回车符，光标带着该字符及后面的部分一起下移到下一行之首；在计算机程序设计语言过程中，按回车键确认命令或该行程序输入结束，命令则开始执行。

⑦ 强行退出键 Esc：位于键盘顶行最左边。在某个应用程序运行时使用它可强行关闭操作。

⑧ 跳格键 Tab：键面上的标记符号为 Tab。在主键盘左边，用于快速移动光标。在制表格时，单击一下该键，使光标移到下一个制表位置，同时按 Shift＋Tab 组合键将使光标左移到前一跳格位置。

⑨ 控制键 Ctrl：在主键盘下方左右各一个，此键不能单独使用，与其他键配合使用可产生一些特定的功能。

⑩ 转换键：又称变换键 Alt，在主键盘下方靠近空格键处，左右各一个，该键同样不能单独使用，用来与其他键配合产生一些特定功能。在 Windows 操作中按 Alt＋F4 组合键可关闭当前程序窗口。

⑪ 退格键 Back Space：键面上的标记符号为 Back Space 或"←"。按此键将删除光标左侧的一个字符，光标位置向前移动一格。

以下两个键专用于 Windows 95 及其以上版本的 Windows 操作系统。

⑫ Windows 键：键面上的标记符号为"⊞"，也称 Windows 徽标键。在 Ctrl 和 Alt 键之间，主键盘左右各一个，因键面的标识符号是 Windows 操作系统的徽标而得名。此键通常和其他键配合使用，单独使用时的功能是打开"开始"菜单。

⑬ Application 键：此键通常和其他键配合使用，单独使用时的功能是弹出当前 Windows 对象的快捷菜单。

(2) 功能键区

功能键区也称专用键区，包含 F1～F12 共 12 个功能键，主要用于扩展键盘的输入控制功能。各个功能键的作用在不同的软件中通常有不同的定义。

(3) 编辑键区

编辑键区也称光标控制键区，主要用于控制或移动光标。

① 插入键 Insert：在编辑状态时，用做插入/改写状态的切换键。在插入状态下，输入的字符插入到光标处，同时光标右边的字符依次后移一个字符位置，在此状态下按 Insert 键后变为改写状态，这时在光标处输入的字符覆盖原来的字符。系统默认为插入状态。

② 删除键 Delete：删除当前光标所在位置的字符，同时光标后面的字符依次前移一个字符位置。

③ 光标归首键 Home：快速移动光标至当前编辑行的行首。

④ 光标归尾键 End：快速移动光标至当前编辑行的行尾。

⑤ 上翻页键 Page Up：光标快速上移一页，所在列不变。

⑥ 下翻页键 Page Down：光标快速下移一页，所在列不变。

Page Up 和 Page Down 这两个键统称为翻页键。

⑦ 光标移动←、↑、↓和→这四个键，被统称为方向键或光标移动键。

⑧ 屏幕硬复制键 Print Screen：当和 Shift 键配合使用时是把屏幕当前的显示信息输出到打印机。在 Windows 系统中，如不连打印机时复制当前屏幕内容到剪贴板，再粘贴到如画图程序中，即可把当前屏幕内容抓成图片。如用 Alt＋Print Screen 组合键，与上不同的是截取当前窗口的图像而不是整个屏幕。

⑨ 屏幕锁定键 Scroll Lock：其功能是使屏幕暂停(锁定)/继续显示信息。当锁定有效时，键盘中的 Scroll Lock 指示灯亮，否则此指示灯灭。

⑩ 暂停/中断键 Pause/Break：键面上的标记符号为 Pause。单独使用时是暂停键 Pause，其功能是暂停系统操作或屏幕显示输出。按此键，系统当时正在执行的操作暂停。当和 Ctrl 键配合使用时是中断键 Break，其功能是强制中止当前程序运行。

(4) 数字键盘

数字键盘也称小键盘、副键盘或数字/光标移动键盘,其主要用于数字符号的快速输入。在数字键盘中,各个数字符号键的分布紧凑、合理,适于单手操作,在输入内容为纯数字符号的文本时,使用数字键盘将比使用主键盘更方便,更有利于提高输入速度。

① 数字锁定键 Num Lock:此键用来控制数字键区的数字/光标控制键的状态。这是一个反复键,按该键,键盘上的 Num Lock 灯亮,此时小键盘上的数字键可以输入数字;再按一次 Num Lock 键,该指示灯灭,数字键作为光标移动键使用。故数字锁定键又称"数字/光标移动"转换键。

② 插入键 Ins:即 Insert 键。

③ 删除键 Del:即 Delete 键。

(5) 常用组合控制键

组合控制键由控制键 Ctrl 或 Alt 与其他键组合而成,其功能是对计算机产生特定的作用。例如 Ctrl+Alt+Del 进入 Windows 任务管理器对话框。若在 DOC 提示符下可对计算机热启动。

1.3 软件的概念

I:"你能否教我怎样把它们连接起来,通上电,操作给我看看?"

小 T 指着主机箱的背面(如图 1-12 所示)各种接口说:"将这些设备连接上很容易,它们基本上是专口专用。先将这些外部设备连接到主机箱上,然后连接电源线,可以了,通电吧。"小 T 边操作边说,很快将这些设备组合到一起,如图 1-13 所示。

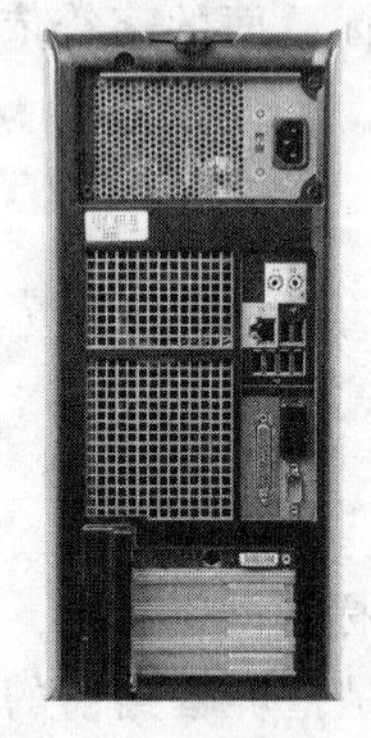

图 1-12 主机箱背面

图 1-13 多媒体计算机系统

通电后,小 I 看到屏幕上出现的信息奇怪地问:"我们看到的这些设备,通电后怎么能出现一些我们脑子里想象的东西呢?它怎么认识这些字母、数字和图片声音的呢?我怎么能够与它对话呢?"

面对小 I 提出的一系列问题,小 T 耐心地一一解答。

T:"我们能看得见、摸得到的这些东西叫做计算机的硬件,真正使用计算机是只使用计算机系统,计算机系统包括硬件系统和软件系统,硬件系统可以说是我们看到的这些电子设备，软件系统才架起了人与硬件沟通的桥梁，没有软件系统的计算机称为裸机，它什么也不能做。我们学习计算机操作就是要驾驭这些软件的操作，所以要知道什么是软件。

软件是由程序和有关的文档组成。程序是指令序列的符号表示，文档是软件开发过程中建立的技术资料。程序是软件的主体，一般保存在存储介质（如 U 盘、硬盘和光盘）中，以便在计算机上使用。文档对于使用和维护软件尤其重要，随着软件产品发布的文档主要是使用手册，其中包含了该软件产品的功能介绍、运行环境要求、安装方法、操作说明和错误信息说明等。某个软件要求的运行环境是指运行它至少应有的硬件和其他软件的配置。计算机软件按用途可分为系统软件和应用软件。系统软件主要分为操作系统软件、各种语言处理程序和各种数据库管理系统；为解决计算机各类问题而编写的程序称为应用软件，它又可分为应用软件包与用户程序。”

接着小 T 给小 I 讲述了以下一些软件方面的知识。

1. 操作系统软件

操作系统（OS）是用来管理计算机系统中的硬件资源和软件资源，控制程序运行，并使计算机系统所有资源最大限度地发挥作用，为用户提供方便、有效、友善的服务界面，是任何应用软件的操作平台。

2. 语言处理程序

程序设计语言是用于编写程序（或制作软件）的开发工具，人们把自己的意图用某种程序设计语言编成程序，输入计算机，告诉它完成什么任务以及如何完成，达到人对计算机进行控制的目的。程序设计语言分为机器语言、汇编语言和高级语言。程序开发人员多用高级程序设计语言进行编程，如 Visual C++ 、Java、Visual Basic 等。

3. 数据管理系统

数据是数据库存储的对象，种类很多，文本、图形、图像、音频、视频等都是数据。

数据库是指长期存储在计算机内、有组织、可共享的数据集合。

数据库管理系统是一类重要的系统软件，由一组程序构成，其主要功能是完成对数据库中数据的定义，数据操纵，提供给用户一个简明的应用接口，实现事务处理等。

数据库系统是由数据库及其管理软件组成的系统。它是为适应数据处理的需要而发展起来的一种较为理想的数据处理的核心机构。它是一个实际可运行的为存储、维护和应用系统提供数据的软件系统，是存储介质、处理对象和管理系统的集合体。

4. 应用软件

应用软件指向计算机提供相应指令并实现某种用途的软件，它们是为解决各种实际问题而专门设计的程序，如辅助教学软件（CAI）、辅助设计软件（CAD）等。

I：“你说了这么多知识，我明白了计算机系统就像一个人，硬件就像是我们的躯体，软件就像我们的思想，所以也把计算机叫电脑，是吧？”

T：“你比喻得很恰当。虽然以上说了那么多技术的内容，但重点要掌握的是如图 1-14

所示内容。”

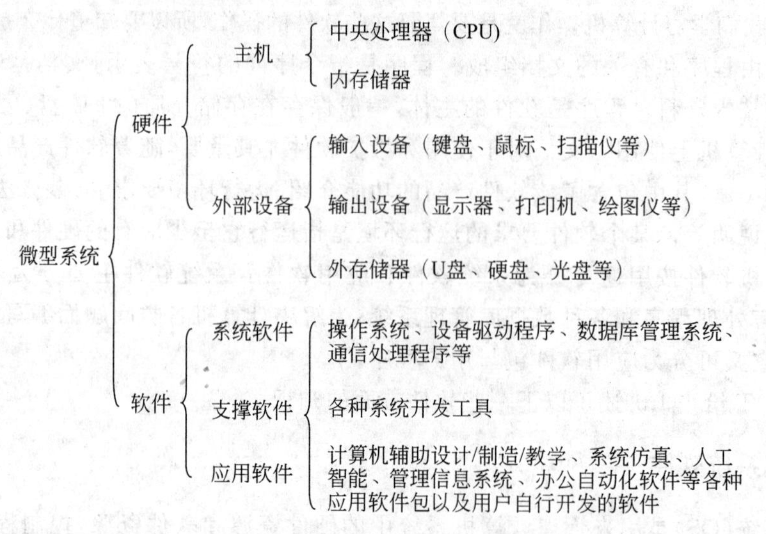

图 1-14　微型系统的组成

小 I 还是感到有些奇怪：“一个电子的东西，怎么能认识我在键盘上按的字母呢？”

T：“是的，这个问题一时无法说清，但你要知道计算机接收的每个符号都要转换成二进制代码来处理，前面说过的每 8 位的二进制代码表示一个字节(byte)。键盘上的字符转换成二进制代码的方法执行的是美国标准信息交换代码，也称 ASCII 码(如表 1-1 所示)。”

表 1-1　常见字符的 ASCII 码表

$b_6 b_5 b_4$ / $b_3 b_2 b_1 b_0$	010	011	100	101	110	111
0000	SP	0	@	P		p
0001	!	1	A	Q	a	q
0010	"	2	B	R	b	r
0011	#	3	C	S	c	s
0100	$	4	D	T	d	t
0101	%	5	E	U	e	u
0110	&	6	F	V	f	v
0111	‘	7	G	W	g	w
1000	(	8	H	X	h	x
1001	)	9	I	Y	i	y
1010	*	:	J	Z	j	z
1011	+	;	K	[	k	{
1100	,	<	L	/	l	|
1101	—	=	M	]	m	}
1110	.	>	N	↑	n	~
1111	/	?	O	_	o	Del

I：“以上我学习了许多有关计算机的常识知识，就按你的想法给我装一台计算机吧，可是软件我不知应该装些什么，又怎样去学习这些软件操作呢？键盘如何使用？汉字怎么输入等，要学的东西太多了。”

T：“别忙，我先把计算机中必备的软件给你装上，你要成为一名操作计算机的高手必须有正确的操作方法。汉字的录入速度一定达到70字/min。正确的中英文录入方法老师会指导你的。”

最后，小T给小I讲了以下一些装机必备的软件。

① Windows XP或Windows 2000操作系统软件。

② Microsoft Office办公应用软件。

③ 腾讯QQ网络沟通软件。

④ RealPlayer或暴风影音软件，是两款经典的多媒体播放器，支持常见的媒体格式。

⑤ WinRAR压缩工具。

⑥ 杀毒软件(瑞星、金山毒霸、360杀毒软件等)。

⑦ ACDSee图像处理软件。

⑧ 汉字输入法，如五笔字型输入法等。

知识巩固与扩充

1. 基本知识

(1) 世界上第一台计算机是1946年在美国宾夕法尼亚大学研制成功的，名字为ENIAC。

(2) 计算机所有的数据都是用二进制代码表示。

(3) 计算机根据其电子元件的更新换代共分为四代，分别是电子管、晶体管、中小规模集成电路、大规模或超大规模集成电路。

(4) 在计算机中使用的标准代码是ASCII，即美国标准信息交换代码。

(5) 计算机语言也称为程序设计语言，用以编制解决实际问题的各类计算机程序。程序是为完成一项特定任务而用某种语言编写的一组指令序列。计算机语言一般分为三大类：机器语言、汇编语言和高级语言。

(6) 计算机中最小的存储单元是字节，它是由8位二进制代码组成的。存储器容量的进制是1024，1024B＝1KB，1024KB＝1MB，1024MB＝1GB。

(7) 内存储器有三种形式：随机存储器(RAM)、只读存储器(ROM)、高速缓冲存储器(Cache)。

(8) CPU也叫微处理器，它是计算机的心脏，主要承担着运算器和控制器的作用。

(9) 键盘、鼠标、扫描仪、读卡器、摄像机、麦克风等是输入设备。显示器、打印机、绘图仪、音箱等是输出设备。U盘、磁盘驱动器等既是输出设备又是输入设备。

(10) 计算机软件是计算机运行时所需的各种程序及其文档资料的总称。软件分系统软件与应用软件两大类。

计算机硬件表现为各种物理部件按一定结构组成的实体，包括由总线连接起来的中央处理器、内存储器以及若干外部设备(如硬盘、软盘、键盘、显示器、打印机等)。

计算机之所以能够完成各种有意义的工作，都是在软件的控制下进行的。计算机硬件是支撑软件工作的基础。

(11) 计算机病毒的定义：计算机病毒是指能够通过自身复制传染，具有一定的破坏能力的特殊的计算机程序。

(12) 主板是主机中的基础部件，在它上面密集地安装着 CPU、内存储器、集成电路芯片、总线接口、配件的插槽等。

(13) 计算机基本工作原理：各种各样的信息，通过输入设备，进入计算机的存储器，然后送到运算器，运算完毕把结果送到存储器存储，最后通过输出设备显示出来。整个过程由控制器进行控制。

(14) ROM 和 RAM 是计算机内存储器的两种型号。ROM 表示的是只读存储器，即它只能读出信息，不能写入信息，计算机关闭电源后其内的信息仍旧保存，一般用它存储固定的系统软件和字库等。RAM 表示的是读写存储器，可对其中的任一存储单元进行读或写操作，计算机关闭电源后其内的信息将不再保存，再次开机需要重新装入，通常用来存放操作系统、各种正在运行的软件、输入和输出数据、中间结果及与外存交换信息等，常说的内存主要是指 RAM。

(15) 总线的定义：总线是计算机各设备间进行信息传输的通道，它由数据总线、地址总线、控制总线组成。

(16) 操作系统的功能是处理器管理、存储器管理、设备管理、文件管理等。

(17) 计算机能够直接识别和处理的语言是机器语言。

(18) 鼠标的基本操作有指向、单击、双击、右击、拖动、滚动。

2. 选择题

(1) (　　)是计算机必备的输入设备。

A. 扫描仪　　B. 键盘　　C. 显示器　　D. 打印机

(2) 1KB=(　　)B。

A. 1000　　B. 1024　　C. 1048　　D. 1096

(3) 微机系统中的微处理器，又称为(　　)。

A. RAM　　B. ROM　　C. CPU　　D. ALU

(4) U 盘上有一个滑片，如果移动滑片后 U 盘将被保护，这时 U 盘(　　)。

A. 只能读不能写　　B. 不能读但能写

C. 不能读也不能写　　D. 能读能写

(5) 32 位字长是(　　)。

A. 能存储 32 位二进制数　　B. 地址总线 32 位

C. 能直接处理 32 位二进制数　　D. 能直接处理 32 位十进制数

(6) RAM 是(　　)的简称。

A. 随机存取存储器　　B. 随机只读存储器

C. 主存储器　　D. 辅助存储器

(7) 操作系统的英文缩写是(　　)。

A. OS　　B. MS　　C. SQL　　D. CPU

(8) 存储器最基本的存储单位是(　　)。

A. 字　　B. 字节　　C. 块　　D. 位

(9) 第二代电子计算机采用(　　)作为主要器件。

A. 电子管　　B. 晶体管

C. 小规模集成电路　　D. 大规模集成电路

(10) 光盘驱动器利用(　　)来读取数据。

A. 热敏技术　　B. 压敏技术　　C. 激光技术　　D. 感应技术

(11) 计算机的内存储器比外存储器(　　)。

A. 更便宜　　B. 存储容量更大

C. 存取速度快　　D. 虽贵但能存储更多的信息

(12) 开机是先开外设再开主机的原因是(　　)。

A. 习惯于此　　B. 使外设提前工作

C. 避免主机受到电流冲击　　D. 提高启动速度

(13) 利用计算机进行现代化教学是计算机在(　　)方面的应用。

A. 人工智能　　B. 电子商务

C. 科学计算　　D. 计算机辅助系统

(14) 目前计算机中,一般采用以GB为单位的大容量硬盘,1GB=(　　)MB。

A. 512　　B. 1000　　C. 1024　　D. 2048

(15) 软盘驱动器灯亮时,说明(　　)。

A. 软盘正在被读写　　B. 病毒正在侵入软盘

C. 软盘有坏的磁道　　D. 软盘容量不够用

(16) 使用(　　)可以将计算机的运算结果输出到纸上。

A. 打印机　　B. 显示器　　C. 扫描仪　　D. CD-ROM

(17) 外存储器的作用是(　　)。

A. 提高存取速度　　B. 提高存储能力

C. 提高计算机配置的档次　　D. 提高运算能力

(18) 计算机软件系统分为(　　)。

A. 应用软件和驱动程序　　B. 系统软件和应用软件

C. 操作系统和应用软件　　D. 操作系统和网络通信软件

(19) 计算机硬件系统中的内存储器属于(　　)的一部分。

A. 外部设备　　B. 主机

C. 辅助设备　　D. 微处理器

(20) 下列软件中,不属于系统软件的是(　　)。

A. Windows 2000　　B. MC-DOS 6.22

C. UNIX 3.1　　D. Word 2003

(21) 下列软件中,属于操作系统的是(　　)。

A. Windows XP　　B. Excel 2000

C. PowerPoint 6.0　　D. Word 2000

(22) 下列设备中,属于输出设备的是(　　)。

A. 键盘　　B. 鼠标　　C. 扫描仪　　D. 显示器

(23) 下述外部存储器中,存取数据速度最快的是(　　)。

A. 硬盘　　B. 3.5 英寸软盘

C. 光盘　　D. 5.25 英寸软盘

(24) 现代计算机采用(　　)作为主要器件。

A. 集成电路　　B. 电子管

C. 晶体管　　D. 超大规模集成电路

(25) 一张普通的 CD-ROM 光盘容量一般是(　　)。

A. 1.44MB　　B. 650MB　　C. 512KB　　D. 40GB

(26) 用来存放程序及数据的装置是(　　)。

A. 输入设备　　B. 输出设备　　C. 控制器　　D. 存储器

(27) 在计算机应用中,"计算机辅助教学"的英文缩写是(　　)。

A. CAD　　B. CAM　　C. CAI　　D. CAE

(28) 在软盘复制过程中没有结束时取出软盘,则(　　)。

A. 信息全部复制　　B. 信息复制不完整

C. 清除原内容　　D. 没有任何影响

(29) 计算机的主机,由(　　)构成。

A. CPU、主存储器及电源　　B. CPU、主板和电源

C. 存储器和主板　　D. CPU 和外部存储器

(30) 光驱速度的一倍速是(　　)。

A. 150KB/s　　B. 300KB/s　　C. 600KB/s　　D. 1500KB/s

(31) 在下列选项中,不属于打印机种类名称的是(　　)。

A. 点阵式打印机　　B. 刻录打印机

C. 喷墨式打印机　　D. 激光打印机

(32) 光盘的主要特点是(　　)。

A. 速度快　　B. 存储数据可靠

C. 存储容量大　　D. 不可移动性

(33) 下列字符中,ASCII 码值最小的是(　　)。

A. a　　B. A　　C. Z　　D. x

(34) 在微型计算机中,其内存为 8M,指的是(　　)。

A. 8M 位　　B. 8M 字节　　C. 8M 字　　D. 内存储器

(35) 第三代计算机时代是指(　　)年。

A. 1965—1970　　B. 1964—1975

C. 1960—1969　　D. 1960—1979

(36) 系统软件包括(　　)。

A. 操作系统、语言处理程序、数据库管理系统

B. 文件管理系统、网络系统、文字处理系统

C. 语言处理程序、文字处理系统、操作系统

D. WPS、DOS、dBASE

(37) (　　)是上挡键,可以用于辅助输入字母。

A. Shift　　B. Ctrl　　C. Alt　　D. Tab

(38) 在计算机内部用来传递、存储、加工处理数据或指令的形式的是(　　)。

A. 二进制码　　B. 拼音码　　C. 八进制码　　D. 五笔字型码

(39) 如果电源突然中断,(　　)存储器中的信息会丢失而无法恢复。

A. ROM　　B. ROM 和 RAM

C. RAM　　D. 软盘

(40) (　　)是显示器的一个重要技术指标。

A. 对比度　　B. 分辨率　　C. 亮度　　D. 尺寸大小

(41) 在计算机中,(　　)个字节称为一个 KB。

A. 10　　B. 100　　C. 1024　　D. 1000

(42) CPU 不能直接访问的存储器是(　　)。

A. ROM　　B. RAM　　C. Cache　　D. CD-ROM

(43) 显示器是微型计算机必须配置的一种(　　)。

A. 输出设备　　B. 输入设备　　C. 控制设备　　D. 存储设备

(44) 下面四条常用术语的叙述中,有错误的是(　　)。

A. 光标是显示屏上指示位置的标志

B. 汇编语言是一种面向计算机的低级程序设计语言,用汇编语言编写的程序计算机能直接执行

C. 总线是计算机系统中各部件之间传输信息的公共通路

D. 读写磁头是既能从磁表面存储器读出信息又能把信息写入磁表面存储器的装置

(45) I/O 接口位于(　　)。

A. 总线和设备之间　　B. CPU 和 I/O 设备之间

C. 主机和总线之间　　D. CPU 和主存储器之间

(46) 对于 ASCII 码在计算机中的表示,下列说法正确的是(　　)。

A. 使用 8 位二进制代码,最右边一位是 0

B. 使用 8 位二进制代码,最右边一位是 1

C. 使用 8 位二进制代码,最左边一位是 0

D. 使用 8 位二进制代码,最左边一位是 1

(47) 所谓"裸机"是指(　　)。

A. 单片机　　B. 单板机

C. 不装备任何软件的计算机　　D. 只装备操作系统的计算机

(48) 从软盘上把数据传回到计算机,称为(　　)。

A. 打印　B. 读盘　C. 写盘　D. 输出

(49) 构成计算机的电子和机械的物理实体称为(　　)。

A. 计算机系统　B. 计算机硬件系统

C. 主机　D. 外设

(50) 微型计算机的显示器通常有两组引线,即(　　)。

A. 电源线和信号线　B. 电源线和控制线

C. 地址线和信号线　D. 控制线和地址线

(51) PC 绝大多数键盘是(　　)键的标准键盘。

A. 101　B. 102　C. 88　D. 104

(52) (　　)可将音乐、图像及软件存储到光盘上。

A. 光盘驱动器　B. 扫描仪　C. 光盘刻录机　D. 打印机

(53) (　　)是最底层的系统软件。

A. 操作系统　B. 数据管理系统

C. 教务管理系统　D. 财务管理系统

(54) 3.5 英寸的软盘标准格式化后,存储容量为(　　)MB。

A. 1　B. 1.2　C. 1.44　D. 2.88

(55) 下列设备中可以作为输入设备的是(　　)。

A. 绘图仪　B. 显示器　C. 数码相机　D. 打印机

(56) CPU 由(　　)组成。

A. 运算器和控制器　B. 运算器和存储器

C. 控制器和存储器　D. 存储器和微处理器

(57) 操作系统是一种(　　)。

A. 系统软件　B. 应用软件

C. 高级语言　D. 数据库管理系统

(58) 机器人是计算机在(　　)方面的应用。

A. 人工智能　B. 科学计算

C. 文字处理　D. 信息处理

(59) 计算机的工作都是在事先编制好的(　　)控制下自动进行的。

A. 程序　B. 文本　C. 函数　D. 公式

(60) 计算机发展的阶段,通常是依据(　　)来划分的。

A. 电子器件的换代　B. 运算速度的加快

C. 编程语言的发展　D. 软件的开发

(61) 计算机中所有的数据都是用(　　)数来表示。

A. 八进制　B. 十六进制　C. 二进制　D. 十进制

(62) 冷启动是指计算机(　　)启动。

A. 低温环境　B. 加电

C. 按 Reset 复位键　D. 按 Ctrl+Alt+Del 键

(63) 目前计算机系统中输入设备的标准配置是(　　)。

A. 鼠标和键盘　　B. 扫描仪
C. 语音输入设备　　D. 手写输入设备

(64) 热启动是指计算机在(　　)情况下重新启动。

A. 高温环境　　B. 已开机
C. 有 UPS 电源　　D. 无 UPS 电源

(65) 软盘写保护后,病毒则(　　)。

A. 不能传播　　B. 不能进入软盘
C. 不能复制　　D. 自生自灭

(66) 使用计算机进行股票交易是计算机在(　　)方面的应用。

A. 科学计算　　B. 电子商务　　C. 过程控制　　D. 人工智能

(67) 计算机内部电路和外设接口电路通过(　　)连接。

A. 三总线　　B. 数据总线　　C. 控制总线　　D. 地址总线

(68) 计算机硬件系统的核心是(　　)。

A. 存储器　　B. 输入输出设备
C. 微处理器　　D. 三总线

(69) 下列存储器中,具有存储容量大,且不常移动特点的是(　　)。

A. 3.5 英寸　　B. 闪存活动盘(U 盘)
C. 硬盘　　D. 5.25 英寸软盘

(70) 下列软件中,不属于应用软件的是(　　)。

A. 打字练习软件　　B. 操作系统
C. 工资管理程序　　D. 交通管理程序

(71) 下列设备中,属于输入设备的是(　　)。

A. 显示器　　B. 绘图仪　　C. 键盘　　D. 打印机

(72) 计算机中最小的数据单位是(　　)。

A. 位　　B. 字节　　C. 字长　　D. 字

(73) 一个字节(byte)由(　　)个二进制位组成。

A. 2　　B. 4　　C. 8　　D. 16

(74) 用户可用的内存是(　　)。

A. CD-ROM　　B. ROM 和 RAM
C. ROM　　D. RAM

(75) 在计算机应用中,"计算机的辅助制造"的英文缩写是(　　)。

A. CAD　　B. CAM　　C. CBE　　D. CAE

(76) 在计算机应用中,"计算机辅助设计"的英文缩写是(　　)。

A. CAD　　B. CAM　　C. CBE　　D. CAL

(77) 正确的按键手法,应该是手指自然地放置在(　　)基准键上。

A. ASDF 和 UIOP　　B. ASDF 和 JKL
C. QWER 和 UIOP　　D. ZXCV 和 NM

(78) 用于使用控制和管理计算机的软件称为(　　)。

A. 系统软件　　B. 操作软件　　C. 应用软件　　D. 管理软件

(79) 现代计算机的结构称为(　　)结构。

A. 图灵　　B. 冯·诺依曼　　C. ENIAC　　D. INTEL

(80) 下列叙述中错误的是(　　)。

A. 计算机要经常使用,不要长期闲置

B. 为了延长计算机的寿命,应避免频繁开关计算机

C. 在计算机附近应避免磁场干扰

D. 计算机用几个小时后,应关机一会再用

(81) 晶体管作为电子部件制成的计算机属于(　　)。

A. 第一代　　B. 第二代　　C. 第三代　　D. 第四代

(82) 下列因素中,对微型计算机工作影响最小的是(　　)。

A. 温度　　B. 湿度　　C. 磁场　　D. 噪声

(83) 结构化程序设计的三种基本控制结构是(　　)。

A. 顺序、选择和转向　　B. 层次、网状和循环

C. 模块、选择和循环　　D. 顺序、循环和选择

(84) IBM-PC 的 PC 含义是(　　)。

A. 计算机的型号　　B. 个人计算机

C. 小型计算机　　D. 兼容机

(85) 计算机最主要的工作特点是(　　)。

A. 高速度　　B. 高精度

C. 记忆能力　　D. 存储程序与自动控制

第2章 Windows XP的应用

Windows XP 操作系统是目前安装在个人计算机上的首选操作系统，对于这个操作系统的安装、使用应该掌握哪些方面的能力呢？

2.1 Windows XP 的全新安装

任何一款应用软件都是以操作系统为平台开展工作的，因此使用计算机的用户必须对操作系统有一个正确的认识，要会大概地判断计算机系统的问题、安装操作系统软件、设置系统所需要的有关参数等。

案例提出

不知为什么，小艾的计算机系统无法正常启动，测试硬件又没有发现硬件有任何问题，于是小艾请同学们帮助她，使系统能够正常使用。

案例分析

首先要考虑到是操作系统出现了问题，需要重新安装操作系统。因此，要准备一份 Windows XP 安装软件（系统安装盘）。其次要考虑平时在使用计算机时的重要数据是不是存放在系统盘(C)中，安装 Windows XP 系统对系统磁盘格式化时，C 盘的数据将会丢失。如果 C 盘上有重要数据时，就要在重新启动计算机时按 F8 键，在系统的安全模式下将这些重要数据备份出来，然后开始安装系统。

案例实现

(1) 将 Windows XP CD 插入 CD-ROM 驱动器中。

注：确保计算机可以从 CD 启动。

(2) 重新启动计算机。

(3) 在显示 Press any key to boot from CD 消息时，快速按下任意键（如空格键），安装随即开始。

注：密切注意这一点，因为此消息很容易错过，如果启动了当前的操作系统，则说明已经错过了从 CD 启动的机会，请重新启动计算机并重试。

(4) 安装程序启动后，在屏幕的底部会闪烁一些消息。这些消息只有在特殊情况下才显得重要，大多数情况下用户可以忽略它们。

(5) 接下来的屏幕中出现三个选项："安装 Windows XP"、"修复 Windows XP 安装"、"退出安装程序"。按 Enter 键选择第一个选项。

(6) 随后会出现"最终用户许可协议"。阅读许可协议并按照其中的说明接受或拒绝该协议。如果 Windows CD 是升级 CD，那么在接受协议之后，系统将提示插入以前版本的操作系统 CD，以便验证以前的版本是否能够升级到 Windows XP。

(7) 如果出现一个显示已安装 Windows XP 的屏幕，那么请按 Esc 键，继续安装 Windows XP 的全新副本。

(8) 在下一屏幕上，可以选择对驱动器重新分区。如果希望将几个小分区合并成一个大分区，或者创建几个小分区以便建立多重引导配置，那么最好进行重新分区。如果希望重新分区，那么请按照屏幕上的说明删除现有的分区（如果需要的话），随后选择未分区的空间，按 Enter 键继续。

注：在删除某个分区时，将删除存储在该分区上的所有数据。在继续操作之前，请确保已经备份了要保留的所有内容。

(9) 选择要使用的格式化方法，然后按 Enter 键。NTFS 格式既提供增强的格式化功能，又提供安全技术。如果需要使用 Windows Millennium Edition 或早期版本的 Windows 来访问驱动器或 DOS 文件（如基于 DOS 的启动盘中的文件），那么可能需要选择 FAT32 格式。选择任意一种格式化方法（快速或慢速）。

(10) 安装程序将对驱动器进行格式化，复制初始安装程序文件，然后重新启动计算机。

注：在计算机重新启动之后，将再次看到 Press any key to boot from CD 消息，但是应当忽略该消息，以便不会干扰当前的安装过程。

(11) 在计算机又一次重新启动之后，将开始下一部分的安装。

(12) 在"区域和语言选项"对话框中，按照屏幕上的说明，根据需要添加语言支持或更改语言设置。

(13) 在"自定义软件"对话框中，输入姓名以及单位或组织的名称（如果适用的话）。

(14) 在"您的产品密钥"对话框中，输入 Windows XP 副本附带的、包含 25 个字符的产品密钥。

(15) 在"计算机名和系统管理员密码"对话框中，提供计算机名（如果网络管理员提供了要使用的名称，那么请将其输入）。然后，提供计算机上 Administrator 账户的密码。输入一次密码，然后再次输入该密码以便确认。

注：一定要记住 Administrator 账户的密码。当日后希望对系统进行更改时，将需要此密码。

(16) 在"日期和时间设置"对话框中，进行任何必要的更改。

(17) 在"网络设置"对话框（如果出现的话）中，选择"典型设置"（除非打算手动配置网络组件）。

(18) 在"工作组或计算机域"对话框中，单击"下一步"按钮。如果希望将计算机加入某个域中，请选择第二个选项并填写域名。（如果这样做，那么系统将提示输入用户名和密码。）

注：只能在 Windows XP Professional 中连接到域，在 Windows XP Home Edition 中则不能。

(19) 当安装程序将文件复制到计算机并完成一些其他任务时，将看到一系列显示有关 Windows XP 中新功能的屏幕。

(20) 最后，计算机将重新启动，再次忽略 Press any key to boot from CD 消息。在安装程序完成后，CD 将从 CD-ROM 驱动器中弹出。

注：请不要忘记在完成安装之后重新启用病毒防护软件。

相关问题

(1) 常用在微型机上的操作系统：Windows XP 和 Windows 2000 Professional。

(2) Windows XP 对计算机 CPU、内存和硬盘的最低配置的要求是什么？

理论上的最低配置要求是：CPU Intel MMX 233MHz，内存 64MB，硬盘空间 1.5GB。

实际使用最低配置要求是：CPU Intel PⅡ 450MHz，内存 128MB，硬盘空间 4GB。

拓展与提高

请在假期将自家的计算机操作系统重新安装一遍，并收集一些需要安装在计算机中的软件。

2.2　浏览 Windows XP

要学会 Windows XP 操作系统的哪些基本操作后才能更好地学会复杂一点的操作呢？是否会不小心将操作系统操作坏呢？人工都有哪些操作？

案例提出

启动 Windows XP 系统后，整个屏幕显示的内容是 Windows XP 系统的桌面，怎样用鼠标对 Windows XP 窗口进行相关操作？怎样使用窗口或对话框中的有关操作对象？首先以注销或关闭计算机为例，展示一下第一次操作计算机的感受。

案例分析

鼠标的操作有单击(指左键)、释放、双击、拖动、右击等，被操作的对象有按钮、菜单等。用鼠标单击或双击屏幕上的图标或按钮，就可以完成一些操作。

案例实现

(1) 启动 Windows XP 系统：即开机操作，正常情况下先开显示器后开主机。这种加电启动也叫计算机的冷启动。在开机后计算机直接进入系统提示画面，即整个屏幕所显示的内容，也就是系统桌面。桌面上有“我的电脑”、“我的文档”、“网上邻居”、“回收站”以及左下角带有小箭头的快捷图标等。在桌面的最下方有一长条，它叫系统任务栏，任务栏上有“开始”按钮、快速启动按钮、通知区、语言栏，正在运行的任务图标以凹陷样式出现在任务栏中部。“开始”按钮是 Windows XP 的总开关，如图 2-1 所示。

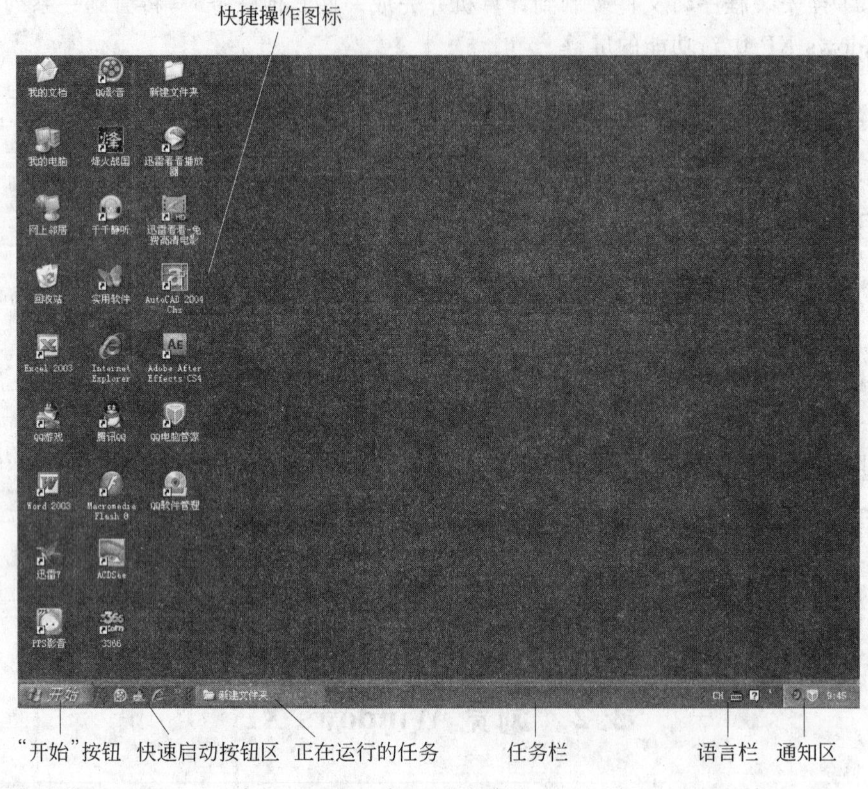

图 2-1　桌面、任务栏的认识

打开 Windows XP“开始”菜单的快捷键是 Ctrl＋Esc。“开始”菜单中出现的图标往往是安装应用程序时添加进去的，也可以自定义“开始”菜单中的内容。系统中的任务栏可以拖动放置到屏幕四周，但不能放置在屏幕中间。

(2) 鼠标的操作：在桌面上将鼠标指针对准某个图标(例如“我的电脑”图标)进行以下操作，观看出现的情况。

① 单击：单击“我的电脑”图标，图标变蓝色，即被选中。

② 双击：双击“我的电脑”图标，即打开如图 2-2 所示的“我的电脑”窗口，窗口中的主要元素已在图中标识。

③ 右击：右击“我的电脑”窗口空白处，弹出如图 2-2 所示的快捷菜单。其中，“排列图标”菜单项包含了“名称”、“类型”、“大小”、“按钮排列”等命令；“查看”菜单项包含了“缩略图”、“平铺”、“图标”、“列表”、“详细信息”等命令。执行“属性”命令将出现如图 2-3 所示的对话框，该对话框与窗口的最大区别是不能改变大小。

④ 拖动：将鼠标指针对准标题栏，按住左键拖动鼠标，即可对窗口进行移动操作。

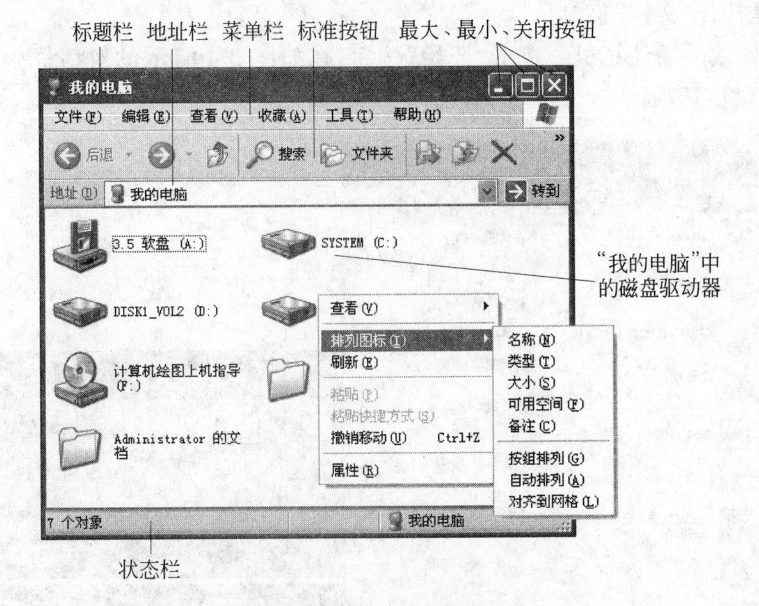

图 2-2　"我的电脑"窗口认识

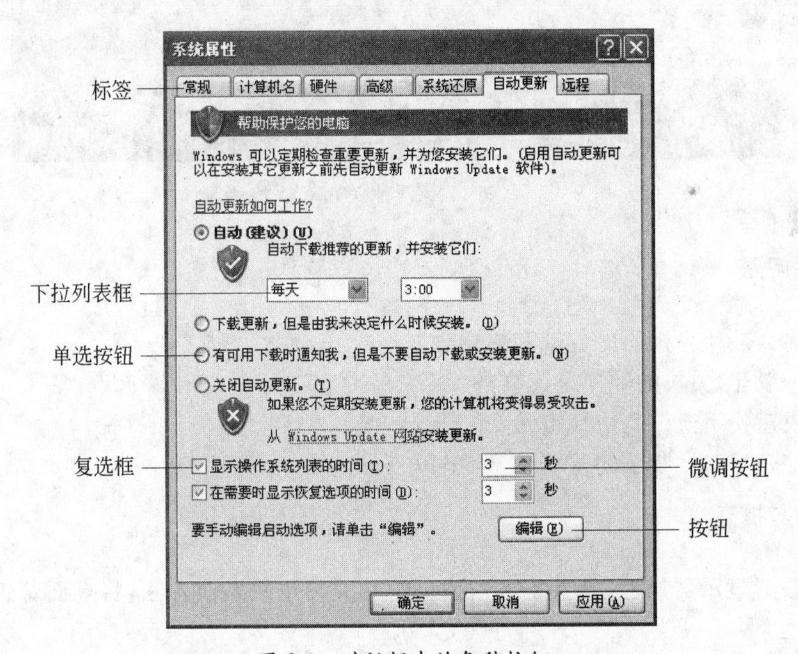

图 2-3　对话框中的各种按钮

将鼠标指针指向窗口边线，呈现"↔"符号时再拖动鼠标将改变窗口大小。

(3) 认识窗口中各种元素。窗口或对话框中主要包括单选按钮、复选框、下拉列表框、文本框、命令、按钮等。按钮后面有"…"符号的表示单击后将出现对话框；命令或按钮后面有"▶"符号的表示有下一级命令菜单；命令或按钮字是灰色的表示该命令暂时无法使用；命令或按钮后面跟着的字母表示该命令的快捷键操作，例如在"我的电脑"窗口中按

Alt+F 键是打开“文件”菜单。

(4) 注销或关闭计算机。单击“开始”按钮，在如图 2-4 所示的对话框中选择“注销”或“关闭计算机”选项。

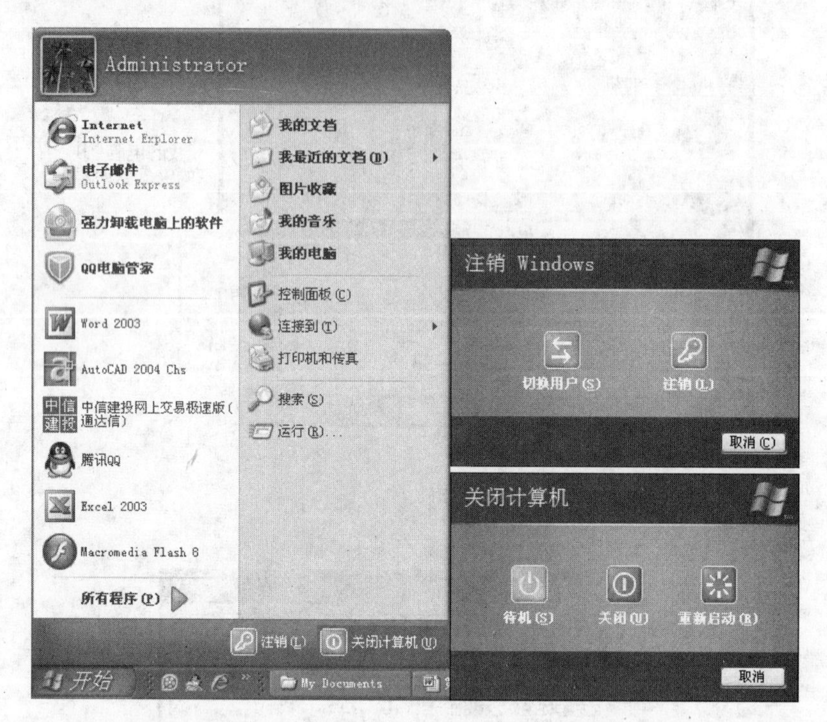

图 2-4　在“开始”菜单中关闭或注销计算机

相关问题

(1) 什么是计算机的冷启动和热启动?

(2) 一般开、关机的顺序是怎样的?

(3) 快速关闭窗口的快捷键是 Ctrl+F4 吗?

(4) 打开“开始”菜单的快捷键是 Ctrl+Esc 吗?

拓展与提高

利用设置显示器属性，熟练掌握对话框中有关按钮的操作方法，将桌面背景改变一个图案。

操作提示：右击桌面空白处，执行“属性”命令，在“显示 属性”对话框中选择“桌面”选项卡。

2.3　帮助和支持中心

Windows XP 系统中的操作问题很多，能在这本教材中都学到吗？今后遇到问题第一时间应该找谁呢?

案例提出

Windows XP 系统软件提供了大量的应用程序，如果对某项操作有困难，可以请求“帮助和支持中心”帮助解决所面对的问题。如何使用 Windows XP 的“帮助和支持中心”呢？可以通过为正在使用的计算机安装一台“Epson LQ-860＋”针式打印机来体会“帮助和支持中心”的作用，并成功完成安装打印机的任务。

案例分析

首先要明确需要“帮助和支持中心”帮助自己解决什么困难；其次打开 Windows XP“帮助和支持中心”，打开的方法有以下两种。

(1) 单击“开始”按钮，执行“帮助和支持”命令，打开“帮助和支持中心”窗口，如图 2-5 所示。

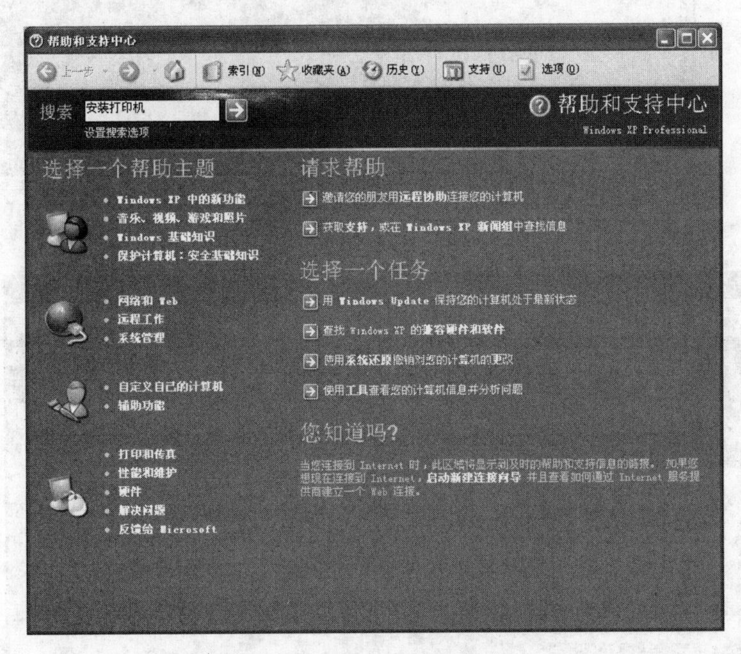

图 2-5　“帮助和支持中心”窗口

(2) 在 Windows XP 任何窗口中按 F1 键，即可打开“帮助和支持中心”窗口。

案例实现

(1) 打开“帮助和支持中心”窗口。

(2) 在“选择一个帮助主题”的选项区域中将鼠标指针指向所需要的文字内容，当鼠标指针呈现手形时单击，可链接到所需要的文字内容。若在“搜索”文本框中输入“安装打印机”文字，单击“→”按钮即可进入如图 2-6 所示的窗口。

(3) 在“选择一个任务”选项区域中执行“将打印机直接连接到您的计算机”命令，将出现如图 2-7 所示的窗口。

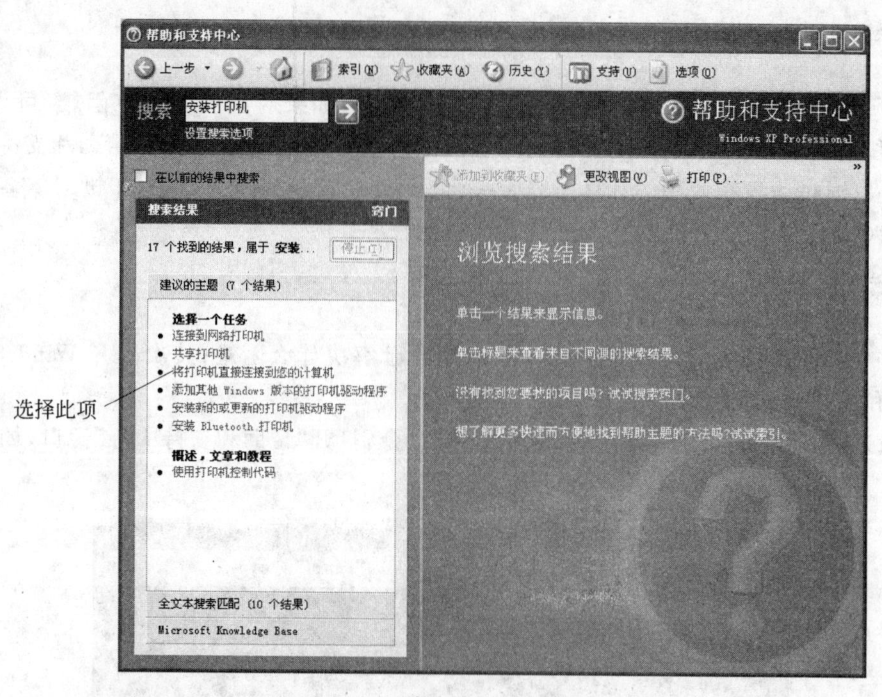

图 2-6　搜索“安装打印机”

图 2-7　选择打印机类型

(4) 如果选择的打印机不支持即插即用，帮助中心会提示“直接连接到非即插即用打印机”的方法如图 2-8 所示。要添加和设置直接连接计算机的非即插即用打印机，必须拥有管理员特权。按照打印机制造商的说明书，将打印机连接到计算机上正确的端口。将打印机电缆插入插座，并打开打印机。

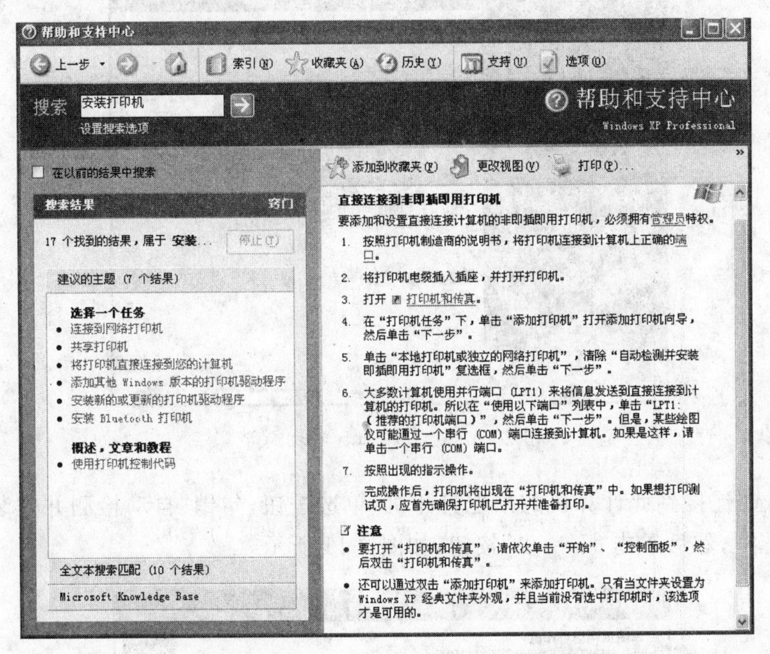

图 2-8　帮助中心提示的安装打印机的方法

(5) 打开“打印机和传真”文件夹，如图 2-9 所示。

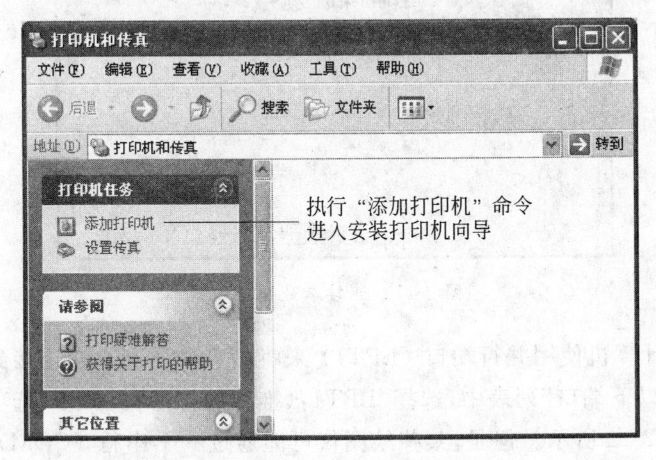

图 2-9　打开“打印机和传真”文件夹

要打开“打印机和传真”文件夹，请执行“开始”→“控制面板”命令，打开“控制面板”窗口，然后双击“打印机和传真”图标。还可以通过双击“添加打印机”图标，来添加打印机。只有当文件夹设置为 Windows XP 经典文件夹外观，并且当前没有选中打印机时，该选项才是可用的。

(6) 在“打印机任务”列表框中，执行“添加打印机”命令，打开“添加打印机向导”对话框，然后单击“下一步”按钮，如图 2-10 所示。

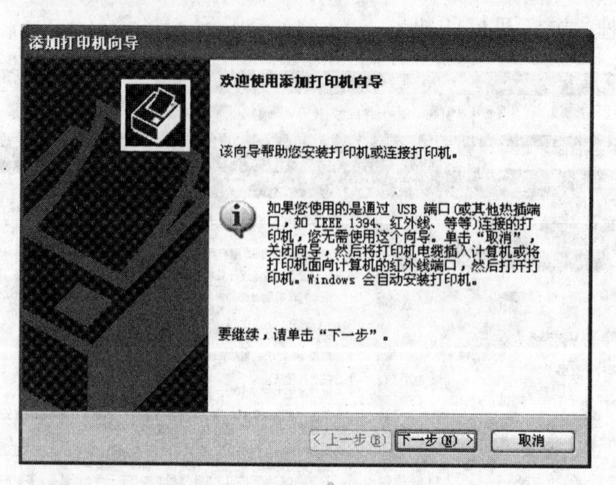

图 2-10　进入添加打印机向导

(7) 点选“连接到此计算机的本地打印机”单选按钮，勾销“自动检测并安装即插即用打印机”复选框，然后单击“下一步”按钮，如图 2-11 所示。

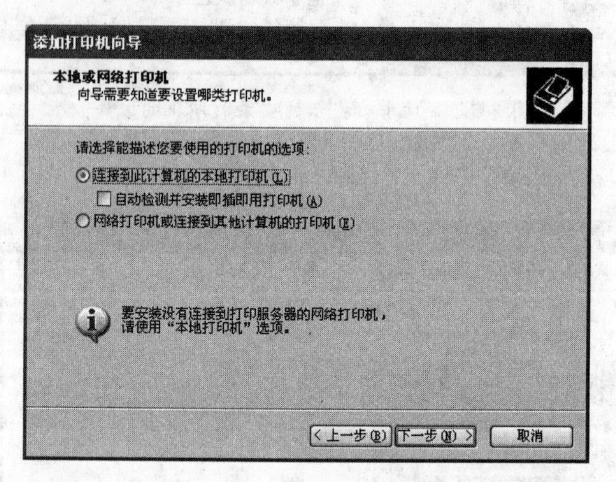

图 2-11　连接本地打印机

(8) 大多数计算机使用并行端口 (LPT1) 来将信息发送到直接连接到计算机的打印机，所以在“使用以下端口”列表中，选择“LPT1:(推荐的打印机端口)”选项，然后单击“下一步”按钮，如图 2-12 所示。但是，某些绘图仪可能通过一个串行 (COM) 端口连接到计算机，如果是这样，请单击一个串行 (COM) 端口。

(9) 选择 Epson 厂商，型号为“Epson LQ-860＋”的打印机，单击“下一步”按钮，如图 2-13 所示。

(10) 按照出现的指示为打印机命名“Epson LQ-860＋”，单击“下一步”按钮，如图 2-14 所示。

添加打印机向导
选择打印机端口
计算机通过端口跟打印机通讯。
请选择您的打印机要使用的端口。如果端口不在列表中，您可以创建新端口。
使用以下端口(U):
LPT1: (推荐的打印机端口)
注意: 大多数计算机使用 LPT1: 端口来跟本地计算机通讯。这个端口的连接器应该看上去像:
创建新端口(C):
端口类型:
Local Port
< 上一步(B)
下一步(N) >
取消

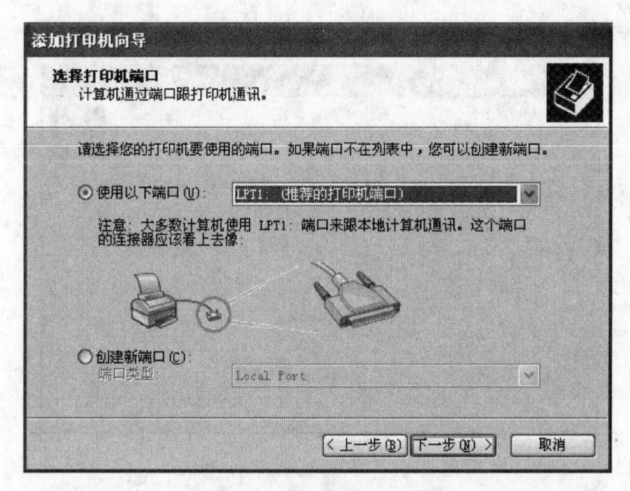

图 2-12　选择打印机端口

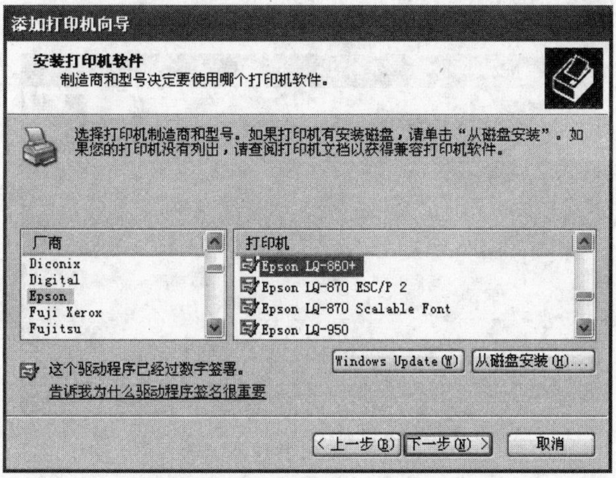

添加打印机向导
安装打印机软件
制造商和型号决定要使用哪个打印机软件。
选择打印机制造商和型号。如果打印机有安装磁盘，请单击"从磁盘安装"。如果您的打印机没有列出，请查阅打印机文档以获得兼容打印机软件。
厂商
Diconix
Digital
Epson
Fuji Xerox
Fujitsu
打印机
Epson LQ-860+
Epson LQ-870 ESC/P 2
Epson LQ-870 Scalable Font
Epson LQ-950
这个驱动程序已经过数字签署。
告诉我为什么驱动程序签名很重要
Windows Update(W)
从磁盘安装(H)...
< 上一步(B)
下一步(N) >
取消

图 2-13　选择打印机的厂商和型号

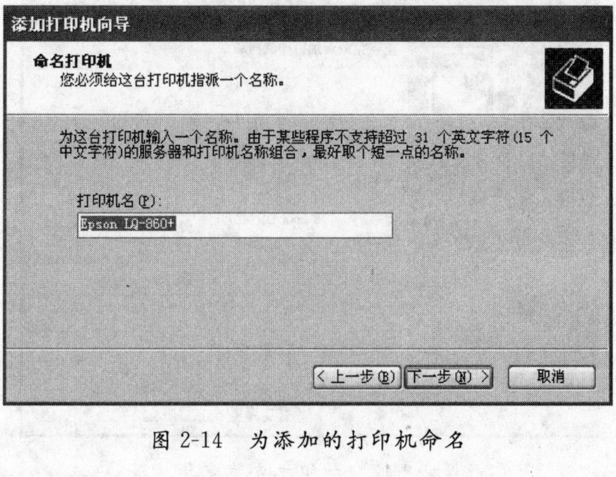

添加打印机向导
命名打印机
您必须给这台打印机指派一个名称。
为这台打印机输入一个名称。由于某些程序不支持超过 31 个英文字符(15 个中文字符)的服务器和打印机名称组合，最好取个短一点的名称。
打印机名(P):
Epson LQ-860+
< 上一步(B)
下一步(N) >
取消

图 2-14　为添加的打印机命名

(11) 选择在网络中不共享打印机,如图 2-15 所示。

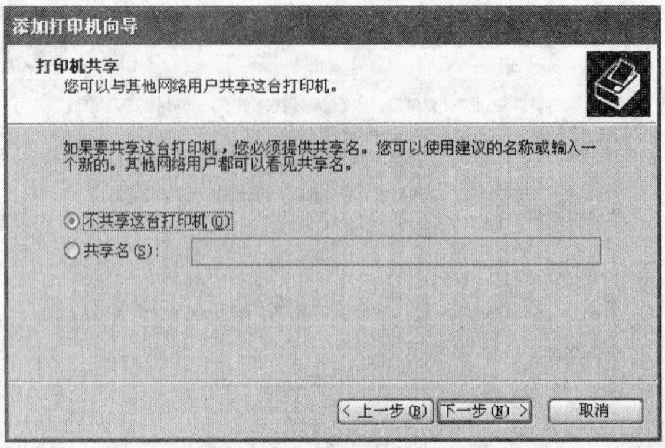

添加打印机向导

打印机共享
您可以与其他网络用户共享这台打印机。

如果要共享这台打印机,您必须提供共享名。您可以使用建议的名称或输入一个新的。其他网络用户都可以看见共享名。

⊙不共享这台打印机(O)
○共享名(S):

< 上一步(B) 下一步(N) > 取消

图 2-15 不设置共享打印机

(12) 如果打印纸准备好了,可以打印测试页,点选“是”单选按钮;如果不用打印测试页,单击“下一步”按钮,如图 2-16 所示。

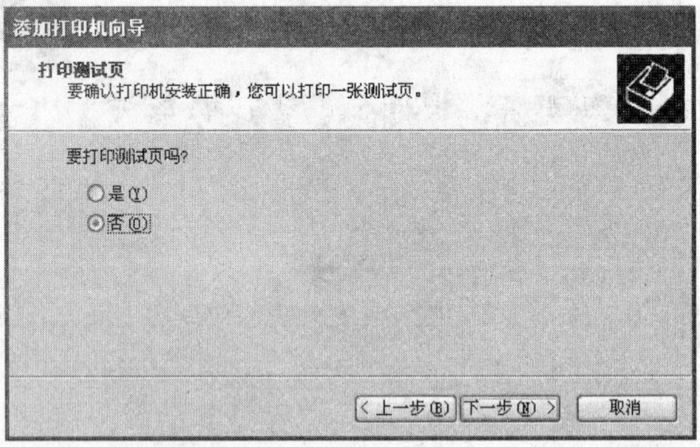

添加打印机向导

打印测试页
要确认打印机安装正确,您可以打印一张测试页。

要打印测试页吗?

○是(Y)
⊙否(O)

< 上一步(B) 下一步(N) > 取消

图 2-16 不用打印测试页

(13) 设置结束后单击“完成”按钮,如图 2-17 所示。

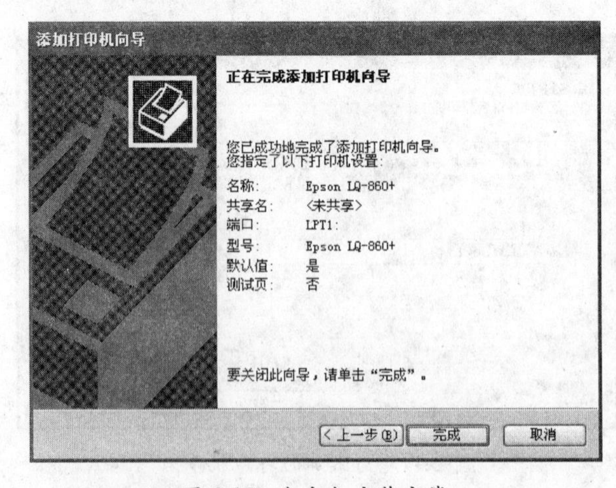

图 2-17 打印机安装完毕

(14) 添加打印机后，打印机图标将出现在"打印机和传真"窗口中。计算机可以安装多台打印机，"√"标记表示这台打印机是默认的打印机，如图 2-18 所示。

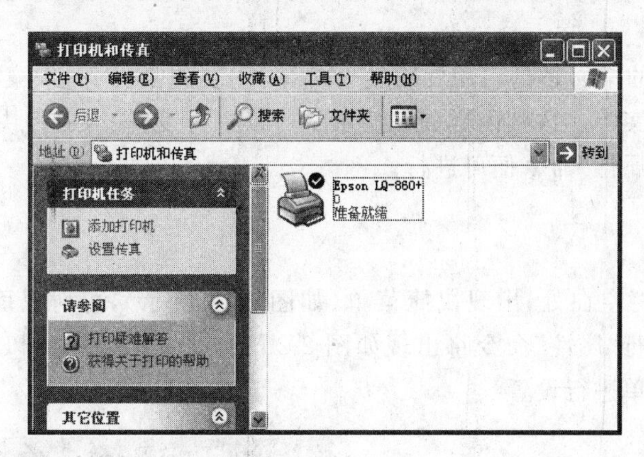

图 2-18　安装后的打印机为默认打印机

相关问题

什么是即插即用?

即插即用就是 Plug and Play。计算机安装了硬件之后，还必须安装硬件本身的驱动程序才能够使用。但对许多人来说，安装驱动程序并不是一件容易的事，所以在 Windows XP 操作系统中，就用"即插即用"的功能来解决这个问题。

在 Windows XP 操作系统中，内置了许多常用硬件的驱动程序。当安装了硬件之后，如果 Windows XP 中有此硬件的驱动程序，系统就会自动安装；如果没有的话，就必须另外安装驱动程序了。

拓展与提高

打开"打印机与传真"窗口，将已有的打印机删除，安装一台"Epson T-1000"打印机。

操作提示：执行"开始"→"控制面板"命令，在打开的窗口中双击"打印机和传真"选项，打开"打印机和传真"窗口，在其中右击现有的打印机，执行"删除"命令，然后再添加打印机。

2.4　显示设置

怎样通过基本的环境设置来体验 Windows XP 操作系统的方法，以提高初学者的学习与操作的兴趣?

案例提出

因为 Windows XP 是一个多任务操作系统，即用户可以同时打开多个窗口进行操作，当然，活动窗口只有一个，只要单击窗口任意处便可激活该窗口。无论是窗口还是窗口中的图标排放或者桌面的布置，都是可以进行设置的。如何设置任务栏中显示的内容或如何显示,怎样设置屏保内容呢?

案例分析

Windows XP 的桌面是指启动后的整个屏幕,主要包括任务栏、桌面图标、已打开的窗口和桌面背景图案等。这些内容如何显示是可以进行设置的,通过快捷菜单,即对准某个位置右击,执行“属性”命令便可进行。

案例实现

(1) 右击任务栏空白处,出现快捷菜单(如图 2-19 所示),可对桌面窗口以及任务栏进行一些操作。执行“属性”命令将出现如图 2-20 所示的对话框,可以对任务栏外观、通知区域和“开始”菜单进行设置。

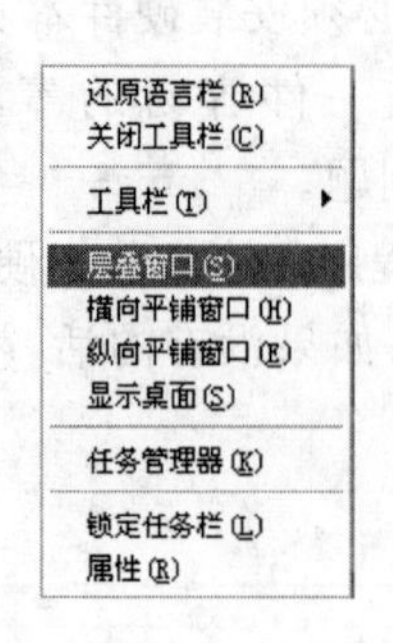

图 2-19 右击任务栏空白处

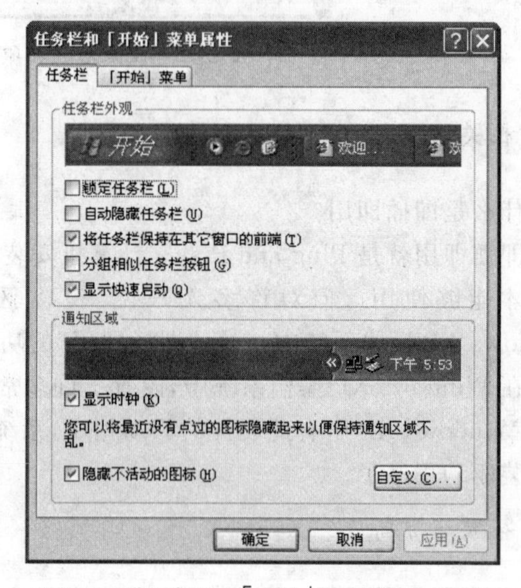

图 2-20 “任务栏和「开始」菜单属性”对话框

(2) 右击桌面空白处,出现快捷菜单(如图 2-21 所示),可对桌面图标排列进行操作,当选择“自动排列”选项时,将无法拖动图标到其他位置。执行“属性”命令时进入“显示属性”对话框,如图 2-22 所示,可以对屏幕保护程序、桌面图片内容、窗口主题样式、屏幕分辨率、桌面图标图案、系统电源使用方案等进行设置。

相关问题

怎样切换桌面上多个打开的窗口?桌面是哪个磁盘的一部分空间?重要数据是否可以放在桌面上?怎样查看计算机桌面的完整路径?

拓展与提高

(1) 将桌面图标设置为按名称排列。

(2) 设置显示器电源使用方案,在 30 分钟之后关闭监视器。

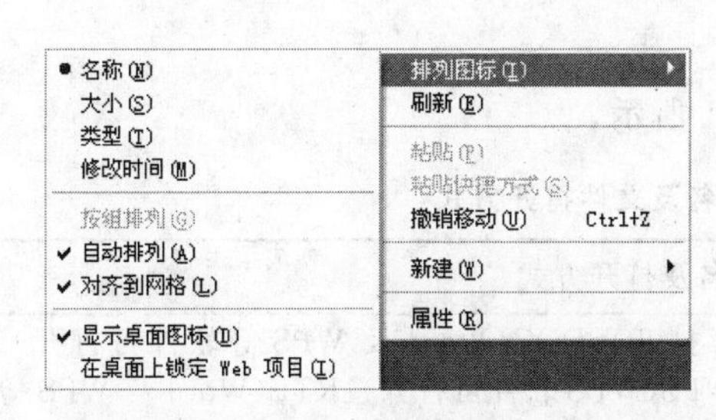

图 2-21 右击桌面空白处

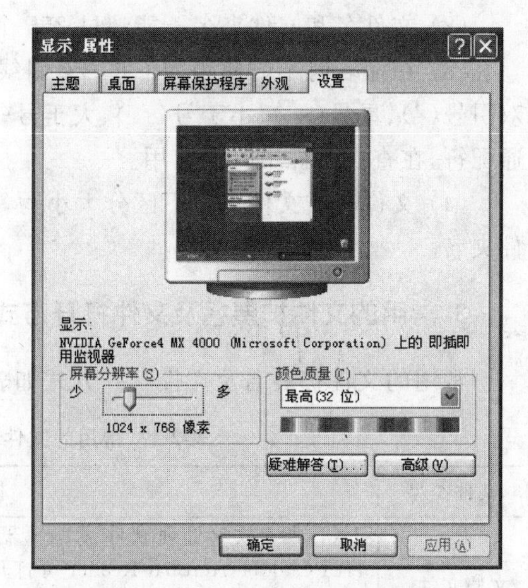

图 2-22 “显示 属性”对话框

(3) 设置锁定任务栏和任务栏中显示快速启动按钮。

(4) 利用“显示 属性”对话框，设置在计算机从待机状态恢复时，提示输入密码。

操作提示：右击桌面空白处，打开“显示 属性”对话框，在“屏幕保护程序”选项卡中单击“电源”按钮，在“电源选项 属性”对话框的“高级”选项卡中勾选“在计算机从待机状态恢复时，提示输入密码”复选框，单击“确定”按钮。

(5) 通过“开始”菜单打开“控制面板”窗口，并切换到经典视图：执行“开始”→“设置”→“控制面板”命令，在打开的“控制面板”窗口的左侧栏中选择“切换到经典视图”选项。

2.5 文件管理

1. 文件和文件夹的概念

文件是具有名字的一组相关信息的集合。程序、数据或者文字资料都是以文件形式存放在计算机的外部存储器中的。操作系统操作文件时，以文件名来区分文件，不同类型文件的图标也有不同。

文件夹是用来存放文件的，Windows XP 操作系统中有固定的文件夹和人工建立的文件夹，它们也是以名字的形式存放在计算机的外部存储器中的，并且文件夹中还可以套有文件夹。若要想找到一个文件就必须先打开存放文件所在的磁盘，再打开文件所在的文件夹，这样就形成了一串“路线”，称它为文件的路径。表示方法为“盘符:\文件夹名\文件夹名\文件名”，如一个文件 files 在 C 盘的 WJ 文件夹下的 WJ1 的文件夹中，表示的路径为 C:\WJ\WJ1\files。

2. 文件或文件夹命名的注意事项

(1) 文件名一般由主名和扩展名组成，主名与扩展名之间用“.”分隔。

(2) 文件名和文件夹名不能超过255个字符(一个汉字相当于两个字符)。

(3) 在命名时不能使用如下符号:斜线(/)、反斜线(\)、竖线(|)、冒号(:)、问号(?)、双引号(")、星号(*)、小于号(<)、大于号(>)。其中星号(*)、问号(?)代表文件名中的通配符,在查找文件中时很有用。

(4) 文件名或文件夹名不区分大小写,在同一个文件夹中不能有相同的文件名或文件夹名。

3. 常用的文件扩展名及文件打开方式

常用的文件扩展名及文件打开方式如表2-1所示。

表2-1 常用的文件扩展名及文件打开方式

文件类型	扩展名及打开方式
文档文件	TXT(所有文字处理软件或编辑器都可打开)、DOC(Word及WPS等软件可打开)、HLP(Adobe Acrobat Reader可打开)、WPS(WPS软件可打开)、RTF(Word及WPS等软件可打开)、HTM(各种浏览器可打开,用"写字板"打开可查看其源代码)、PDF(Adobe Acrobat Reader和各种电子阅读软件可打开)
压缩文件	RAR(WinRAR可打开)、ZIP(WinZip可打开)、ARJ(用ARJ解压缩后可打开)、GZ(UNIX系统的压缩文件,用WinZip可打开)、Z(UNIX系统的压缩文件,用WinZip可打开)
图形文件	BMP、GIF、JPG、PIC、PNG、TIF(这些文件类型用常用图像处理软件可打开)
声音文件	WAV(媒体播放器可打开)、AIF(常用声音处理软件可打开)、AU(常用声音处理软件可打开)、MP3(由WINAMP播放)、RAM(由RealPlayer播放)
动画文件	AVI(常用动画处理软件可播放)、MPG(由VMPEG播放)、MOV(由ActiveMovie播放)、SWF(用Flash自带的Players程序可播放)
系统文件	INT、SYS、DLL、ADT
可执行文件	EXE、COM
语言文件	C、ASM、FOR、LIB、LST、MSG、OBJ、PAS、WKI、BAS
映像文件	MAP(其每一行都定义了一个图像区域以及当该区域被触发后应返回的URL信息)
备份文件	BAK(被自动或是通过命令创建的辅助文件,它包含某个文件的最近一个版本)
模板文件	DOT(通过Word模板可以简化一些常用格式文档的创建工作)
批处理文件	BAT(在MS-DOS中,BAT文件是可执行文件,由一系列命令构成,其中可以包含对其他程序的调用)

4. 对文件或文件夹的操作

① 显示文件或文件夹。打开C:\WINDOWS\system32文件夹,在窗口的"查看"菜单中有各种显示方式,如图2-23所示。

② 选择文件或文件夹。在Windows XP中对任何对象的操作都是本着先选择后操作的方法进行的。选择的方法为:单击某个文件图标,则选中这个文件。按住Ctrl键单击文件图标可以不连续选择多个文件,选中第1个文件再按住Shift键单击另一个文件则连续选中这两个文件之间的多个文件,按Ctrl+A键是全选,在"编辑"菜单中还可以选择反选。用鼠标拖出的框也可以选中文件。选中文件或文件夹的颜色与没选中的不同。

图 2-23　文件夹中文件显示方式

③ 操作文件或文件夹。复制、移动、删除、还原、重命名、新建、创建文件快捷方式、修改文件属性等操作，都可以在右击选中的文件或文件夹后弹出的快捷菜单中进行。

案例提出

现在需要将 C 盘"常用"文件夹下的"考生"文件夹中的文件或文件夹进行以下操作。

(1) 请将"考生"文件夹下的文件 DGDJ\TYPF. TXT 去掉隐藏属性并设置成只读属性。

(2) 请将"考生"文件夹下的文件 BCPU\AMD. 001 复制到考生目录下的 BER 文件夹中并更名为 CP. 001

(3) 请在"考生"文件夹下的 AABmix 文件夹中建立文件夹 FiledS。

(4) 请将"考生"文件夹下的文件 CFCA\NK. TXT 移到"考生"文件夹下的 CFCTA\SOF 文件夹中。

(5) 删除"考生"文件夹下 AABmix 文件夹中的所有 DOC 文件。

(6) 将 C:\WINDOWS\system32 \calc. exe 文件在桌面上创建快捷方式。

案例分析

要完成以上操作需要打开"我的电脑"窗口中的 C 盘"常用"文件夹下的"考生"文件夹，需要将隐藏的文件或文件扩展名显示出来。在用复制(Ctrl+C)、粘贴(Ctrl+V)、剪切(Ctrl+X)、删除(Delete)等命令时可以用快捷键或"编辑"菜单中的命令，也可以右击文件或文件夹，在快捷菜单中进行操作。

案例实现

(1) 打开"C:\常用\考生"文件夹，在"查看"菜单中执行"列表"命令，打开 DGDJ 文件夹。因为隐藏的文件没有显示，所以要执行“工具”菜单中的“文件夹选项”命令，如图 2-24 所示。在“文件夹选项”对话框中选择“查看”标签，在列表框中点选“显示所有文件和文件夹”单选按钮，若显示文件扩展名需要将“隐藏已知文件类型的扩展名”复选框勾销，选择如图 2-25 所示。

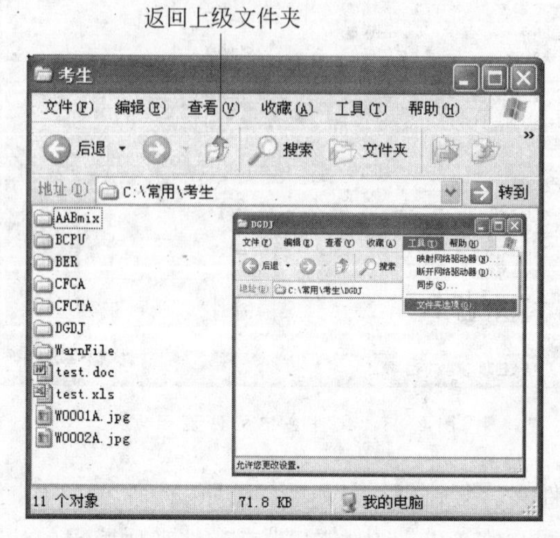

图 2-24 打开“考生”文件夹使用“工具”菜单中的“文件夹选项”命令

这时在窗口中就会出现文件 TYPF.TXT 图标。右击该文件图标，执行“属性”命令，在对话框的“属性”选项组中勾选“只读”复选框，勾销“隐藏”复选框，如图 2-26 所示。

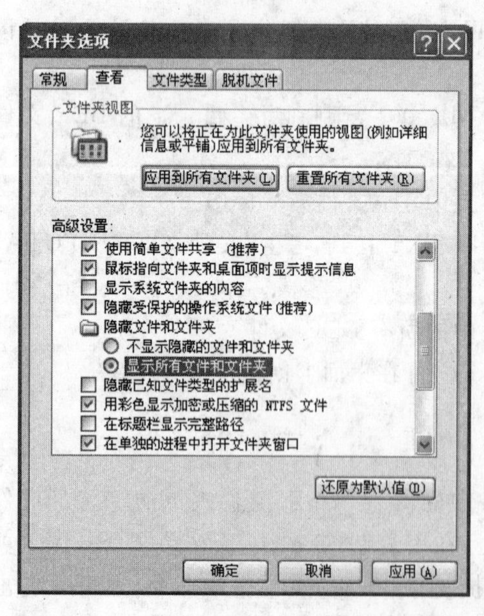

图 2-25 选择显示所有文件和文件夹

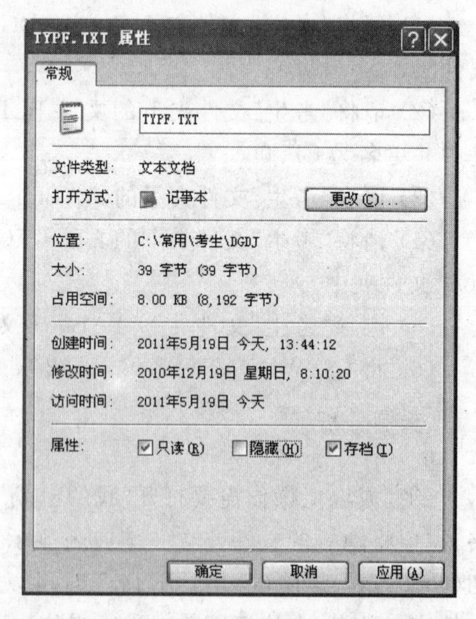

图 2-26 为文件加只读属性并去掉隐藏属性

(2) 返回“考生”文件夹，打开 BCPU 文件夹，右击 AMD.001 文件图标，执行“复制”命令(或按 Ctrl+C 键)，如图 2-27 所示。这时系统把该文件放到了内存剪贴板中(剪贴

板存放的是最后一次复制或剪切操作的内容)，再返回到"考生"文件夹，打开 BER 文件夹，右击空白处，执行"粘贴"命令。在该文件夹中将会看到文件 AMD.001，右击该文件执行"重命名"命令或选中该文件后按 F2 键，光标在文件名文本框内，输入新文件名 CP.001，如图 2-28 所示。

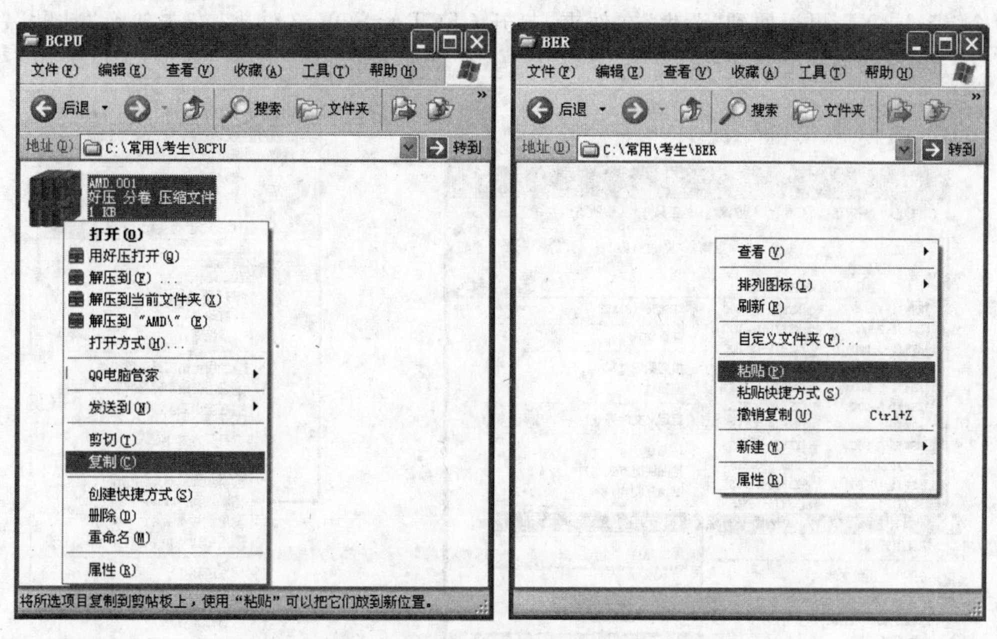

图 2-27 复制粘贴文件

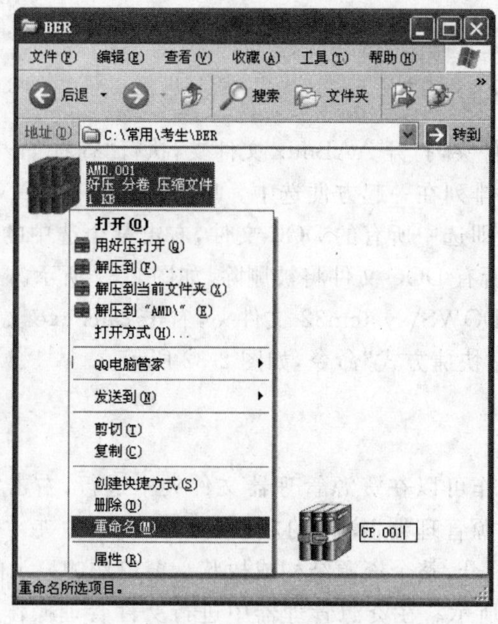

图 2-28 为文件重新命名

(3) 返回到“考生”文件夹中，打开 AABmix 文件夹，右击文件夹空白处，执行“新建”菜单中的“文件夹”命令，会出现如图 2-29 所示的操作界面，在文件夹名字文本框内输入 FiledS，按 Enter 键。

(4) 返回到“考生”文件夹中，打开 CFCA 文件夹，右击 NK. TXT 文件，选择“剪切”命令(Ctrl+X)，再返回到“考生”文件夹，打开 CFCTA\SOF 文件夹，右击执行“粘贴”命令(Ctrl+V)，如图 2-30 所示。

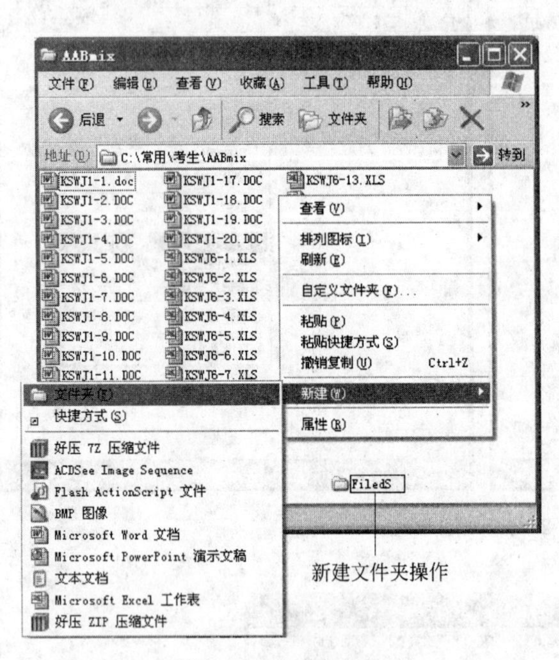

图 2-29 新建文件夹

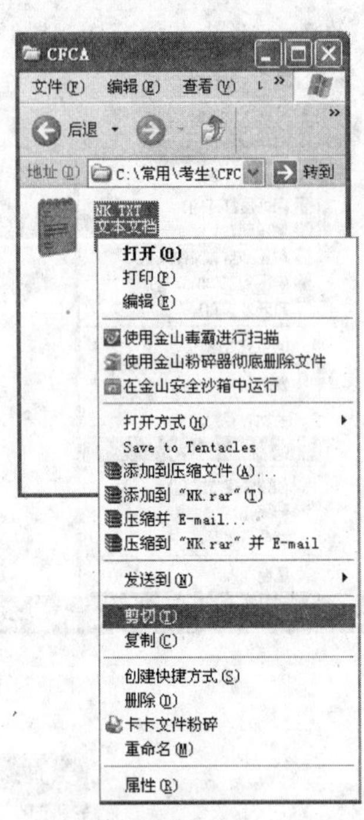

图 2-30 移动文件

(5) 返回“考生”文件夹，打开 AABmix 文件夹，执行“查看”→“排列图标”→“类型”命令，这样会使 DOC 文件排列在一起方便选中。单击第一个 DOC 文件，再按住 Shift 键单击最后一个 DOC 文件，即选中所有的 DOC 文件，右击某个选中的文件图标，执行“删除”命令(或按 Delete 键)，所有 DOC 文件将被删除，如图 2-31 所示。

(6) 打开 C:\WINDOWS\system32 文件夹，右击 calc. exe 文件图标，执行“复制”命令，右击桌面，执行“粘贴快捷方式”命令，如图 2-32 所示。

相关问题

对文件或文件夹操作可以在资源管理器文件夹中进行，右击“我的电脑”图标，执行“资源管理器”命令，“资源管理器”窗口的左侧显示的是文件夹，“+”表示该文件夹折叠的，“-”表示文件夹被展开，整个资源结构成树状。窗口右侧显示的是选中文件夹中的文件或文件夹，如图 2-33 所示。在资源管理器中进行文件管理操作可以方便选择文件夹。复制操作也可以将要复制的文件或文件夹选中后，按住 Ctrl 键，再将文件或文件夹拖动到目标处即可；移动操作可以将要移动的文件或文件夹选中后，按住Shift键，再将文件

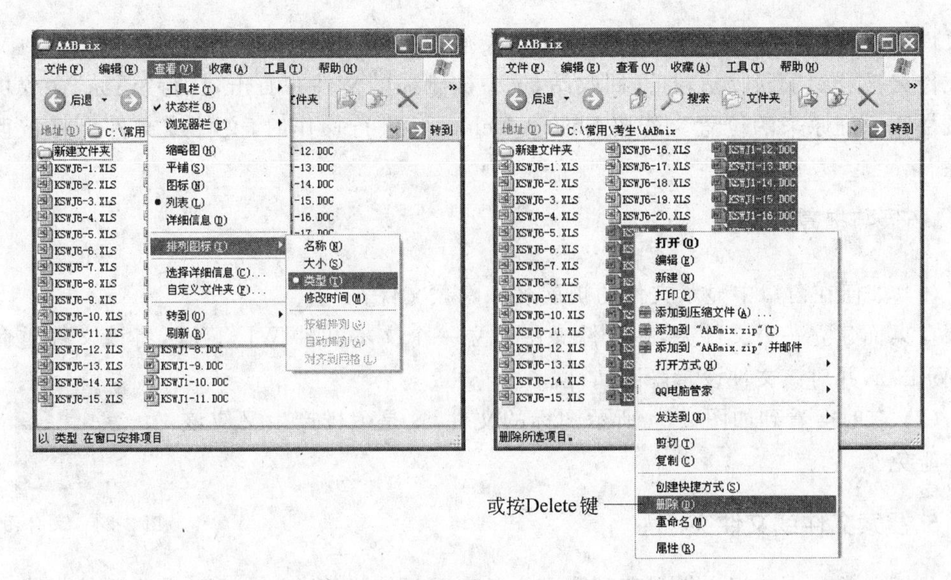

图 2-31　按类型显示文件并选择 DOC 文件

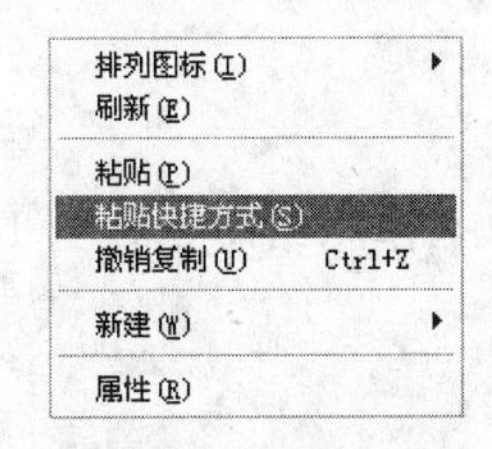

图 2-32　粘贴快捷方式

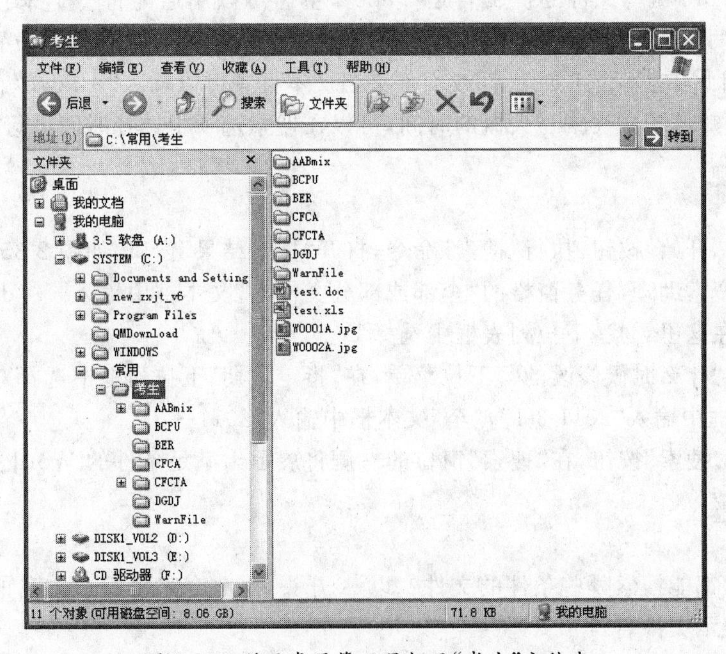

图 2-33　利用资源管理器打开“考生”文件夹

或文件夹拖动到目标处。删除文件或文件夹操作时，可以选中后，按 Delete 键，此时文件或文件夹被放到了回收站，打开回收站，选中被删掉的文件并右击，执行“还原”命令可以将文件还原到原来的位置。若按 Shift＋Delete 键进行操作时，文件或文件夹将被彻底删除。

拓展与提高

(1) 如何在窗口中显示文件的扩展名和隐藏文件？

在桌面建立一个文件夹，在文件夹中建立一个文本文件 WJ. TXT，将该文件重命名为 WJ. aaa，并对该文件设置隐藏属性。

(2) 有时会看到如图 2-34 所示图标的文件，这是怎样产生又应该怎样避免？

图 2-34 文件图标

5. 搜索文件或文件夹

我们经常会为忘记文件保存到哪个文件夹而烦恼。Windows XP 操作系统提供的搜索应用会为我们解除这一烦恼。

案例提出

大约在 3 月份用 Word 编写的工作总结忘记存到 D 盘哪个文件夹中了，文件的主名也忘记了，怎么办？

案例分析

(1) 用 Word 编写文件的扩展名是“. doc”，主名可以用通配符“ * ”来代替。通配符有“ * ”和“?”两种。“ * ”表示任何一串字符；“?”表示“?”出现在文件名的位置上的任何字符都通配。因此在搜索选项的文件或文件夹名文本框中可以输入“ * . doc”。

(2) 由于知道了文件编写大概的时间，可以在搜索选项中选择时间进行搜索。

案例实现

(1) 单击“开始”按钮，执行“搜索”命令，打开“搜索结果”窗口，如图 2-35 所示。

(2) 在“搜索助理”任务窗格的“全部或部分文件名”文本框中输入“ * . doc”。

(3) 在“在这里寻找”下拉列表框中选择 D 盘。

(4) 展开“什么时候修改的?”下拉菜单，在“指定日期”下拉列框中选择“修改日期”选项，“从”文本框中输入“2011-3-1”，“至”文本框中输入“2011-3-31”。

(5) 单击“搜索”按钮，在“搜索”窗口的右侧将展示出满足条件的 Word 文件。

相关问题

利用搜索都能搜索哪些条件的文件？以 A 开头，由 3 个字母组成主名的所有文件怎样用通配符表示文件名？

要求：在“我的电脑”中搜索 D 盘中以 ABC 开头，第四个字符任意的所有文件。

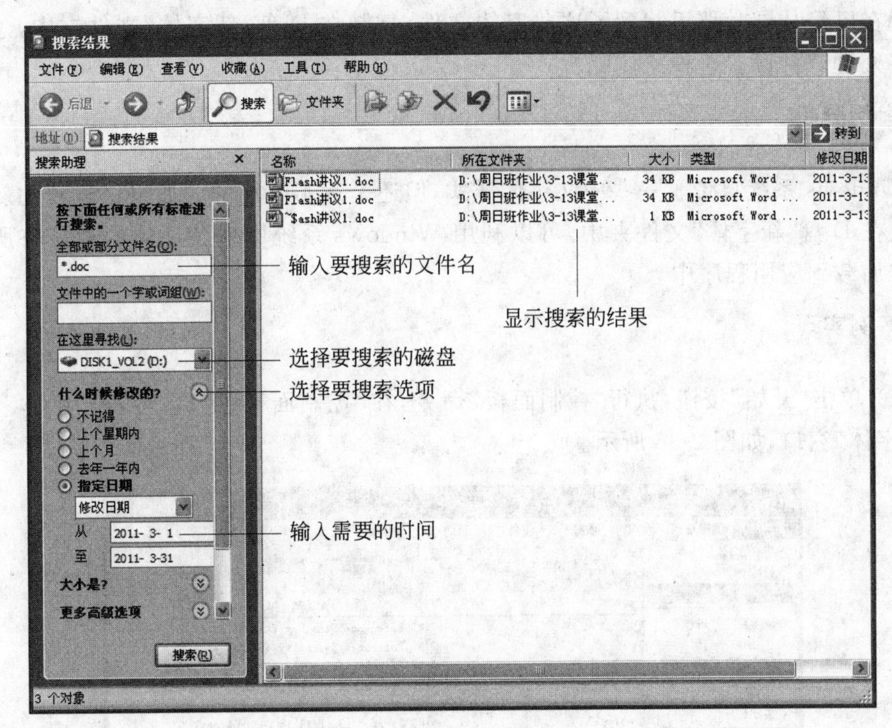

图 2-35　打开"搜索结果"窗口

拓展与提高

在 Windows XP 的桌面上利用桌面快捷菜单创建"记事本"应用程序的快捷方式，该应用程序的标识名为 C:\WINDOWS\system32\notepad.exe。

操作提示：右击桌面空白处，执行"新建"→"快捷方式"命令，在弹出的对话框中单击"浏览"按钮，在打开对话框的列表框中选择"我的电脑"→"C 盘"→WINDOWS→system32→notepad 选项，单击"确定"按钮，然后单击"下一步"按钮，最后单击"完成"按钮即可。

2.6　控制面板中相关应用程序的使用

Windows XP 操作系统中系统管理应用程序很多，掌握了它们的使用方法会带来许多工作上的便利，也能提高系统操作的效率，为使用其他应用软件建立良好的基础平台。

1. 添加新字体

在使用字体效果时，有时会感到 Windows XP 提供的字体样式不能满足需要，因此就从网上下载许多漂亮的新字体文件，那么如何将这些新字体安装到系统中以便使用呢？

案例提出

在使用字处理软件设置文字字体时，发现少了许多字体样子，例如"简娃娃篆"等字体。现在已经从同学那里找到了这些字体文件,复制在D盘"新字体"文件夹中,怎样使用文字处理软件设置这种字体呢?

案例分析

Windows系统自带了一些中文字体样式,但还是远不够用的。如果将找到的新字体文件放在D盘"新字体"文件夹中,可以利用Windows系统中安装字体的功能将所喜欢的字体加载到应用程序中。

案例实现

(1) 单击"开始"按钮,执行"控制面板"命令,在"控制面板"窗口中双击"字体"选项,打开"字体"窗口,如图2-36所示。

图2-36 "字体"文件夹

(2) 执行"文件"菜单中的"安装新字体"命令,出现如图2-37所示的对话框。

(3) 在"添加字体"对话框中选择字体文件夹所在的盘符D,选中"新字体"文件夹,这时就会将字体文件显示在"字体列表"列表框内,从中可以选择需要的字体文件,然后单击"确定"按钮。

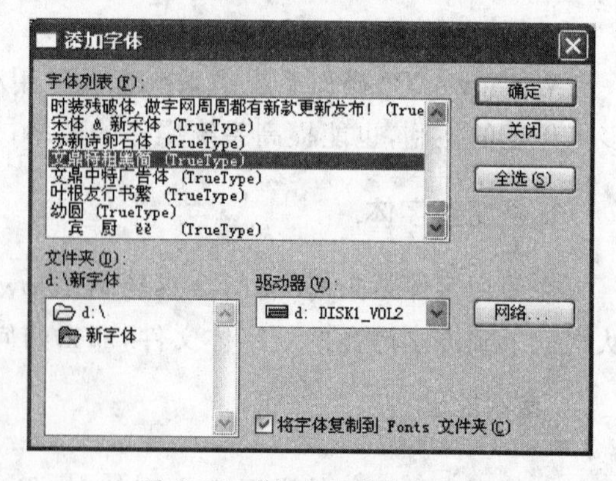

图2-37 "添加字体"对话框

相关问题

在安装字体文件前要将应用字体效果的文字处理应用程序关闭,安装结束后再打开文字处理应用程序,这样字体效果就可以应用了。

利用复制、粘贴的方法可以将需要的字体文件复制到控制面板下的“字体”文件夹中。

拓展与提高

现有字体库文件已在 C 盘的“新字体”文件夹中，将该文件夹中的“苏新诗卵石体”和“叶根友行书繁”两种字体添加到系统的字体库中。

2. 添加删除程序

长期使用计算机会使外部存储器中生成大量的文件，如果是人工建立的文件或文件夹，当不需要时可以用“删除”命令直接删除。但如果是安装程序生成的文件或文件夹，就不能轻易地用删除命令进行操作。因为安装应用程序时，根据应用程序对系统的要求，安装程序将会自动修改系统注册表等信息，所以当不需要该应用程序时也不能随意进行删除操作。有的应用软件不仅有安装程序，还带有自动卸载程序，可以将不需要的应用程序卸载掉，但对于有的应用程序则必须使用 Windows XP 系统中的添加删除程序来管理。

案例提出

请将系统中的腾讯 QQ2010 应用程序删除。

案例分析

如果有腾讯 QQ2010 卸载程序，可以使用它进行卸载。若没有卸载程序可进行以下操作。

案例实现

(1) 打开控制面板。

(2) 双击打开“添加或删除程序”对话框，如图 2-38 所示。

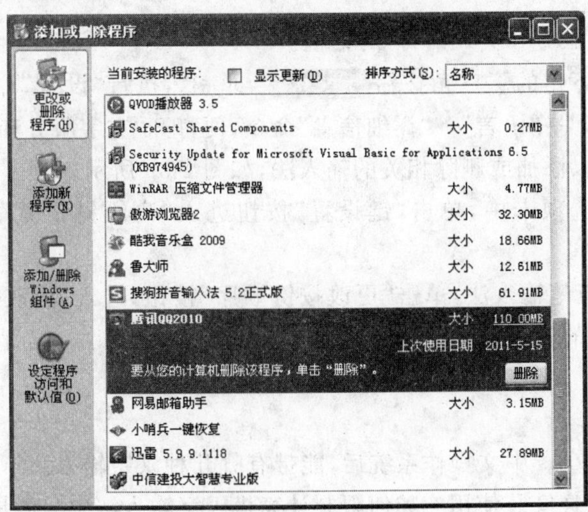

图 2-38 “添加或删除程序”对话框

(3) 在对话框中选择"腾讯 QQ2010"应用程序,然后单击"删除"按钮。

(4) 系统将会删除"腾讯 QQ2010"应用程序。

相关问题

利用"添加或删除程序"选项还可以安装 Windows XP 系统中其他的管理程序,请试着将 Windows XP 下没有安装的组件进行安装。

拓展与提高

打开"添加或删除程序"对话框,将系统中安装的"压缩文件管理器"程序删除。

3. 文字服务和输入语言

在 Windows XP 中,要使用键盘输入各种文字和符号,中文输入的方法很多,如何管理和使用这些方法呢?

案例提出

设置五笔字型输入法的快捷键操作为 Ctrl+Shift+1。

案例分析

(1) 系统安装后就自带了几种汉字输入方法,如果想使用自己设置的汉字输入法及输入法的调用办法,可进入"文字服务和输入语言"对话框中进行相应设置。

(2) 系统的"文字服务和输入语言"默认的输入法切换键为 Ctrl+Shift;中、英文切换的快捷键为 Ctrl+空格键;全角、半角切换键为 Shift+空格键;中、英文标点切换键为 Ctrl+"."键。

案例实现

(1) 进入"文字服务和输入语言"对话框。

单击语言栏右下角的下三角按钮 CH 精 —单击这,执行"设置"命令,或执行控制面板中的"区域和语言"→"语言"→"详细信息"命令,便打开"文字服务和输入语言"对话框。在这个对话框中可以添加或删除相关的输入法,如图 2-39 所示。

(2) 在"设置"选项卡中,单击"键设置"按钮进入"高级键设置"对话框,如图 2-40 所示。

(3) 选择极点五笔输入法,单击"更改按键顺序"按钮,进入"更改按键顺序"对话框,进行如图 2-41 所示的设置,单击"确定"按钮。

相关问题

一般安装 Windows 中文操作系统后,能带有哪几种汉字输入法?极品五笔输入法是否存在,如果没有怎样安装使用?如何限制计算机汉字输入法中只能用极品五笔输入法。

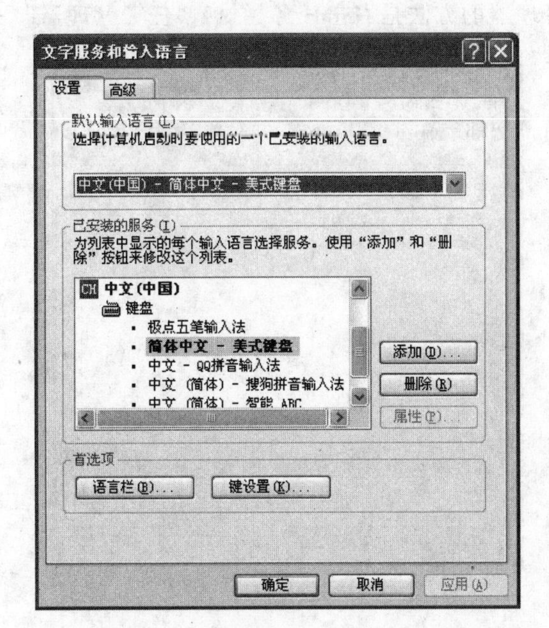

图 2-39 “文字服务和输入语言”对话框

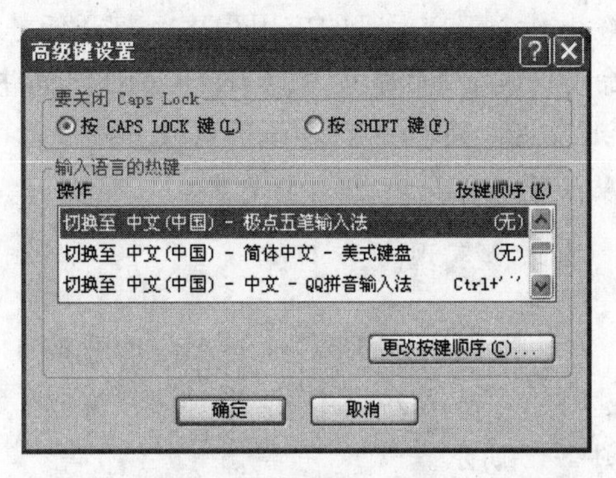

图 2-40 选择输入语言

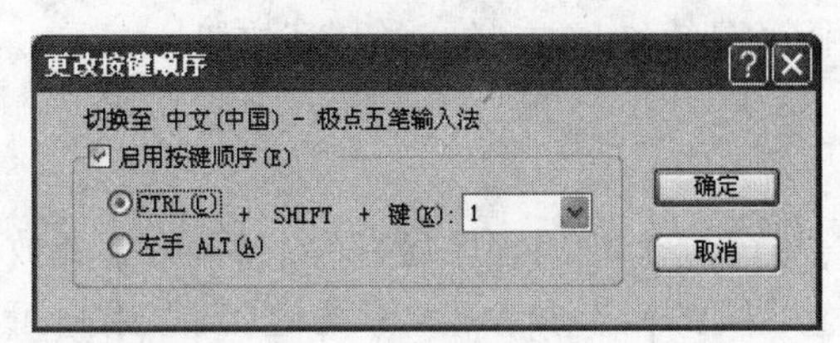

图 2-41 更改按键顺序

拓展与提高

调整计算机汉字输入法的顺序：第一为搜狗输入法，第二为全拼输入法，第三为极品五笔输入法；关闭其他输入法。

2.7 任务管理器的使用

任务管理器是监视计算机性能的关键指示器，可以查看正在运行程序的状态，并终止已停止响应的程序，也可以使用多达 15 个参数评估正在运行的进程的活动，查看反映 CPU 和内存使用情况的图形与数据。

此外，如果与网络连接，任务管理器还可以查看网络状态，了解网络的运行情况。如果有多个连接到本地计算机，可以看到谁在连接，他们在做什么，也可以给他们发送信息。任务管理器主要用于监视应用程序、进程、CPU 和内存的使用、联网以及用户 5 个指标。

案例提出

不知什么原因，正在使用的“画图”程序窗口出现了不响应的提示，也无法将其窗口关闭，又不想重新启动计算机，怎样才能正常使用其他的应用程序呢？

案例分析

关闭应用程序的窗口可以退出应用程序，如果窗口无法关闭可以利用任务管理器来终止某个正在运行的应用程序。打开任务管理器的方法是右击任务栏执行“任务管理器”命令，或者同时按住 Ctrl + Alt 键再按 Delete 键，按 Ctrl+Shift 键再按 Esc 键也可以打开 Windows 任务管理器。

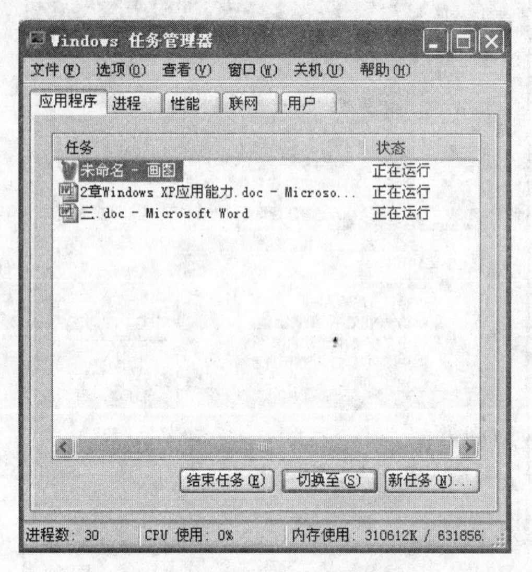

图 2-42 任务管理器窗口

案例实现

(1) 同时按住 Ctrl + Alt 键再按 Del 键，打开“Windows 任务管理器”窗口，如图 2-42 所示。

(2) 在应用程序的“任务”列表框中选择画图任务，单击“结束任务”按钮。

相关问题

当一个应用程序运行失败后，为了释放它占据的内存和 CPU 等关键资源，用户可以切换出“任务管理器”，此时“应用程序”选项卡中会显示这个应用程序“没有响应”，单击“结束任务”按钮，可以结束该应用程序，释放它占据的所有资源。

拓展与提高

由于教师机控制了学生机的模拟考试系统，学生机的屏幕整个由模拟考试系统控制了，无法进行其他操作怎么办呢？

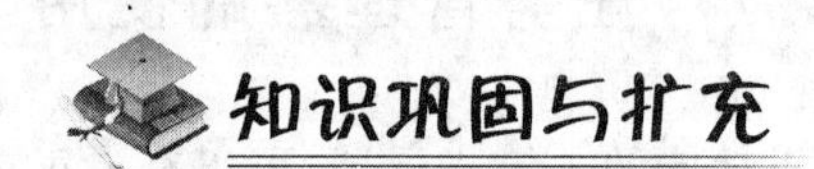

知识巩固与扩充

1. Windows XP 通用键盘快捷键(见表 2-2)

表 2-2 Windows XP 通用键盘快捷键

快 捷 键	功 能 说 明
Ctrl+C	复制
Ctrl+X	剪切
Ctrl+V	粘贴
Ctrl+Z	撤销
Delete	删除
Shift+Delete	永久删除所选项，而不将该项放入“回收站”
Ctrl+拖动	复制所选项
Ctrl+Shift+拖动	创建所选项的快捷方式
F2	重命名所选项

续表

快　捷　键	功 能 说 明
Ctrl＋向右键	将插入点移动到下一个单词的开头
Ctrl＋向左键	将插入点移动到前一个单词的开头
Ctrl＋向下键	将插入点移动到下一段的开头
Ctrl＋向上键	将插入点移动到前一段的开头
Ctrl＋Shift＋任一箭头键	突出显示文本块
Shift＋任一箭头键	选择窗口中或桌面上的多个项，或者选择文档中的文本
Ctrl＋A	全选
F3	搜索文件或文件夹
Alt＋Enter	查看所选项的属性
Alt＋F4	关闭活动项，或者退出活动程序
Alt＋Enter	显示所选对象的属性
Alt＋空格键	打开活动窗口的快捷菜单
Ctrl＋F4	关闭允许同时打开多个文档的程序中的活动文档
Alt＋Tab	在打开的各项之间切换
Alt＋Esc	按各项打开时的顺序循环切换这些项
F6	循环切换窗口中或桌面上的屏幕元素
F4	在“我的电脑”或“Windows 资源管理器”窗口中显示“地址”栏列表
Shift＋F10	显示所选项的快捷菜单
Alt＋空格键	显示活动窗口的系统菜单
Ctrl＋Esc	显示“开始”菜单
Alt＋菜单名中带下划线的字母	显示对应的菜单
Ctrl＋已打开菜单的命令名中带下划线的字母	执行对应的命令
F10	激活活动程序中的菜单栏
向右键	打开右侧的紧邻菜单，或者打开子菜单
向左键	打开左侧的紧邻菜单，或者关闭子菜单
F5	更新活动窗口
BackSpace	在“我的电脑”或“Windows 资源管理器”窗口中查看上一级的文件夹
Esc	取消当前任务
按住 Shift 键将光盘插入光盘驱动器	防止光盘自动播放
Ctrl＋Shift＋Esc	打开任务管理器

2. 简答题

(1) Windows 桌面的基本组成元素有哪些？

(2) Windows 窗口和对话框的组成元素有哪些？

(3) 移动、复制文档的方法有哪些？

(4) 什么叫快捷键？什么是快捷菜单？

(5) 运行应用程序有哪些方法？

(6) 如何在文件夹中显示文件的扩展名？

(7) 怎样搜索文件？

3. 选择题

(1) 不能用“控制面板”设置的是(　　)。

A. 输入法　　B. 打印机　　C. 系统　　D. 任务栏

(2) 下列选项中，包含在对话框中的是(　　)。

A. 标题栏　　B. 工具栏　　C. 菜单栏　　D. 状态栏

(3) 在 Windows XP 中，当程序因某种原因陷入死循环，下列方法中能较好地结束该程序运行的是(　　)。

A. 按 Ctrl＋Alt＋Delete 键，然后选择“任务管理器”选项

B. 按 Enter 键

C. 按 Esc 键

D. 按 Break 键

(4) 在 Windows XP 中，设置“屏幕保护”的最主要原因是(　　)。

A. 节能　　B. 屏幕不能长时间显示同一画面

C. 减少显示器损耗及信息保密　　D. 显示丰富多彩的图像图形等

(5) 在 Windows XP 中，标题行通常为窗口(　　)的横条。

A. 最底端　　B. 最顶端　　C. 第二条　　D. 次底端

(6) Windows XP“任务栏”上呈凹陷状的按钮所对应的程序是(　　)。

A. 系统正在运行的所有程序　　B. 系统中保存的所有程序

C. 系统后台运行的程序　　D. 系统前台运行的程序

(7) 以下操作不能打开“资源管理器”窗口的是(　　)。

A. 右击“开始”按钮，在弹出的快捷菜单中选择有关项

B. 右击“我的电脑”图标，在弹出的快捷菜单中选择有关项

C. 单击“开始”图标，在弹出的快捷菜单中选择有关项

D. 单击“我的电脑”图标，在弹出的快捷菜单中选择有关项

(8) 在 Windows XP 的“我的电脑”窗口中，若已选定了文件或文件夹，为了设置其属性，可以打开“属性”对话框的操作是(　　)。

A. 右击文件夹，在快捷菜单中执行“属性”命令

B. 双击文件夹，打开文件夹

C. 右击“任务栏”中的空白处，然后在弹出的快捷键菜单中执行“属性”命令

D. 右击“查看”菜单中工具栏下的“属性”图标

(9) Windows XP 是一个多任务操作系统，这是指(　　)。

A. Windows XP 可以供多个用户同时使用

B. Windows XP 可以运行很多种应用程序

C. Windows XP 可以同时运行多个应用程序

D. Windows XP 可以同时管理多种资源

(10) 在 Windows XP 中,不属于"我的电脑"的内容有(　　)。

A. 打印机　　B. 驱动器　　C. 控制面板　　D. 回收站

(11) Windows XP 未提供的中文输入法是(　　)。

A. 智能 ABC 输入法　　B. 全拼输入法

C. 郑码输入法　　D. 五笔字型输入法

(12) 当系统硬件发生故障或更新硬件设备时,为了避免系统意外崩溃应采用的启动方式为(　　)。

A. 登录方式　　B. 安全方式

C. 命令提示方式　　D. 通常方式

(13) 在中文 Windows XP 中,为了实现全角与半角状态之间的切换,应按的键是(　　)。

A. Shift+空格　　B. Ctrl+空格

C. Shift+Ctrl　　D. Ctrl+F9

(14) 在 Windows XP 中,对话框的形状是一个矩形框,其大小是(　　)的。

A. 可以最大化　　B. 可以最小化

C. 不能改变　　D. 可以任意改变

(15) Windows XP 的"控制面板"无法完成(　　)。

A. 改变桌面背景　　B. 添加或删除输入方法

C. 设置拨号网络　　D. 添加或删除调制解调器

(16) 在 Windows XP 中,应用程序菜单弹出后,要恢复原状,则应(　　)。

A. 在菜单区域内单击或右击　　B. 在菜单区域内双击或右击

C. 在菜单区域外单击或右击　　D. 鼠标指针指向菜单区域外

(17) 在 Windows XP 中,若要一次选择不连续的几个文件或文件夹,正确的操作是(　　)。

A. 执行"编辑"菜单中的"全部选定"命令

B. 单击第一个文件,然后按住 Shift 键单击最后一个文件

C. 单击第一个文件,然后按住 Ctrl 键单击要选择的每一个文件

D. 按住 Shift 键,单击首尾文件

(18) 在 Windows XP 中,更改文件名的操作是右击文件名图标执行(　　)命令。

A. 重命名　　B. 复制　　C. 粘贴　　D. 打开

(19) 显示和隐藏工具栏可以使用(　　)菜单。

A. 文件　　B. 编辑　　C. 查看　　D. 帮助

(20) 打开菜单的热键通常使用(　　)键和相应的字母组合。

A. Esc　　B. Delete　　C. Tab　　D. Alt

(21) 在 Windows XP 中,"磁盘碎片处理"的目的是(　　)。

A. 提高速度　　B. 扩大容量　　C. 删除文件　　D. 检查错误

(22) Windows XP 在软件系统分类中属于(　　)。

A. 图形界面的应用程序　　B. 操作系统

C. 数据库管理系统　　D. 应用软件

(23) 对磁盘进行格式化时,不能够实现(　　)。

A. 复制系统文件　　B. 给磁盘添加卷标

C. 检查磁盘和损坏的扇区　　D. 恢复数据

(24) 在 Windows XP(　　)窗口中,可以设置用户名和密码。

A. 我的文档　　B. 控制面板　　C. 回收站　　D. 网上邻居

(25) 在 Windows XP 中,关闭应用程序意味着该应用程序(　　)。

A. 不再占用内存资源　　B. 只占用少量内存资源

C. 不再占用硬盘空间　　D. 被删除

(26) 在 Windows XP 中,在"显示"属性对话框中用户要设置桌面的图案,可以单击(　　)标签。

A. 设置　　B. 外观

C. 屏幕保护程序　　D. 背景

(27) 当选定文件或文件夹后,不将文件或文件夹放到"回收站"中,而直接删除的操作是(　　)。

A. 按 Delete(Del)键

B. 用鼠标直接将文件或文件夹拖动到"回收站"中

C. 按 Shift+Delete(Del)键

D. 用"我的电脑"或"资源管理器"窗口"文件"菜单中的"删除"命令

(28) 在 Windows XP 中,下列关于滚动条操作的叙述,不正确的是(　　)。

A. 通过单击滚动条上的滚动箭头可以实现一行行滚动

B. 通过拖动滚动条上的滚动框可以实现快速滚动

C. 滚动条有水平滚动条和垂直滚动条两种

D. 在 Windows XP 中,每个窗口都具有滚动条

(29) Windows XP 的"桌面"指的是(　　)。

A. 活动窗口　　B. 最大化的一个窗口

C. 全部窗口　　D. 启动后显示的整个屏幕

(30) Windows XP 安装新字体必须(　　)。

A. 双击该字体文件图标

B. 单击"开始"按钮,执行"运行"命令

C. 在控制面板的添加/删除程序中添加

D. 在控制面板的字体中添加

(31) 为了保证任务栏任何时候在屏幕可见,应在任务栏属性对话框的任务栏选项标签中选择(　　)。

A. 不被覆盖　　B. 显示时钟

C. 总在最前　　D. 自动隐藏

(32) 利用键盘操作,快速打开“资源管理器”中的“文件”菜单的按键是(　　)。

A. Ctrl+C　　B. Alt+F　　C. F1　　D. Esc

(33) 资源管理器窗口有两个小窗口,左边小窗口称为(　　)。

A. 文件夹窗口　　B. 资源窗口

C. 文件窗口　　D. 计算机窗口

(34) 在 Windows XP 中,在不同驱动器之间拖动某一对象,结果是(　　)。

A. 移动该对象　　B. 复制该对象

C. 删除该对象　　D. 无任何结果

(35) 在 Windows XP 的资源管理器中,单击左窗口中某个文件夹的图标,则会(　　)。

A. 在右窗口中显示该文件夹中的子文件夹和文件

B. 在左窗口中扩展该文件夹

C. 在左窗口中显示其子文件夹

D. 在右窗口中显示该文件夹中的文件

(36) 在 Windows XP 环境中,下列有关“还原”按钮及操作叙述正确的是(　　)。

A. 单击“还原”按钮可以将最大化后的窗口恢复成原来的样子

B. 必须双击“还原”按钮才可以将最大化后的窗口恢复成原来的样子

C. “还原”按钮存在于任何窗口内

D. 单击“还原”按钮可以将移动过的窗口恢复成原来的样子

(37) 在 Windows XP 环境中,下列关于打印机的说法正确的是(　　)。

A. 无论何时,不安装打印机驱动程序都能正常使用打印机

B. 系统中的打印机驱动程序只能安装一个

C. 安装打印机的驱动程序必须有特殊的工具,例如:螺丝刀

D. 打印机占用的端口通常是 LPT1

(38) 在 Windows XP 中,关于“开始”菜单叙述不正确的是(　　)。

A. 单击“开始”按钮可以打开“开始”菜单

B. “开始”菜单中的每一选项均是一个或一组命令

C. 可以在“开始”菜单中增加菜单项

D. “开始”菜单可以删除

(39) 在 Windows XP 中设置“任务栏”的属性时,不包括(　　)。

A. 自动隐藏　　B. 总在最前　　C. 调整大小　　D. 显示时钟

(40) 对话框和窗口的组成部分相同点是(　　)。

A. 都有状态栏　　B. 都有标题栏

C. 都可以改变大小　　D. 都有最大化 最小化按钮

(41) Windows XP 的下列操作中(默认情况下),能进行中文/英文标点符号切换的组合键是(　　)。

A. Ctrl+空格键　　B. Shift+空格键

C. Ctrl+圆点键　　D. Ctrl+Enter 键

(42) 关闭应用程序的组合键是(　　)。

A. Alt＋F4　　B. Ctrl＋F4　　C. Shift＋F4　　D. Tab＋F4

(43) 在 Windows XP 中，可以同时打开多个窗口，当前活动窗口有(　　)个。

A. 1　　B. 2　　C. 3　　D. 多

(44) 下面关于“任务栏”中程序项按钮的说法正确的是(　　)。

A. 活动窗口的按钮处于弹起状态，非活动窗口处于按下状态

B. 活动窗口的按钮处于弹起状态，非活动窗口也是一样

C. 活动窗口的按钮处于按下状态，非活动窗口处于弹起状态

D. 活动窗口的按钮处于按下状态，非活动窗口也是一样

(45) 在 Windows XP 的“资源管理器”窗口中，如果想一次选定多个分散的文件或文件夹，正确的操作是(　　)。

A. 按住 Ctrl 键，右击逐个选取　　B. 按住 Ctrl 键，单击逐个选取

C. 按住 Shift 键，右击逐个选取　　D. 按住 Shift 键，单击逐个选取

(46) 在 Windows XP 中，控制菜单图标在窗口的(　　)。

A. 左上角　　B. 左下角　　C. 右上角　　D. 右下角

(47) Windows XP 回收站中可以是(　　)。

A. 文件　　B. 文件夹　　C. 快捷方式　　D. 以上都对

(48) Windows XP 主要是在用窗口、菜单、图标、(　　)组织的窗口画面与用户交往。

A. 命令行　　B. 鼠标图标　　C. 对话框　　D. 标题栏

(49) 控制面板是用来改变(　　)应用程序，以调整各种硬件和软件的选项。

A. 分组窗口　　B. 文件　　C. 程序　　D. 系统配置

(50) 在 Windows XP 环境下，文件名最多可以输入(　　)个字符。

A. 8　　B. 16　　C. 255　　D. 355

(51) 在输入中文时，下列操作中不能进行中英文切换的是(　　)。

A. 单击中英文切换按钮

B. 用 Ctrl＋空格键

C. 用语言指示器菜单

D. 用 Shift＋空格键

(52) 窗口的移动是将鼠标的光标移到标题栏的位置，(　　)，然后拖动到目的位置后放开。

A. 按住左键　　B. 按住右键　　C. 双击左键　　D. 双击右键

(53) Windows XP 的活动窗口切换可通过(　　)方式进行。

A. Alt＋Esc 组合键　　B. Ctrl＋Tab 组合键

C. 剪贴板　　D. 任务栏

(54) Windows NT 是一种(　　)。

A. 网络操作系统　　B. 单用户、单任务操作系统

C. 文字处理系统　　D. 应用程序

(55) 在 Windows XP 中,若已选定某文件,不能将该文件复制到同一文件夹下的操作是(　　)。

A. 用鼠标右键将该文件拖动到同一文件夹下

B. 先执行"编辑"菜单中的"复制"命令,再执行"粘贴"命令

C. 用鼠标左键将该文件拖动到同一文件夹下

D. 应用程序

(56) 在 Windows XP 中,执行"编辑"菜单中的"反向选择"命令,可以实现(　　)功能。

A. 只选文件

B. 选定除已选定的文件或文件夹以外的文件或文件夹

C. 只选文件夹

D. 选定文件或文件夹

(57) 在 Windows XP 中,任务栏通常由"开始"按钮、快捷按钮区、驻留程序区和(　　)区组成。

A. 编辑　　B. 按钮　　C. 应用程序　　D. 工具栏

(58) 在 Windows XP 的"资源管理器"中,复制文件可使用"编辑"菜单中的(　　)命令和粘贴命令。

A. 剪切　　B. 删除　　C. 撤销　　D. 复制

(59) Windows XP 的总开关指(　　)。

A. "我的电脑"图标　　B. "开始"按钮

C. 资源管理器　　D. 任务栏

(60) Windows XP 的最低配置对内存要求至少为(　　)MB。

A. 128　　B. 16　　C. 32　　D. 64

(61) 默认情况下,(　　)不是 Windows XP 桌面的图标。

A. 我的电脑　　B. 回收站　　C. 我的文档　　D. 游戏

(62) 在 Windows XP 的"控制面板"窗口中,双击(　　)图标,可以设置屏幕保护程序。

A. 显示　　B. 鼠标　　C. 日期/时间　　D. 输入法

(63) 在 Windows XP 中,安全地关闭计算机的正确操作是(　　)。

A. 直接按主机面板上电源按钮

B. 先关显示器,再关主机

C. 选开始,关闭系统中的关闭计算机

D. 选程序中的 MS-DOS 方式,再关机

(64) 在 Windows XP 中,在"显示器属性"对话框中可选择墙纸,它对应文件扩展名为(　　)。

A. BMP　　B. DOC　　C. SYS　　D. TXT

(65) 要将整个窗口内容存入剪贴板,应按(　　)键。

A. Ctrl+P　　B. Alt+P

C. PrinScreen　　D. Alt＋PrintScreen

(66) 在 Windows XP 应用环境中,拖动操作不能完成的是(　　)。

A. 当窗口不是最大时,可以移动窗口的位置

B. 当窗口最大时,可以将窗口缩小成图标

C. 当窗口有滚动条时,可能实现窗口内容的滚动

D. 可以将一个文件移动(或复制)到另一个目录去

(67) Windows XP 系统安装并启动后,由系统安排在桌面上的图标是(　　)。

A. 资源管理器　　B. 回收站

C. Microsoft Word　　D. Microsoft FoxPro

(68) 当多个应用程序被同时启动时,屏幕总有一个正在使用的窗口,该窗口对应的应用程序称为(　　)。

A. 后台程序　　B. 前台程序

C. 前、后台程序　　D. 主程序

(69) 下列操作中,不能运行一个应用程序的是(　　)。

A. “开始”菜单中的“运行”命令　　B. 双击查找到的文件名

C. “开始”菜单中的“文档”命令　　D. 单击“任务栏”中该程序的图标

(70) 在 Windows XP 中,“复制”命令在(　　)。

A. “我的电脑”窗口的“文件”菜单中

B. “资源管理器”的“文件”菜单中

C. “编辑”菜单中

D. “工具”菜单中

(71) Windows XP 桌面的快捷方式可以是(　　)。

A. 文档文件　　B. 打印机

C. 应用程序　　D. 三种都可

(72) 在 Windows XP 中,可以同时打开多个文件管理窗口,将一个文件从一个窗口拖动到另一个窗口中,通常是用于完成文件的(　　)。

A. 删除　　B. 移动或复制

C. 修改或保存　　D. 更新

(73) Windows XP 画笔系统默认的文件扩展名为(　　)。

A. PAL　　B. WRI　　C. AVI　　D. BMP

(74) 在 Windows XP 的“我的电脑”窗口中,若已选定硬盘上的文件或文件夹,并按了 Delete 键和“确定”按钮,则该文件或文件夹将(　　)。

A. 被删除并放入回收站　　B. 不被删除也不放入回收站

C. 被删除但不放入回收站　　D. 不被删除但放入回收站

(75) 在 Windows XP 标准窗口的下拉菜单中选择命令,下列操作错误的是(　　)。

A. 单击该命令选项

B. 用键盘上的上下方向键将高亮度条移至选项后,再按 Enter 键

C. 同时按 Alt 键与该命令选项后括号中带下划线的字母键

D. 直接按该命令选项后面括号中带有下划线的字母键

(76) 在 Windows XP 中,用于在对话框的各选项之间切换的按键是(　　)。

A. Esc　　B. Tab　　C. Shift　　D. Alt

(77) 在 Windows XP 中,将文件移入"回收站",意味着(　　)。

A. 文件真正被删除,不能恢复

B. 文件没有真正被删除,可以直接应用

C. 文件没有真正被删除,但不能直接应用

D. 文件真正被删除,但可以恢复

(78) 在 Windows XP 桌面上,不能打开"我的电脑"的操作是(　　)。

A. 双击"我的电脑"图标

B. 右击"我的电脑"图标,在快捷菜单中执行"打开"命令

C. 单击"我的电脑"图标

D. 在资源管理器中选取

(79) 在 Windows XP 中,启动汉字输入法后,组合键(　　)操作能进行全角/半角的切换。

A. Ctrl+Enter 键　　B. Shift+空格键

C. Ctrl+空格键　　D. Ctrl+圆点键

(80) 删除桌面上的快捷方式图标,则对应的应用程序(　　)。

A. 没被删除　　B. 被删除,但内存仍保留

C. 被隐藏　　D. 没有被隐藏

(81) 在 Windows XP 中,在桌面上创建快捷方式的目的是(　　)。

A. 美化桌面　　B. 方便复制应用程序

C. 方便启动其他应用程序　　D. 方便删除应用程序

(82) 按照(　　)排列桌面上的图标后,用户不能随意移动图标。

A. 名称　　B. 类型　　C. 大小　　D. 自动排列

(83) 退出 Windows XP 时,直接关闭计算机电源可能产生的后果是(　　)。

A. 破坏临时设置　　B. 破坏某些程序的数据

C. 造成下次启动时出现故障　　D. 上述各点均有可能

(84) 下列鼠标操作中,不属于 Windows XP 的默认设置是(　　)。

A. 单击左键　　B. 单击右键　　C. 双击左键　　D. 双击右键

(85) 在 Windows XP 中,"回收站"是(　　)文件暂时存放的空间。

A. 已删除　　B. 已关闭　　C. 已打开　　D. 已保存

(86) 在 Windows XP 中,打开某一菜单后,有些命令项是暗淡的,表示当前状态下此命令项(　　)。

A. 可以选用　　B. 不可以选用

C. 不存在　　D. 不在此菜单中

(87) 在 Windows XP 环境中输入中文时,使用组合键(　　)可以进行中英文切换。

A. Ctrl+空格　　B. Shift+空格

C. Alt+空格　　D. Tab+空格

(88) 在选定文件或文件夹后，利用工具栏中(　　)按钮可以进行移动操作。

A. 剪切和粘贴　　B. 查看和撤销

C. 删除和粘贴　　D. 复制和粘贴

(89) 在 Windows XP 中，回收站的作用是(　　)。

A. 保存文件的碎片　　B. 存放被删除的文件或文件夹

C. 恢复已破坏的文件　　D. 保存剪切的文本

(90) 双击 Windows XP 窗口的标题栏，有可能(　　)。

A. 隐藏该窗口　　B. 关闭该窗口

C. 最大化该窗口　　D. 最小化该窗口

(91) Windows XP 回收站中不可能有以下(　　)内容。

A. 文件夹　　B. 硬盘中的文件

C. 快捷方式　　D. 软盘中的文件

(92) 要使文件不被修改和删除，可以将文件设置为(　　)属性。

A. 归档　　B. 系统

C. 只读　　D. 隐含

(93) 在 Windows XP 中，安装一个应用程序，正确的操作应该是(　　)。

A. 打开“资源管理器”窗口，使用拖动操作

B. 打开“控制面板”窗口，双击“添加或删除程序”图标

C. 打开 MS-DOS 窗口，使用 Copy 命令

D. 打开“开始”菜单，执行“运行”命令，在弹出的“运行”对话框中使用 Copy 命令

(94) 应用程序的扩展名为(　　)。

A. .bak　　B. .exe　　C. .doc　　D. .txt

(95) 若显示隐藏文件，需要在文件夹窗口的(　　)菜单下。

A. 文件夹　　B. 查看　　C. 工具　　D. 帮助

(96) 复制一个文件，操作不正确的是(　　)。

A. 拖动文件时按 Ctrl 键

B. 选中文件，先单击“复制”按钮，到目标处再单击“粘贴”按钮

C. 用 Ctrl+C 和 Ctrl+V 键

D. 拖动文件时按 Shift 键

(97) 在文件夹中，若将相同类型的文件排列在一起应执行(　　)。

A. “查看”菜单中的“排列图标”命令

B. “工具”菜单中的“文件夹选项”命令

C. “编辑”菜单中的“全选”命令

D. “文件”菜单中的“属性”命令

(98) Windows XP 进入帮助和支持中心的快捷键是(　　)。

A. F2　　B. F1　　C. Home　　D. F5

(99) 如果将某文档中的文字内容复制后，到文件夹中执行“粘贴”命令会产生(　　)。

A. 一个同名文件　　　　B. 一个文档片段

C. 没有文件　　　　D. 一个同类型文件

(100) Windows XP 支持大多数的即插即用硬件，如果安装了某台打印机，但计算机不识别，最不可能的原因是(　　)。

A. 此打印机坏了

B. 没有安装打印机的驱动程序

C. 打印机的接口没接好

D. Windows XP 系统下没有注册打印机型号

第3章 Word文字处理软件的应用

Word 是一种文字处理软件，它可以对文字进行录入、编辑、排版和打印等。使用 Word 可以很方便地制作各式各样的文档，极大地提高工作和学习的效率。随着计算机技术的发展，文字处理软件不仅可以处理文字，还可以处理各种表格、图形和图像，实现图文混排。本章重点学习如何用 Word 2003 制作各式各样的文档。

3.1 Word 2003 基础知识

1. 启动 Word 2003

执行 开始 菜单中的“所有程序”命令，然后执行 Microsoft Office 中的 Microsoft Office Word 2003 命令，启动 Word 2003。

2. Word 2003 窗口介绍

Word 2003 启动后的窗口界面如图 3-1 所示。

Word 2003 窗口主要由标题栏、菜单栏、工具栏、状态栏、文档编辑区等部分组成。

(1) 标题栏：位于窗口的顶部，主要用于显示当前文件名称。

(2) 菜单栏：Word 菜单的集合。以分类的方式管理，许多常用的 Word 操作命令分别归类在不同的菜单中。打开某菜单名就会相应地显示菜单中的各种命令。

(3) 工具栏及常用按钮：工具栏中的按钮形象地反映了 Word 常用命令的功能，单击按钮即可快速执行相关命令。在 Word 窗口中经常显示的是常用工具栏和格式工具栏，可以通过执行“视图”→“工具栏”命令，将隐藏的工具栏显示出来。

(4) 标尺：用于对齐文档中的文本、图形图像、表格和其他元素。文档编辑区的顶部和左部分别为水平标尺与垂直标尺，用鼠标拖动标尺上的滑块可以设置文档中的段落对齐方式、段落缩进和页边距。

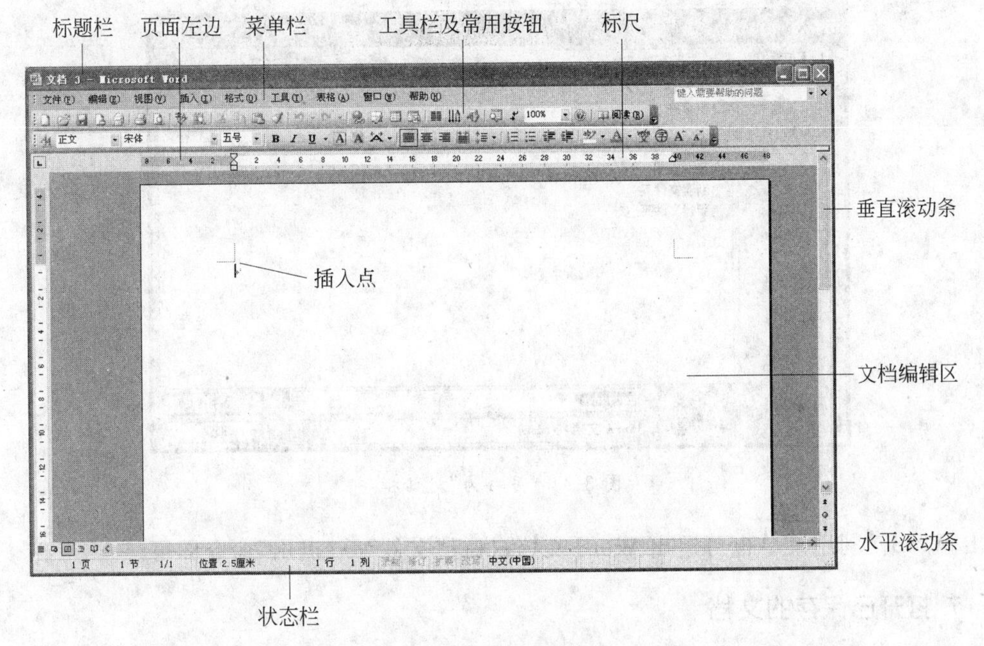

图 3-1　Word 2003 窗口界面

(5) 文档编辑区：位于窗口中央，主要用于文档的显示、输入和编辑。

(6) 插入点：编辑区域内的一条闪烁的光标，文档内容的输入都是从插入点开始的。

(7) 状态栏：位于窗口底部，用于显示当前文档的页码以及光标所在位置的具体文档信息，如页数、字数、使用的语言等。

3. Word 文档的扩展名

扩展名可以用来识别保存文件的类型，Word 文档在进行保存时，其默认的扩展名是.doc。

4. 新建 Word 文档

启动 Word 文档后，可自动创建一个新文档，其默认文件名是“文档 1.doc”。在已经打开的 Word 文档中，执行“文件”→“新建”命令，在窗口右侧的“新建文档”任务窗格中单击“空白文档”按钮，则可以打开一个新的文档窗口。

5. 保存 Word 文档

对已经编辑好的文档内容需要进行保存。执行“文件”→“保存”命令，打开“另存为”对话框，如图 3-2 所示。在“文件名”文本框中输入保存文件的名字，选择文件保存的位置，单击“保存”按钮进行文档的保存。

6. 退出 Word

保存好 Word 文档后需要退出 Word。单击 Word 窗口右上角的“关闭”按钮，即可

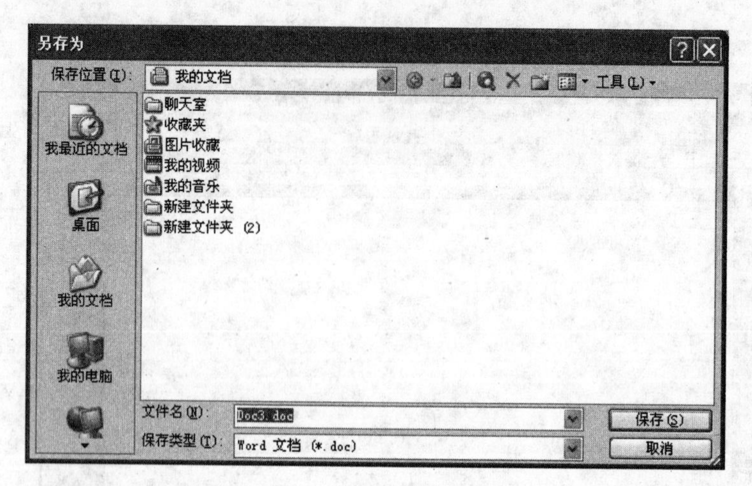

图 3-2 “另存为”对话框

退出 Word。利用菜单也可退出 Word 文档,执行“文件”→“退出”命令即可。

7. 打开已保存的文档

有时需要打开已经保存的文档重新修改或者打印,可以执行“文件”→“打开”命令,打开如图 3-3 所示的对话框,选择文档所在的路径,然后选中要打开的文档,最后单击“打开”按钮。

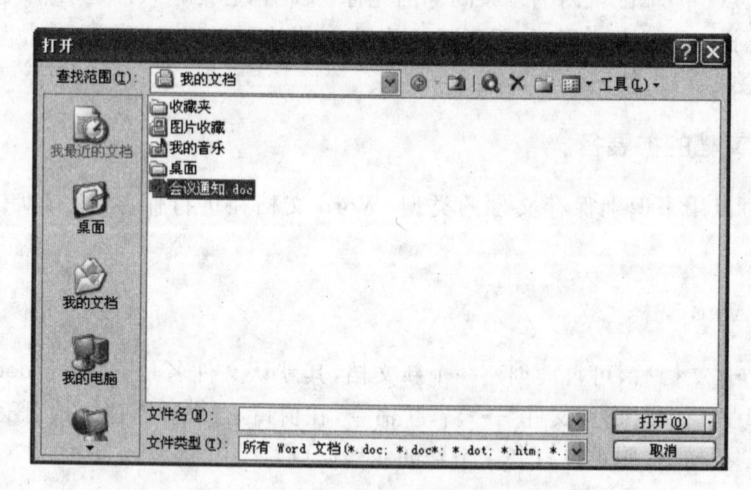

图 3-3 “打开”对话框

8. Word 文档视图

在 Word 2003 文字处理软件中提供了五种视图方式,分别为普通视图、Web 版式视图、页面视图、阅读版式和大纲视图。不同的视图之间可以进行切换,单击“视图”菜单,选择视图即可。

(1) 普通视图。普通视图是 Word 文档的基本视图,也是默认视图。它简化了页面版式，隐藏了页面边缘、页眉、页脚、图形对象及文档背景，适用于大多数情况下的文档编辑和排版。

(2) Web 版式视图。Web 版式视图是 Word 几种视图方式中唯一按照窗口大小进行显示的视图方式。Web 版式视图显示文档背景和图形对象。

(3) 页面视图。页面视图是直接按照用户设置的页面大小进行显示的视图方式，通过该视图可以查看页面中的文字、图片和其他元素的准确位置。它是排版时的首选视图方式。

(4) 阅读版式视图。阅读版式视图中文档窗口被纵向分为左、右两个小窗口，显示左、右两页，像一本打开的书。通过这种视图阅读，符合自然习惯，但阅读版式视图会打乱排版格式，不显示页眉和页脚。

(5) 大纲视图。大纲视图按照标题的层次来显示文档，可以进行文档的折叠，只显示主标题，从而很快熟悉文档的结构。大纲视图中不显示页边距、页眉、页脚、图片和背景。

下面通过具体案例的实际操作，来学习 Word 文档编辑与排版的具体操作。

3.2　录入文字与符号

本节主要介绍 Word 文档中文字与符号的录入。Word 文字处理软件的最小操作对象是文档中的字符。字符包括汉字、标点符号、字母及特有的一些符号等。

案例提出

某校要举办秋季运动会，校体育教研室准备向广大师生发出运动会通知，通知内容如图 3-4 所示。请在新建的 Word 文档中输入该通知的具体内容(包括标点符号)。

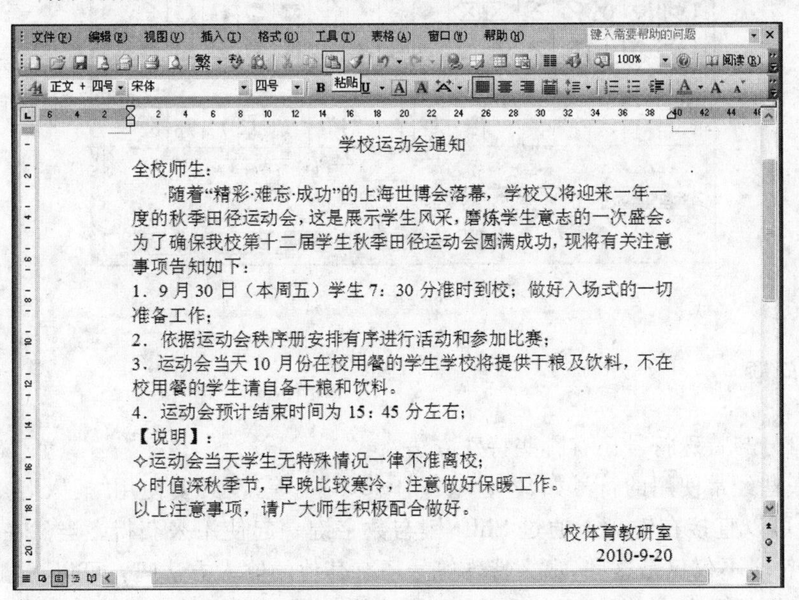

学校运动会通知

全校师生：

随着“精彩·难忘·成功”的上海世博会落幕，学校又将迎来一年一度的秋季田径运动会，这是展示学生风采，磨炼学生意志的一次盛会。为了确保我校第十二届学生秋季田径运动会圆满成功，现将有关注意事项告知如下：

1．9 月 30 日（本周五）学生 7：30 分准时到校；做好入场式的一切准备工作；

2．依据运动会秩序册安排有序进行活动和参加比赛；

3．运动会当天 10 月份在校用餐的学生学校将提供干粮及饮料，不在校用餐的学生请自备干粮和饮料。

4．运动会预计结束时间为 15：45 分左右；

【说明】：

✧运动会当天学生无特殊情况一律不准离校；

✧时值深秋季节，早晚比较寒冷，注意做好保暖工作。

以上注意事项，请广大师生积极配合做好。

校体育教研室

2010-9-20

图 3-4　录入文字与符号

案例分析

本案例主要练习在空白的 Word 文档中输入文字和符号，要求学生了解输入法的相关知识，能够进行中英文的切换，掌握特殊符号的录入方法。

案例实现

(1) 启动 Word 文字处理软件并打开空白文档

(2) 文字录入

选择自己熟悉的输入法，在空白文档的插入点处录入文字。

(3) 符号输入

本案例在“说明”部分运用了符号与特殊符号，执行“插入”→“特殊符号”命令，在列表中选择需要的符号，如图 3-5 所示。普通符号的输入方法为执行“插入”→“符号”命令，在字体列表中选择 Wingdings 选项，然后选择需要的符号，如图 3-6 所示。

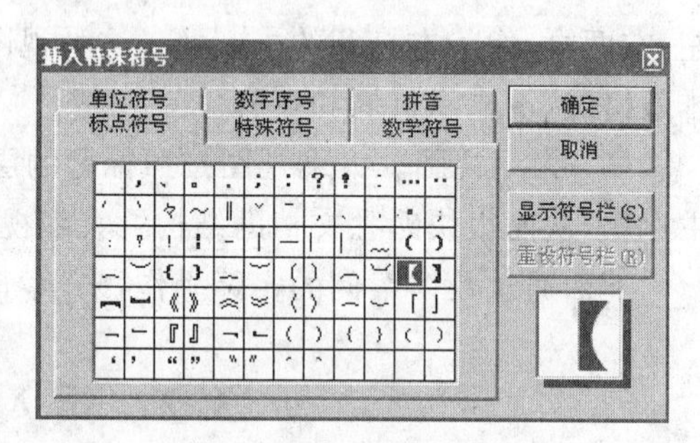

图 3-5　插入特殊符号

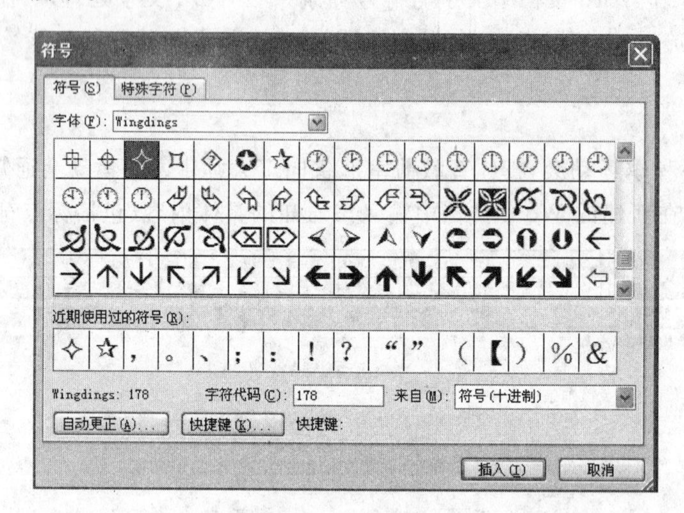

图 3-6　插入符号

相关问题

插入符号与特殊符号还有哪些特殊方法？

对于一些经常使用的符号如“@、#、￥、%、&、*”等，没必要使用“插入”菜单进行符号的选择，可以直接在键盘上通过 Shift 键与数字键一起使用来获得。当然在日常生活中，用到的符号不仅仅是这些，那么特殊符号还有其他的输入方法吗？可以在输入法面板上的软键盘图标上右击，在打开的菜单中选择任何一种符号类别，该类别包含的符号就会在小键盘中显示出来，如图 3-7 所示。例如，当选择数学符号一项时，数学符号就会在小键盘中显示，如图 3-8 所示。

✔ P C 键盘	标点符号
希腊字母	数字序号
俄文字母	数学符号
注音符号	单位符号
拼　音	制表符
日文平假名	特殊符号
日文片假名	

标准

图 3-7 软键盘中的符号菜单

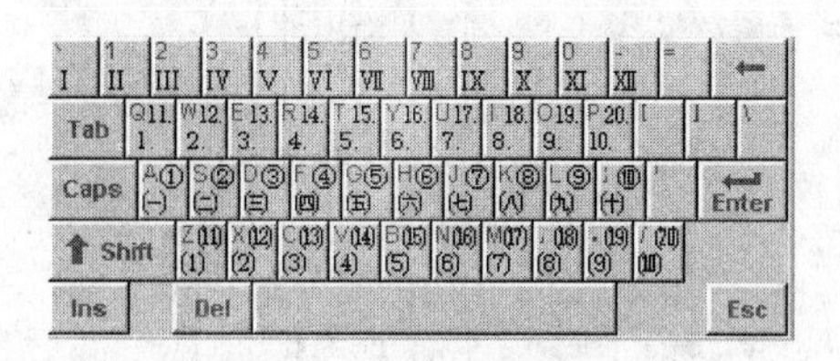

图 3-8 数学符号小键盘

拓展与提高

国庆假期快要到了，校学生会要向全校学生宣传假期安全文明的倡议，要求在上、下、左、右页边距均为 3cm 的 B5 纸上，输入安全教育的倡议书内容，重点内容要用符号标明，如图 3-9 所示。

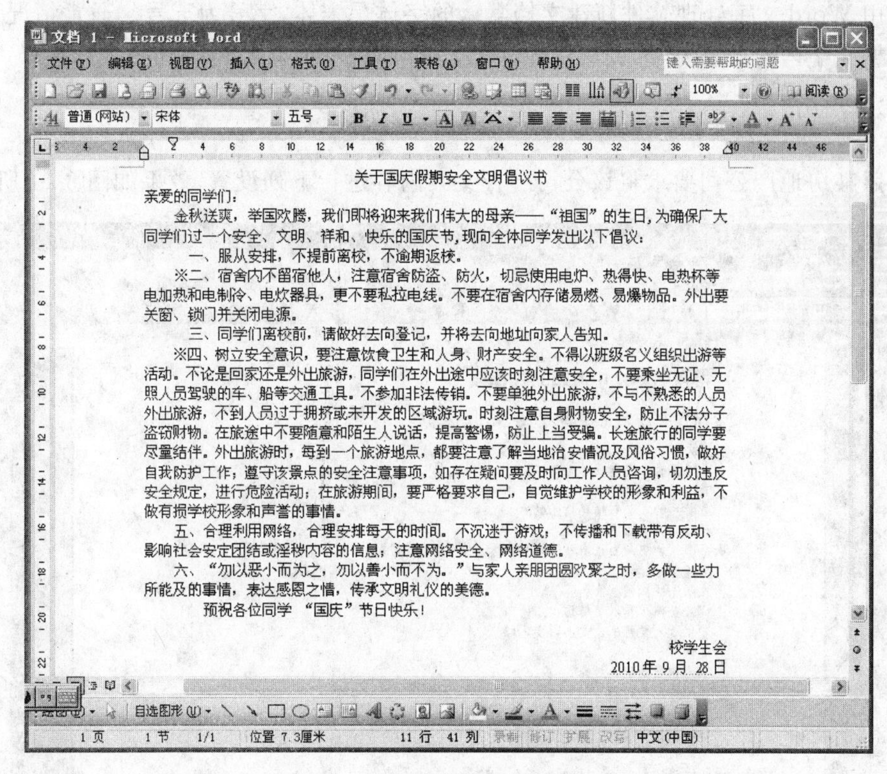

关于国庆假期安全文明倡议书

亲爱的同学们：

金秋送爽，举国欢腾，我们即将迎来我们伟大的母亲——“祖国”的生日，为确保广大同学们过一个安全、文明、祥和、快乐的国庆节，现向全体同学发出以下倡议：

一、服从安排，不提前离校，不逾期返校。

※二、宿舍内不留宿他人，注意宿舍防盗、防火，切忌使用电炉、热得快、电热杯等电加热和电制冷、电炊器具，更不要私拉电线。不要在宿舍内存储易燃、易爆物品。外出要关窗、锁门并关闭电源。

三、同学们离校前，请做好去向登记，并将去向地址向家人告知。

※四、树立安全意识，要注意饮食卫生和人身、财产安全。不得以班级名义组织出游等活动。不论是回家还是外出旅游，同学们在外出途中应该时刻注意安全，不要乘坐无证、无照人员驾驶的车、船等交通工具。不参加非法传销。不要单独外出旅游，不与不熟悉的人员外出旅游，不到人员过于拥挤或未开发的区域游玩。时刻注意自身财物安全，防止不法分子盗窃财物。在旅途中不要随意和陌生人说话，提高警惕，防止上当受骗。长途旅行的同学要尽量结伴。外出旅游时，每到一个旅游地点，都要注意了解当地治安情况及风俗习惯，做好自我防护工作；遵守该景点的安全注意事项，如存在疑问要及时向工作人员咨询，切勿违反安全规定，进行危险活动；在旅游期间，要严格要求自己，自觉维护学校的形象和利益，不做有损学校形象和声誉的事情。

五、合理利用网络，合理安排每天的时间。不沉迷于游戏；不传播和下载带有反动、影响社会安定团结或淫秽内容的信息；注意网络安全、网络道德。

六、“勿以恶小而为之，勿以善小而不为。”与家人亲朋团圆欢聚之时，多做一些力所能及的事情，表达感恩之情，传承文明礼仪的美德。

预祝各位同学“国庆”节日快乐！

校学生会

2010 年 9 月 28 日

图 3-9 国庆假期安全文明倡议书

操作提示：在 Word 中输入当前日期的方法，除了直接输入外还可以在“插入”菜单中执行“日期和时间”命令，在打开的“日期和时间”对话框中选择当前的日期格式，即可在 Word 文档中输入当前日期，如图 3-10 所示。

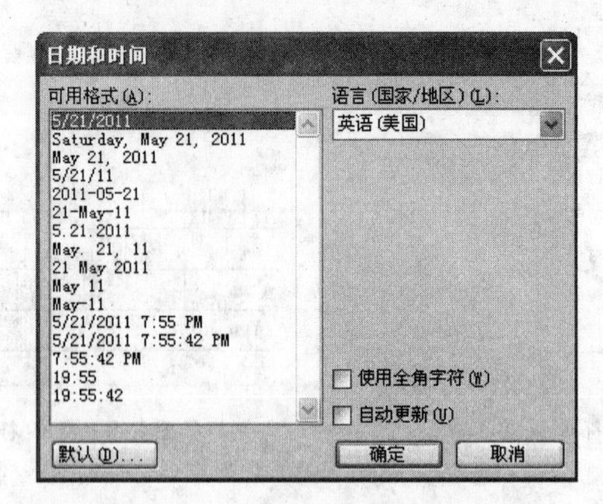

图 3-10 “日期和时间”对话框

3.3 字体格式设置

利用 Word 文字处理软件新建文档默认的字体是宋体,字号为五号。通常情况下,用户可根据文字内容的需要,改变其字体、字形、字号等。如何进行操作呢?

案例提出

按照某房地产公司要求将该公司广告文案内容进行下列设置,效果如图 3-11 所示。

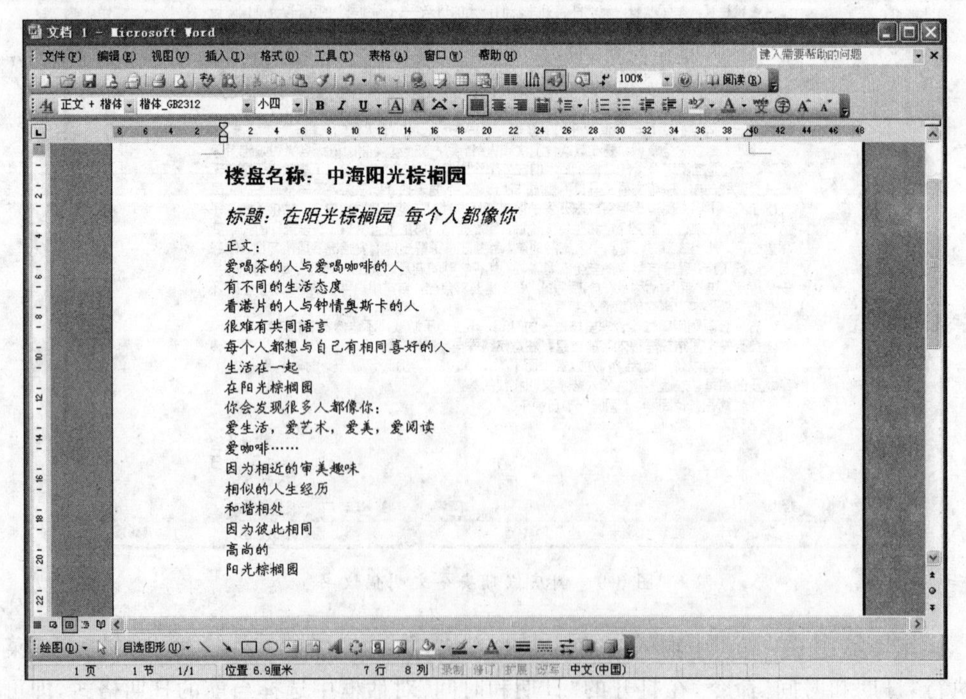

图 3-11 广告文案文字设置

(1) 字体设置要求为第一行、第二行黑体，正文楷体。

(2) 字号设置要求为第一行三号字，第二行小三号字，正文小四号字。

(3) 字形设置要求为第一行加粗，第二行斜体。

案例分析

本案例讲解的是 Word 文档中文字的基本设置，包括字体、字形与字号的设置，应用“格式”菜单中的“字体”命令进行设置。在这里应该指出的是，在 Word 文档中进行文字编辑的前提是要学会选择文字，就像在 Windows 中学习的文件管理操作一样，对文件进行操作都要学会选择文件。关于文字的选择技巧将在本案例的相关知识中详细讲解。

案例实现

(1) 文本选取。对文本进行字体、字号还有字形设置的前提是学会选取文本，下面介绍文本的选取方法。

① 一般选取：将鼠标指针移动到开始位置，按住鼠标左键拖动到对象结尾；

② 选取一行：在行左侧的选定区单击；

③ 选取一个段落：在段落的左侧选定区双击或三击段落中的任何位置；

④ 矩形区域：按住 Alt 键，同时按住左键拖动鼠标；

⑤ 选取句子：按住 Ctrl 键，单击该句的任意位置；

⑥ 选取不连续的多个文本块：先选中一个文本块，按住 Ctrl 键拖动选中其他文本块；

⑦ 选取全部文档：在文档左侧的选定区三击，或按 Ctrl＋A 快捷键，或执行“编辑”→“全选”命令；

⑧ 撤销选取：在除选区外的任何地方单击。

(2) 字体设置。选中第一行和第二行文字，执行“格式”→“字体”命令，打开“字体”设置窗口，在“中文字体”列表框中选择黑体，如图 3-12 所示。选中正文文字，在“中文字体”列表框中选择楷体。

(3) 字号设置。选中第一行文字，执行“格式”→“字体”命令，打开“字体”设置窗口，在“字号”列表框中选择三号字。用同样的方法，将第二行设置为小三号字，正文设置成小四号字。

(4) 字形设置。选中第一行文字，执行“格式”→“字体”命令，打开“字体”设置窗口，在“字形”列表框中选择“加粗”样式。用同样的方法，将第二行设置为斜体。

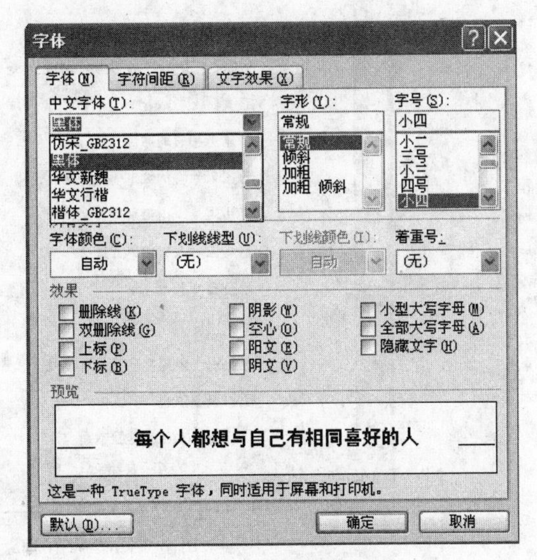

图 3-12　字符格式设置

相关问题

(1) 文本的编辑方法有以下几种。

① 移动操作：按住鼠标左键将被选取的对象拖动至目标处，然后松开鼠标左键。

② 剪切操作：执行“编辑”菜单中的“剪切”命令，或使用快捷键 Ctrl+X。

③ 复制操作：执行“编辑”菜单中的“复制”命令，或使用快捷键 Ctrl+C。

④ 粘贴操作：执行“编辑”菜单中的“粘贴”命令，或使用快捷键 Ctrl+V。

⑤ 删除操作：按 Back Space 键删除光标前一个字符，按 Delete 键删除光标后一个字符，如果选取了对象，直接按 Delete 键就可以删除对象了。

(2) 字体、字号和字形设置。

关于 Word 文档中字体、字号、字形的设置还可以通过格式工具栏直接设定。通常格式工具栏会直接出现在文档上方，调用格式工具栏的方法是执行“视图”→“工具栏”→“格式”命令，调用结果如图 3-13 所示。

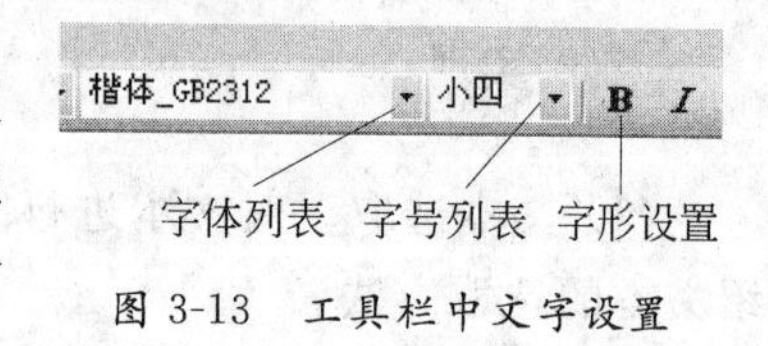

图 3-13 工具栏中文字设置

拓展与提高

对“半山海景别墅”广告文案的内容进行下列设置。

(1) 字号设置：第一行小二号，第二行三号，正文四号。

(2) 字体设置：第一行和第二行，隶书；正文，仿宋字体。

(3) 字形设置：第一行加粗，第二行斜体。

其他设置如图 3-14 所示。

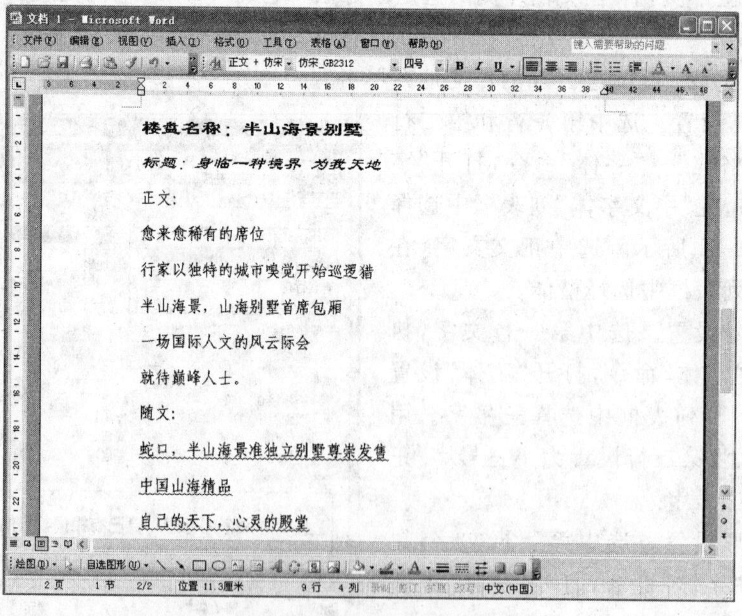

图 3-14 “半山海景别墅”文字设置

操作提示：本案例除了对文字的字体、字号还有字形设置外，还增加了文字颜色和下划线的设置。这两项同样可以在“字体”菜单中进行设置，更直接简便的方法就是直接在格式工具栏中进行设置。选中倒数三行，单击 U· 按钮右侧的下三角按钮，在下拉列表中选择波浪线。选中全文，单击 A· 右侧的下三角按钮，在列表中选择红色。

3.4　段落格式设置

Word 文字处理软件新建文档的默认对齐方式是左对齐，每按一次 Enter 键，就会产生一个段落标记。Word 文字处理软件对齐操作的最小对象是一个段落。通常情况下，用户可根据文字内容的需要，改变段落的横、纵向的对齐操作。

案例提出

下面是某中专毕业生的求职自荐信，按照下面的要求将这封自荐信进行段落的设置，设置后的效果如图 3-15 所示。设置要求如下。

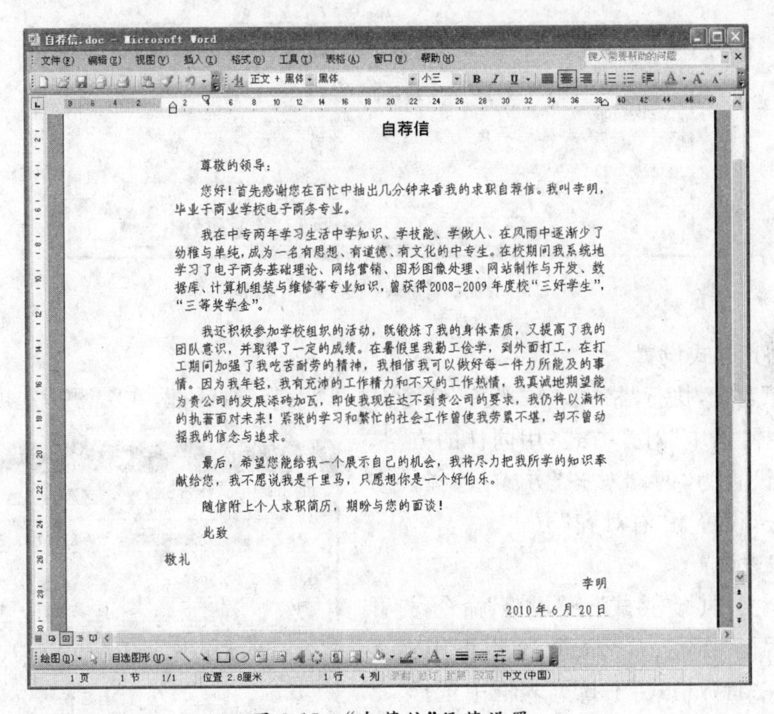

自荐信

尊敬的领导：

您好！首先感谢您在百忙中抽出几分钟来看我的求职自荐信。我叫李明，毕业于商业学校电子商务专业。

我在中专两年学习生活中学知识、学技能、学做人、在风雨中逐渐少了幼稚与单纯，成为一名有思想、有道德、有文化的中专生。在校期间我系统地学习了电子商务基础理论、网络营销、图形图像处理、网站制作与开发、数据库、计算机组装与维修等专业知识，曾获得 2008-2009 年度校“三好学生”，“三等奖学金”。

我还积极参加学校组织的活动，既锻炼了我的身体素质，又提高了我的团队意识，并取得了一定的成绩。在暑假里我勤工俭学，到外面打工，在打工期间加强了我吃苦耐劳的精神，我相信我可以做好每一件力所能及的事情。因为我年轻，我有充沛的工作精力和不灭的工作热情，我真诚地期望能为贵公司的发展添砖加瓦，即使我现在达不到贵公司的要求，我仍将以满怀的执著面对未来！紧张的学习和繁忙的社会工作曾使我劳累不堪，却不曾动摇我的信念与追求。

最后，希望您能给我一个展示自己的机会，我将尽力把我所学的知识奉献给您，我不愿说我是千里马，只愿想你是一个好伯乐。

随信附上个人求职简历，期盼与您的面谈！

此致

敬礼

李明

2010 年 6 月 20 日

图 3-15　“自荐信”段落设置

(1) 查找与替换：将文本中所有的“你”字替换成“您”。

(2) 对齐方式：标题，居中对齐；正文，两端对齐；姓名和日期，右对齐。

(3) 缩进设置：全文左、右各缩进 1 个字符，并设置首行缩进 2 个字符。

(4) 间距设置：正文段前、段后各设置为 0.5 行，行间距设置为单倍行距。

案例分析

本案例主要实现的是文档中段落的基本设置，包括常规设置，如对齐方式；缩进设置，如段落的缩进设置；行间距设置、段落之间的距离设置即段前和段后的设置，方法是首先要选择相应的段落；其次在“格式”菜单中的“段落”命令里面设置。段落对齐方式指的是段落在文档中的显示位置，包括左对齐、居中对齐、右对齐、两端对齐和分散对齐。段落缩进是指文档边缘距页边两侧的距离，分别可以设定左侧缩进和右侧缩进，还可以设置特殊格式，如首行缩进或悬挂缩进。行间距是指从上一行文字的底部到下一行文字顶部的间距，可以设置单倍行距、1.5 倍行距、多倍行距等，也可以选择“固定值”设置具体数值。段落间距指的是段落上下的空白距离，可以在“段落”对话框中为每一个段落设置段前和段后距离。

案例实现

(1) 查找和替换设置

执行“编辑”→“替换”命令，打开“查找和替换”对话框，将文本中所有的“你”替换成“您”，如图 3-16 所示。

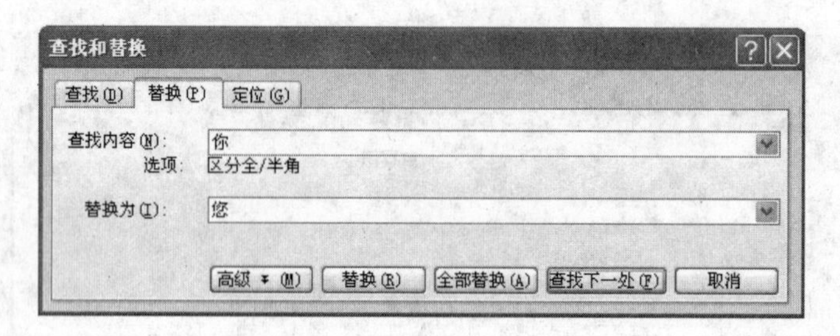

图 3-16 “查找和替换”对话框

(2) 对齐方式设置

选中标题行，执行“格式”→“段落”命令，打开“段落”对话框，在“常规”选项组的“对齐方式”中选择“居中”对齐方式；用同样的方法，选中正文，设置为“两端对齐”方式；选择姓名和日期部分，设置为“右对齐”方式。

(3) 缩进设置

选中全文，执行“格式”→“段落”命令，打开“段落”对话框，在左、右“缩进”文本框中输入1个字符，在“特殊格式”下拉列表框中选择“首行缩进”选项，并设定缩进的数量为 2 个字符。

(4) 间距设置

选中正文部分，执行“格式”→“段落”命令，打开“段落”对话框，在间距设置部分设置段前和段后均为 0.5 行，在行间距列表中选择单倍行距。

以上操作如图 3-17 所示。

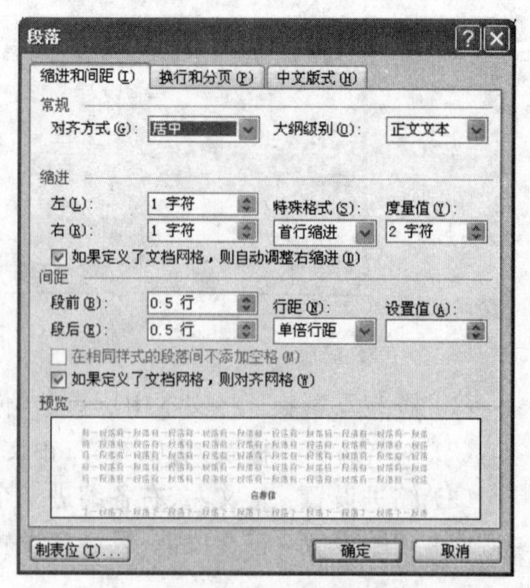

图 3-17 “段落”对话框

相关问题

悬挂缩进是相对于首行缩进而言的。它也是一种段落格式，在这种段落格式中，段落的第二行和后续行缩进量大于第一行。悬挂缩进常用于项目符号和编号列表段落中，可分为首行和非首行。首行的缩进可以使用首行缩进功能完成，而非首行的文本缩进可以使用悬挂缩进功能完成。

拓展与提高

下面是朱自清散文《荷塘月色》中的片段，请按照段落的设置方法进行排版。设置要求如下。

(1) 对齐方式：标题，居中对齐；正文，两端对齐。

(2) 缩进设置：全文左右各缩进 0.5 个字符，并设置首行缩进 2 个字符。

(3) 间距设置：正文段前、段后各设置为 1 行，行间距设置为单倍行距。

设置效果如图 3-18 所示。

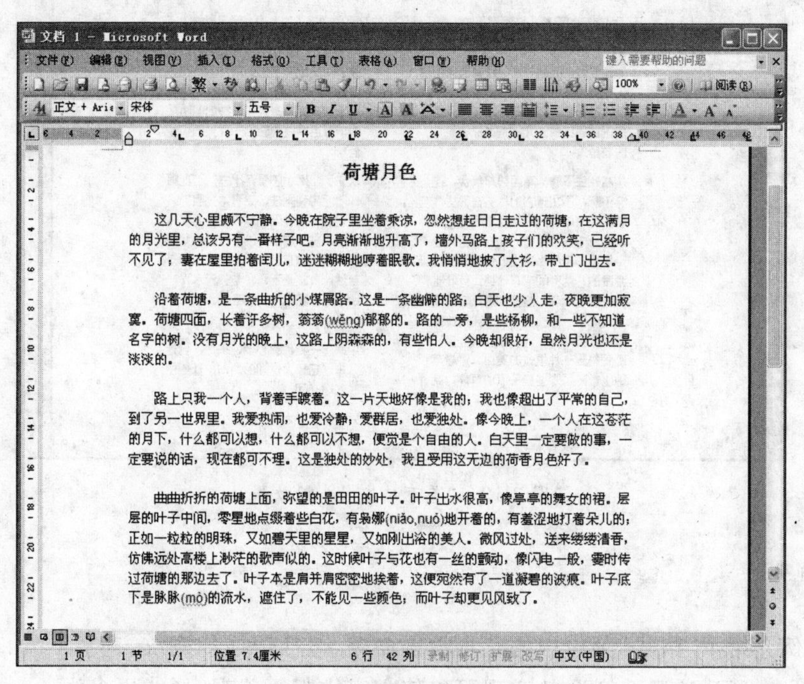

图 3-18 《荷塘月色》文章

3.5 文档格式设置

为了增强文档版面的特效，根据文字的内容和格式需要对文档的段落进行一些特殊的格式设置，例如分栏、加边框底纹、首字下沉、文字特殊排列等。Word 文字处理软件同样也可以实现。

案例提出

下面是一篇写景的诗歌，文章的基本排版已经完成，按照某出版社的要求对文章进行特殊效果排版，设置要求如下。

(1) 边框和底纹：标题“美丽心情”添加虚线边框和水绿色底纹。

(2) 首字下沉：第一段文字设置首字下沉效果，字体黑体，下沉 2 行。

(3) 设置分栏：第二段到第五段分为相等的两栏，间距为 1.5 个字符。

(4) 项目符号和编号：第二段到第五段添加黑色正方形符号。

设置效果如图 3-19 所示。

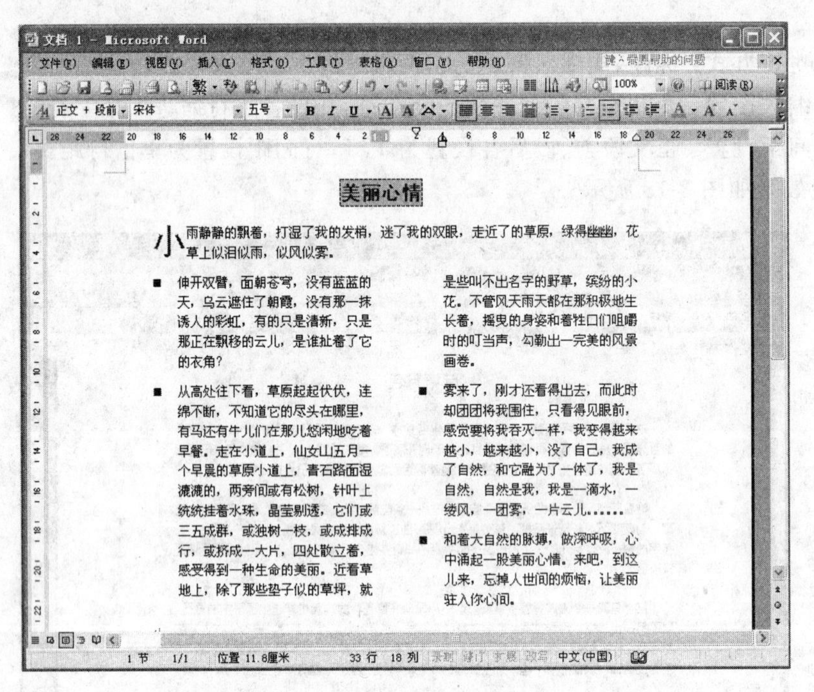

图 3-19 “美丽心情”排版效果

案例分析

本案例介绍了“格式”菜单中的几个设置命令，包括边框和底纹、首字下沉、分栏、项目符号和编号。通过这几个命令的实现可以使文字排版更美观，形式更多样。

案例实现

(1) 边框和底纹

选择标题“美丽心情”，执行“格式”→“边框和底纹”命令，打开“边框和底纹”设置窗口，打开“边框”选项卡，在“线型”列表框中选择第三种线条样式，然后在“设置”选项组中选择“方框”选项，如图 3-20 所示。再打开“底纹”选项卡，选择水绿色，如图 3-21 所示。

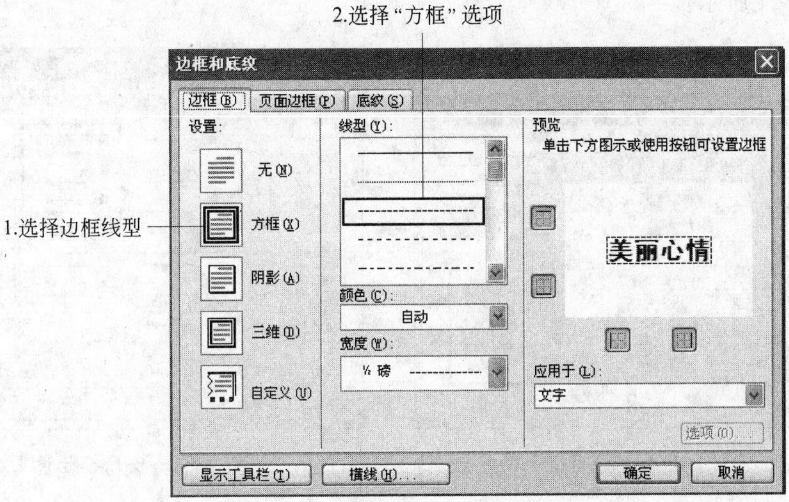

2.选择“方框”选项

1.选择边框线型

图 3-20　边框设置

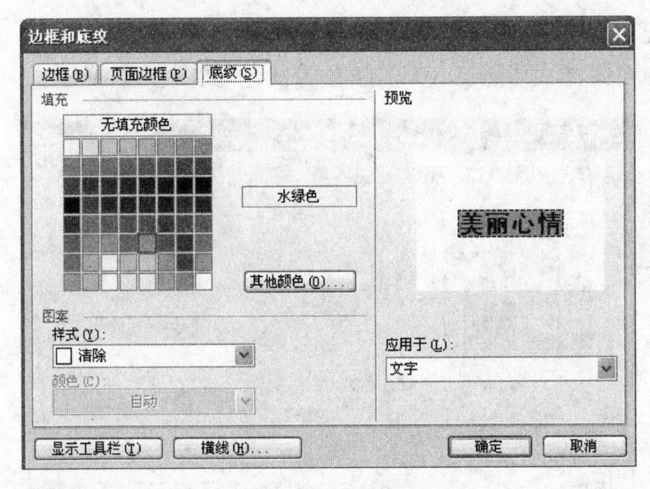

图 3-21　底纹设置

(2) 首字下沉

将鼠标指针移动到第一段起始位置，执行“格式”→“首字下沉”命令，在“字体”下拉列表框中选择“黑体”，下沉行数设置为 2 行，其他设置默认值即可，如图 3-22 所示。

图 3-22　首字下沉设置

(3) 分栏

选择第二段至第五段文字，执行“格式”→“分栏”命令，选择“两栏”选项，在“间距”文本框中输入 1.5 字符，其他设置默认值即可，如图 3-23 所示。

(4) 项目符号和编号

选择第二段至第五段文字，执行“格式”→“项目符号和编号”命令，打开“项目符号和编号”设置窗口，选择黑色正方形符号，如图 3-24 所示。

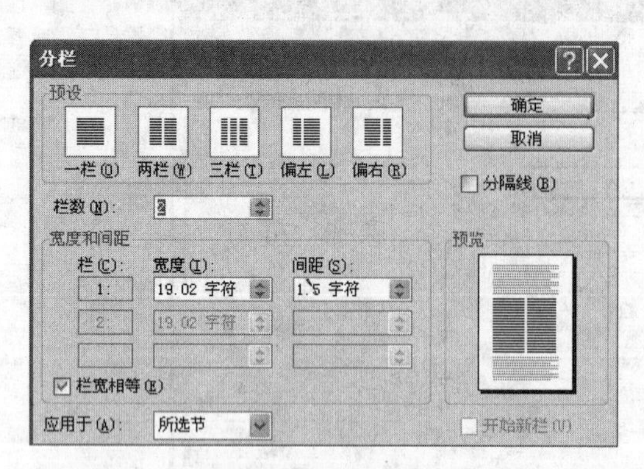

图 3-23　分栏设置

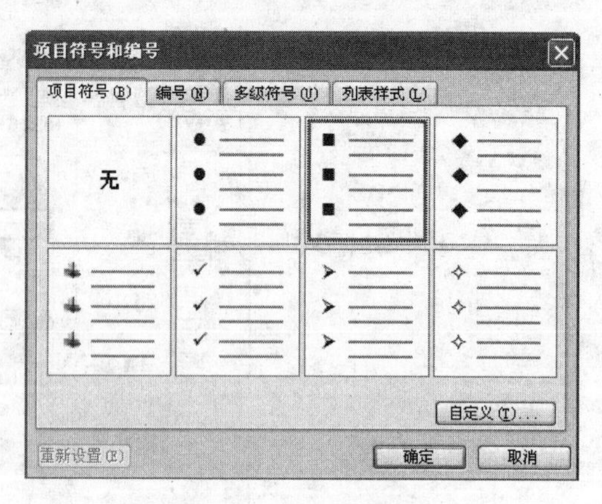

图 3-24　项目符号设置

相关问题

(1) 底纹除了单一颜色外，还可以图案的形式作为底纹效果。打开底纹设置窗口，以上面案例为例，在图案样式中选择 10%，颜色为橙色，如图 3-25 所示。

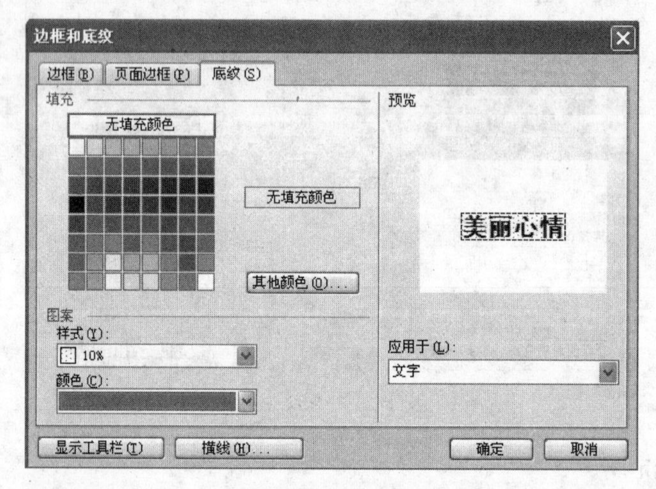

图 3-25　底纹图案设置

(2) 项目符号与编号的区别。项目符号是一些固定的图标，没有序列，例如，●、■、▲等；项目编号是有一定序列的数字或者字母，例如，1、2、3…或者一、二、三…。在实际操作时，若已给出的符号或编号不能满足排版的需要，则可以通过自定义的方式选择所需要的方式。

例如，想要选择＜一＞、＜二＞、＜三＞…这样的序列，那么在自定义面板中的参数设置如图 3-26 所示。对于项目符号也可以采用自定义的方式选择其他图标，如图 3-27 所示。

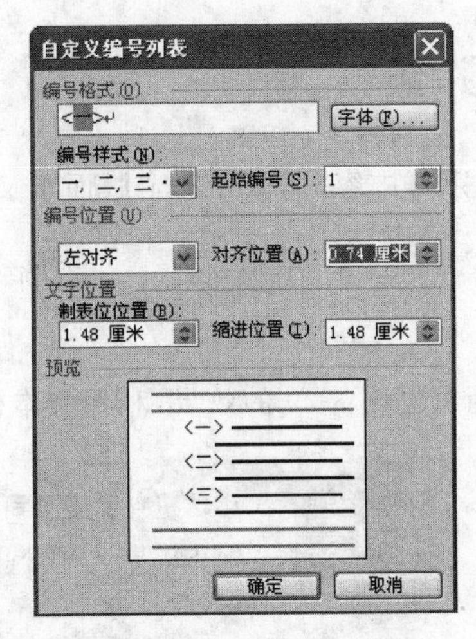

图 3-26　自定义项目编号

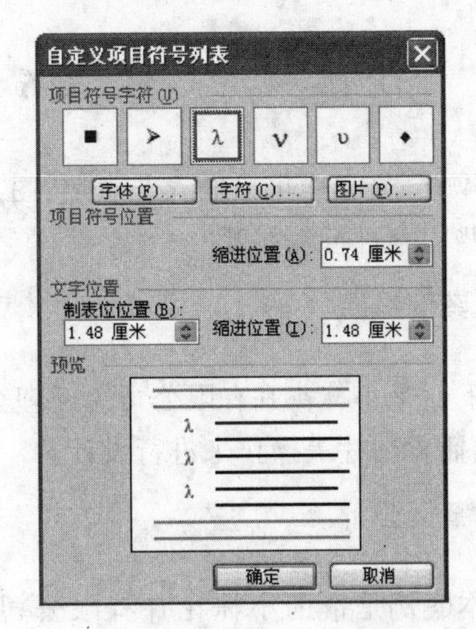

图 3-27　自定义项目符号

拓展与提高

按照下列要求，设置文章《清明的雪》，效果如图 3-28 所示。设置要求如下。

(1) 标题底纹设置 15%的图案样式，颜色为淡紫色。

(2) 第一段首字下沉，字体为楷体，下沉 3 行，紫色底纹。

(3) 第二段到第五段分为三栏，加分隔线。

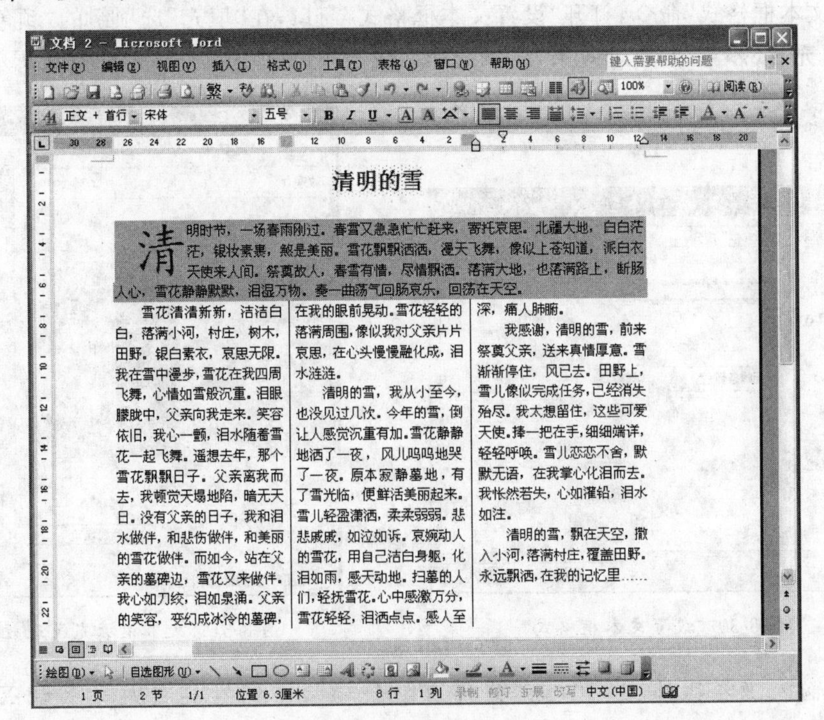

清明的雪

清明时节，一场春雨刚过。春雪又急急忙忙赶来，寄托哀思。北疆大地，白白茫茫，银妆素裹，煞是美丽。雪花飘飘洒洒，漫天飞舞，像似上苍知道，派白衣天使来人间。祭奠故人，春雪有情，尽情飘洒。落满大地，也落满路上，断肠人心，雪花静静默默，泪湿万物。奏一曲荡气回肠哀乐，回荡在天空。

雪花清清新新，洁洁白白，落满小河，村庄，树木，田野。银白素衣，哀思无限。我在雪中漫步，雪花在我四周飞舞，心情如雪般沉重。泪眼朦胧中，父亲向我走来。笑容依旧，我心一颤，泪水随着雪花一起飞舞。遥想去年，那个雪花飘飘日子。父亲离我而去，我顿觉天塌地陷，暗无天日。没有父亲的日子，我和泪水做伴，和悲伤做伴，和美丽的雪花做伴。而如今，站在父亲的墓碑边，雪花又来做伴。我心如刀绞，泪如泉涌。父亲的笑容，变幻成冰冷的墓碑，在我的眼前晃动。雪花轻轻的落满周围，像似我对父亲片片哀思，在心头慢慢融化成，泪水涟涟。

清明的雪，我从小至今，也没见过几次。今年的雪，倒让人感觉沉重有加。雪花静静地洒了一夜，风儿呜呜地哭了一夜。原本寂静墓地，有了雪光临，便鲜活美丽起来。雪儿轻盈潇洒，柔柔弱弱。悲悲戚戚，如泣如诉。哀婉动人的雪花，用自己洁白身躯，化泪如雨，感天动地。扫墓的人们，轻抚雪花，心中感激万分，雪花轻轻，泪洒点点。感人至深，痛人肺腑。

我感谢，清明的雪，前来祭奠父亲，送来真情厚意。雪渐渐停住，风已去。田野上，雪儿像似完成任务，已经消失殆尽。我太想留住，这些可爱天使，捧一把在手，细细端详，轻轻呼唤。雪儿恋恋不舍，默默无语，在我掌心化泪而去。我怅然若失，心如灌铅，泪水如注。

清明的雪，飘在天空，撒入小河，落满村庄，覆盖田野。永远飘洒，在我的记忆里……

图 3-28　《清明的雪》

3.6 图文混排

Word 文档中可以插入艺术字、图片、文本框、文字等内容，那么在一个版面中又如何将这些内容进行编排呢？

案例提出

下面是小林花卉有限公司总经理李林的名片，请根据图 3-29 的效果，利用文本框、艺术字、插入图片等操作来进行设计。

图 3-29 名片设计

案例分析

本案例是帮助小林花卉有限公司的总经理李林设计名片，主要学习的知识点有如何插入文本框、文本框的编辑、艺术字的编辑、插入图片以及图片格式的修改等基本方法。将文字与图片、文本框还有艺术字进行设计排版可以使文章更生动。

案例实现

(1) 执行“插入”→“文本框”命令，在 Word 文档中插入横排文本框，右击文本框，执行“设置文本框格式”命令，打开“设置文本框格式”窗口，在“填充”选项组的“颜色”列表框中选择填充“纸莎草纸”纹理效果，线条选择无线条颜色，如图 3-30 和图 3-31 所示。

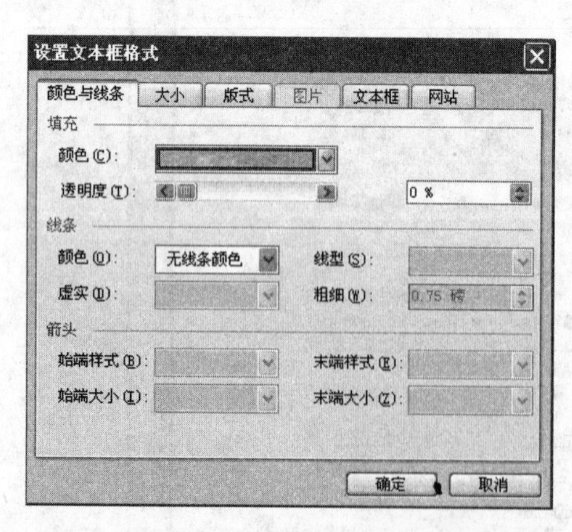

图 3-30 设置文本框格式

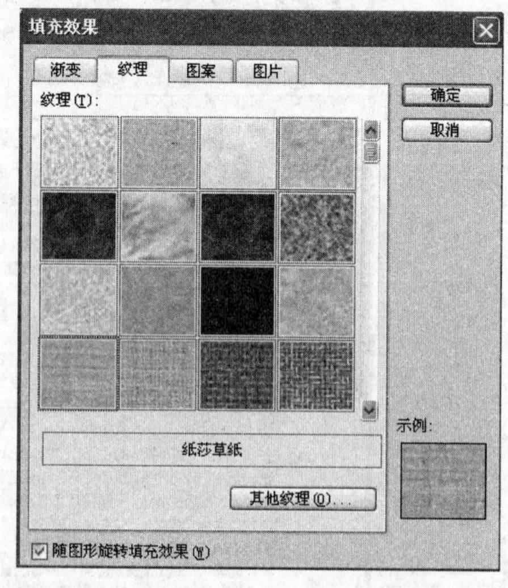

图 3-31 文本框填充纹理效果

(2) 输入二号黑体文字“小林花卉有限公司”，小三号英文大写字母 XIAOLIN FLOWERS CORPORATION，并设置字符间距紧缩 2 磅。

(3) 执行“插入”→“图片”→“来自文件”命令，选择“花篮.jpg”图片，右击图片，执行

“设置图片格式”命令，设置图片的大小，并调整图片的位置，如图 3-32 所示。

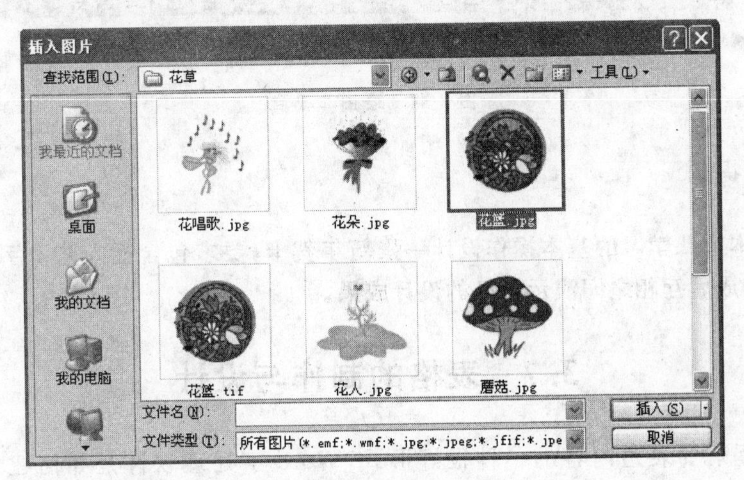

图 3-32　插入图片

(4) 执行“插入”→“图片”→“艺术字”命令，插入艺术字“李林”，设置仿宋字体，调整艺术字的大小和位置，如图 3-33 所示。

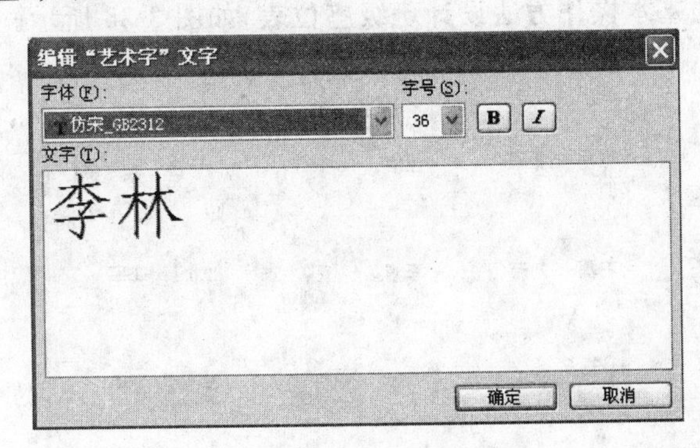

图 3-33　插入艺术字

(5) 在文本框中输入文字“经理”，设置为三号宋体，调整与艺术字的相对位置。

(6) 执行“插入”→“图片”→“自选图形”→“横线”命令，右击自选图形，执行“设置自选图形格式”命令，设置 0.75 磅实线，调整相对位置。

(7) 地址、联系电话等信息，可直接在文本框中输入，但为了避免其他元素对其位置的影响，可另插入一个文本框，使其相对独立，此文本框的环绕方式也应为浮于文字上方。

相关问题

插入文本框、艺术字、图片除了在“插入”菜单下实现外，还可以通过什么方法实现呢？执行“视图”→“绘图”命令，在编辑区下方出现绘图工具栏，如图 3-34 所示。通过绘图工具栏的按钮可以直接插入图片、文本框、艺术字、自选图形等。

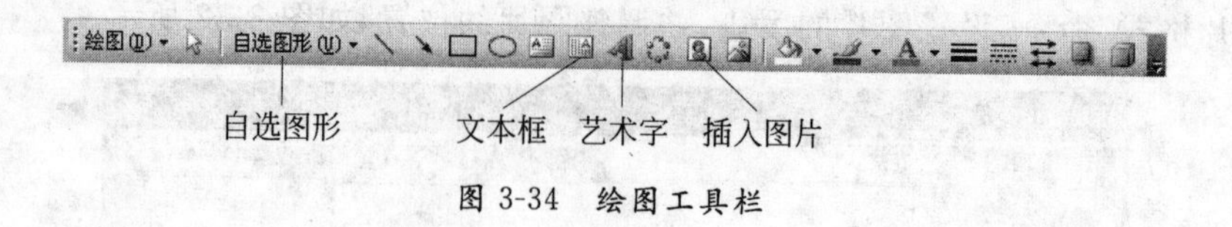

图 3-34 绘图工具栏

拓展与提高

请利用本节课学习的基本操作设计一张新年贺卡，要求包含插入艺术字、图片、文本框等操作，完成后互相之间演示自己的设计成果。

3.7 表格的制作与设计

表格是呈现要表达内容的一种很好形式，Word 字处理软件是如何建立各种表格的呢？

案例提出

利用制作表格的基本操作方法设计班级座位表，如图 3-35 所示。

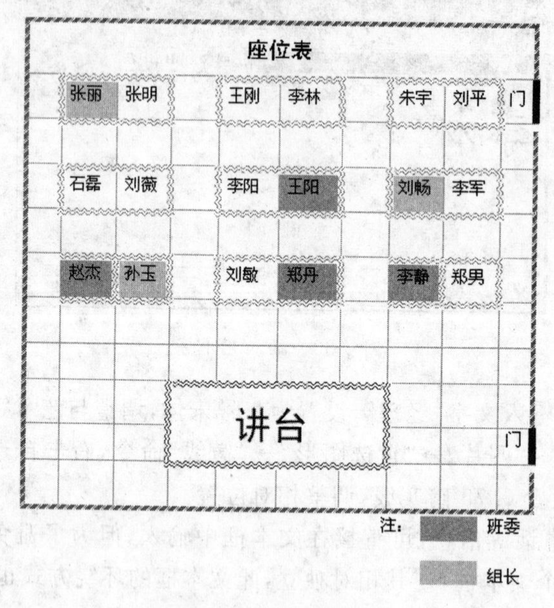

图 3-35 班级座位表

案例分析

本案例主要学习表格制作与设计方法，包括表格的插入方法，表格行与列的调整，单元格合并，边框与底纹的添加，输入文字等。编辑表格前，首先要将表格中要操作的部分选中，具体选取方法如下。

(1) 选取整个表格：将鼠标指针移动到表格的左上角⊞处，单击可选中整个表格。

(2) 选取单元格：将鼠标指针移动到要选择的单元格左侧，当鼠标变成向右倾斜的箭头时，单击即可将其选中。

(3) 选择连续多个单元格：将鼠标指针移动到要选择的单元格左侧，当鼠标变成向右倾斜的箭头时，在水平和垂直方向上拖动。

(4) 选取一行：将鼠标指针移动到要选中行的左侧空白处，单击即可选中一行。

(5) 选择连续多行：将鼠标指针移动到要选中行的第一行的左侧空白处，在垂直方向上拖动即可选中连续的多行。

(6) 选择一列：将鼠标指针移动到要选中列的上方空白处，鼠标指针变成向下的箭头时单击即可选中一列。

(7) 选择连续多列：将鼠标指针移动到要选中行的第一列空白处，当鼠标指针变成向下箭头时，在水平方向上拖动即可选中连续的多列。

(8) 选择多个不连续的单元格、行或列：先选中一个单元格、一行或一列，按住 Ctrl 键，再选中其他单元格、行或列。

案例实现

(1) 执行"表格"→"插入表格"命令，打开"插入表格"对话框(如图 3-36 所示)，插入 11 行 10 列表格，其他参数默认。

(2) 选中整个表格，执行"表格"→"表格属性"命令，打开"表格属性"对话框，单击窗口中的"边框和底纹"按钮，出现如图 3-37 所示的对话框。选择线条样式，颜色为绿色，宽度为 3 磅，选择"设置"选项组中的"方框"选项，将整个表格添加一个外边框。

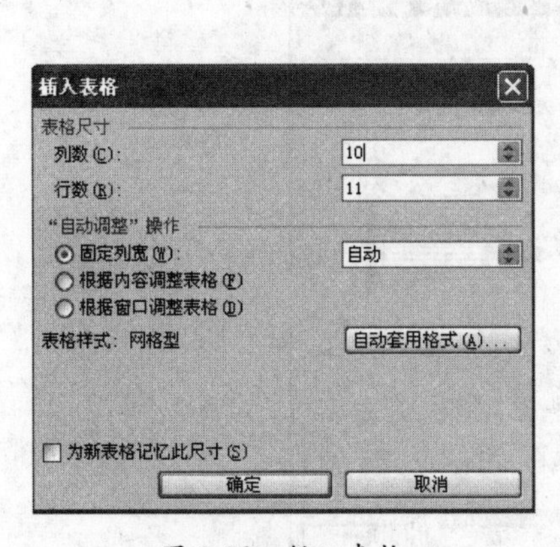

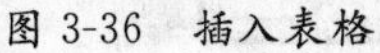
图 3-36　插入表格

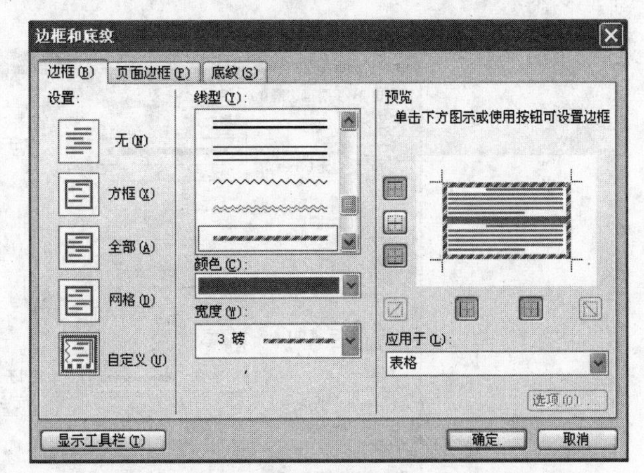

图 3-37　表格边框设置

(3) 选中整个表格，执行"表格"→"表格属性"命令，打开"行"选项卡，设置表格的行高为 0.8 厘米，如图 3-38 所示。

(4) 选中第二行的第二个和第三个单元格，按住 Ctrl 键，同时选择第五个和第六个单元格，第八个和第九个单元格；同理，将第四行和第六行相应的表格选中，执行"表格"→

“表格属性”命令，打开“表格属性”对话框，单击“边框和底纹”按钮，出现如图 3-39 所示的对话框，选择双波浪线，橙色线条。

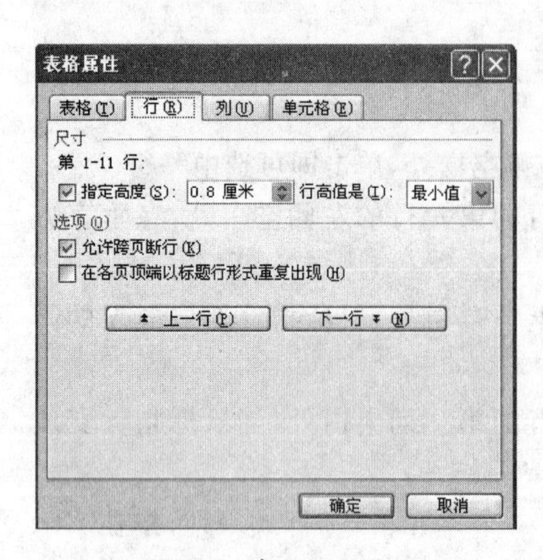

图 3-38 表格边框设置

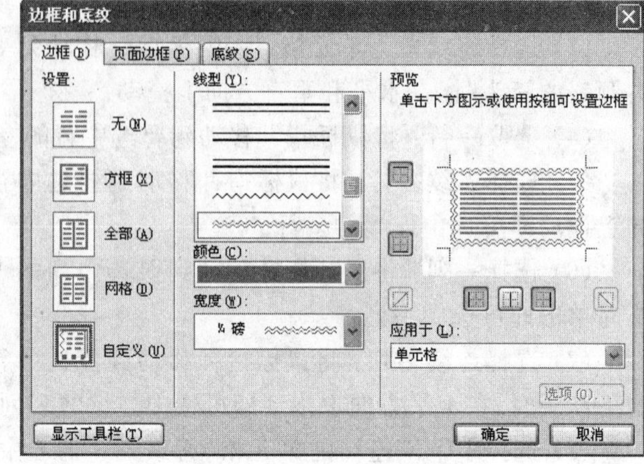

图 3-39 单元格边框设定

(5) 用相同的方法制作出“讲台”边框效果。

(6) 选中表格第一行，执行“表格”→“合并单元格”命令，并输入文字“座位表”。“讲台”单元格合并后输入文字“讲台”。

(7) 选中第二行第十个单元格，第十行第十个单元格，执行“表格”→“表格属性”命令，单击“边框和底纹”按钮，线型样式和宽度设置如图 3-40 所示。在窗口右侧“预览”选项组中单击“边框位于单元格右侧”的按钮，单击“确定”按钮。这样就制作出效果图中的“门”效果。

图 3-40 单元格边框线设置

(8) 选择第二行第二个单元格，按住 Ctrl 键，选择第四行第八个单元格，第六行第三个单元格，执行“表格”→“表格属性”命令，单击“边框和底纹”按钮，选择“底纹”选项卡，设置青绿色底纹，如图 3-41 所示。青绿色代表“组长”，用同样的方法设置“班委”单元格的底纹。

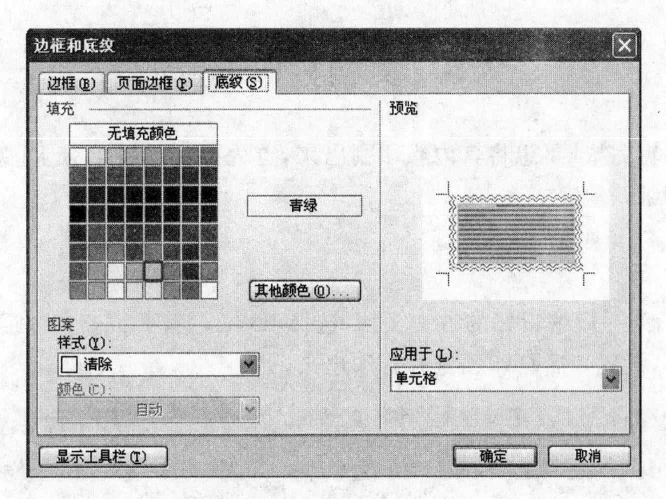

图 3-41 单元格底纹设置

(9) 按照效果图输入相应的文字内容，最终完成座位表的制作。

相关问题

制作表格的几种常用方法如下

(1) 执行“表格”→“插入表格”命令，设置行与列的数值即可。

(2) 单击常用工具栏中的“插入表格”按钮，选中的区域为即将插入的表格，例如插入 3 行 4 列的表格(如图 3-42 所示)，但是这种方法只能插入最大是 4 行 4 列的表格。

(3) 执行“表格”→“绘制表格”命令，打开“表格和边框”设置面板，单击第一个按钮绘制表格，如图 3-43 所示。

拓展与提高

调查了解图书馆的藏书结构，利用本节课学习的表格知识制作并设计图书馆的藏书平面图，如图 3-44 所示。

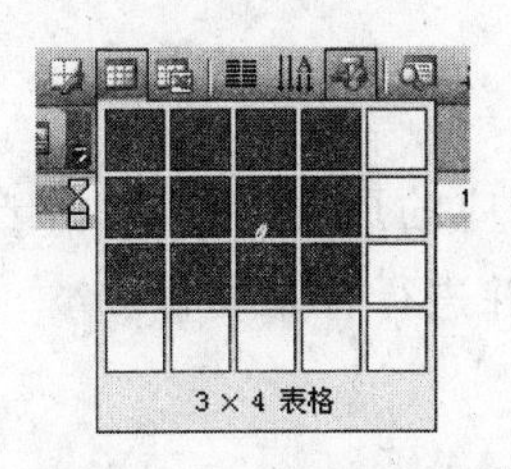

图 3-42 插入表格按钮

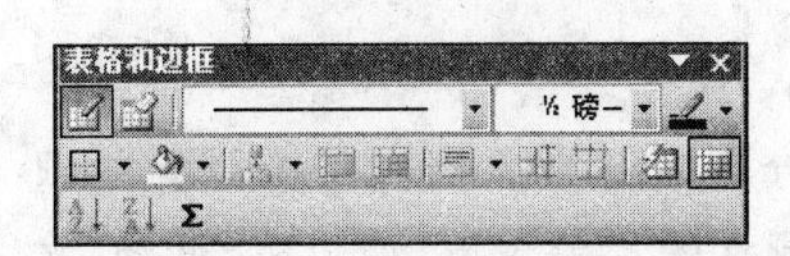

图 3-43 表格和边框

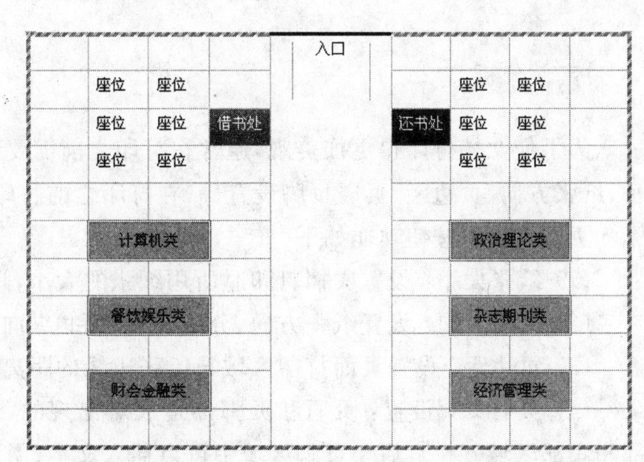

图 3-44 图书馆阅览室平面图

3.8 文档打印设置

文档内容编辑完毕，要想将其内容印刷出来，首先要打印到纸张上，怎样将编好的内容打印到给定的纸张上呢？

案例提出

图 3-45 所示为一篇编辑好的散文文档，选择 B5 纸，上、下、左、右边距分别为 3 厘米，页面方向为纵向，设置好后打印预览并打印出来。

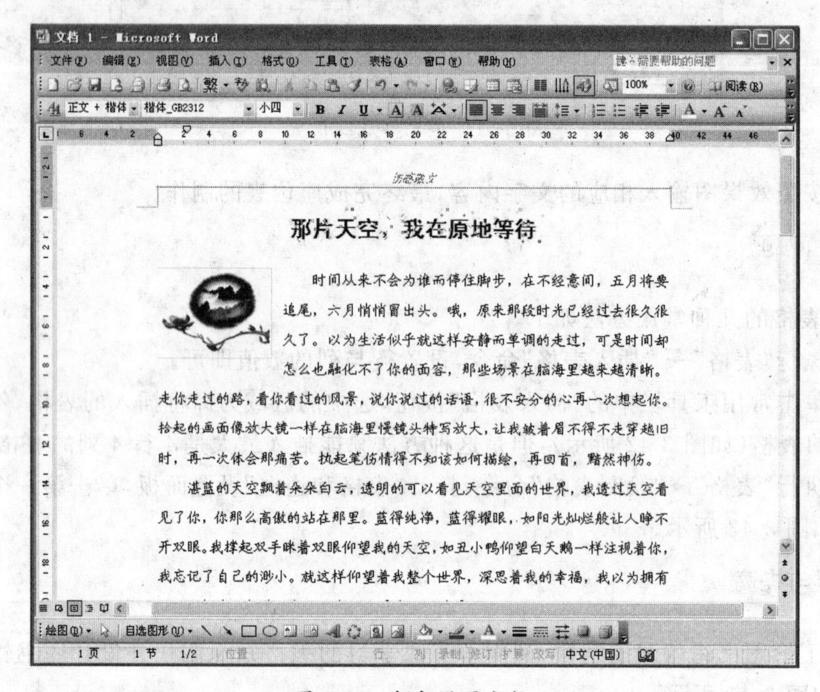

图 3-45 打印设置文档

案例分析

为了使文档打印得更加美观，通常在打印之前需要进行相应的页面设置，包括纸张大小、纸张方向、页边距、页眉页脚设置等，在打印之前打印预览并进行打印设置。

页面设置各按钮功能如下

(1) 纸张大小：设置文档打印时所用纸张的大小，默认为 A4 纸。

(2) 纸张方向：设置纸张方向，分为“横向”和“纵向”两类。

(3) 页边距：设置页面打印区域与纸张边缘的距离大小。

(4) 页眉页脚设置：页眉和页脚都是成对出现的，分别指的是文档内每个页面的顶部和底部区域。在页眉和页脚区域中可以插入文本、图形和图片等对象，如页码、日期、文档标题、文件名或作者名等。打印设置主要用于设置文档打印时的打印机、打印数量、打印范围或内容。

案例实现

(1) 执行“文件”→“页面设置”命令，打开“页面设置”对话框，打开“纸张”选项卡，在“纸张大小”下拉列表框中选择 B5，如图 3-46 所示。

(2) 在“页面设置”对话框中，打开“页边距”选项卡，将上、下、左、右边距均设置为 3 厘米，纸张方向选择纵向，如图 3-47 所示。

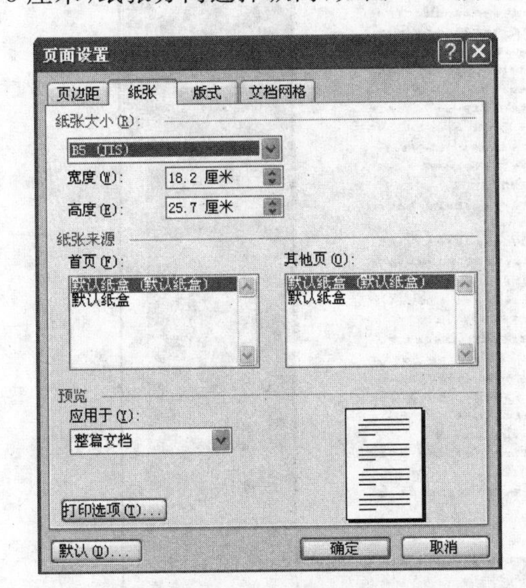

图 3-46 纸张大小设置

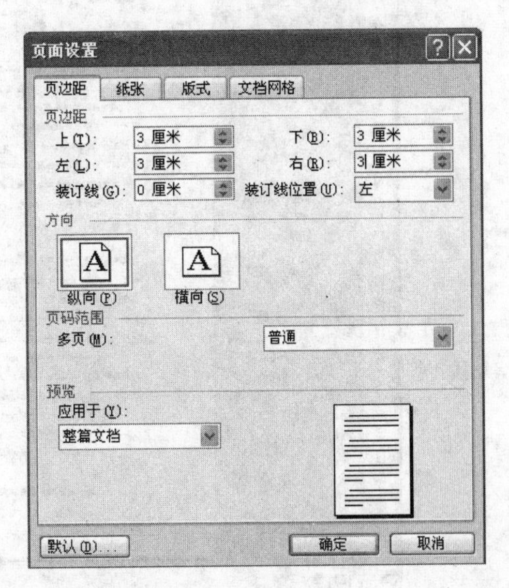

图 3-47 页边距设置

(3) 执行“视图”→“页眉页脚”命令，打开页眉页脚设置面板，如图 3-48 所示。在页眉区域输入“伤感散文”文字，单击“关闭”按钮，可以关闭页眉页脚设置面板。

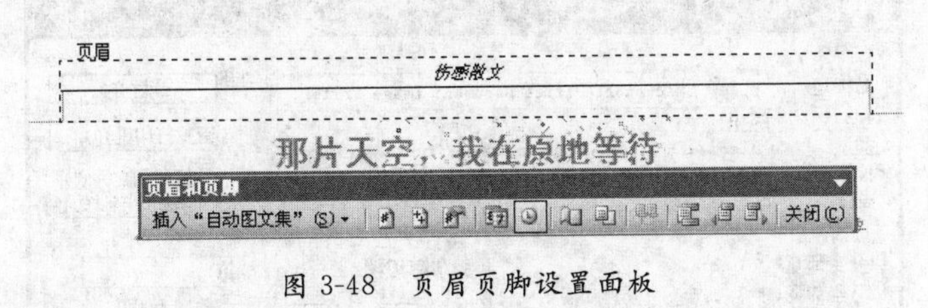

图 3-48 页眉页脚设置面板

(4) 通过打印预览可以直接看到打印的文档效果。执行“文件”→“打印预览”命令。打开打印预览窗口，如图 3-49 所示。在打印预览的窗口工具栏中可以设置单页预览、多页预览以及预览显示比例等。打印预览后，如果有不合适之处，可以继续修改。

(5) 打印设置。打印文档前应该先检查打印机是否连好，是否装好打印纸，然后执行“文件”→“打印”命令，打开“打印”对话框，如图 3-50 所示。设置好打印参数后，单击“确定”按钮，即可进行打印。

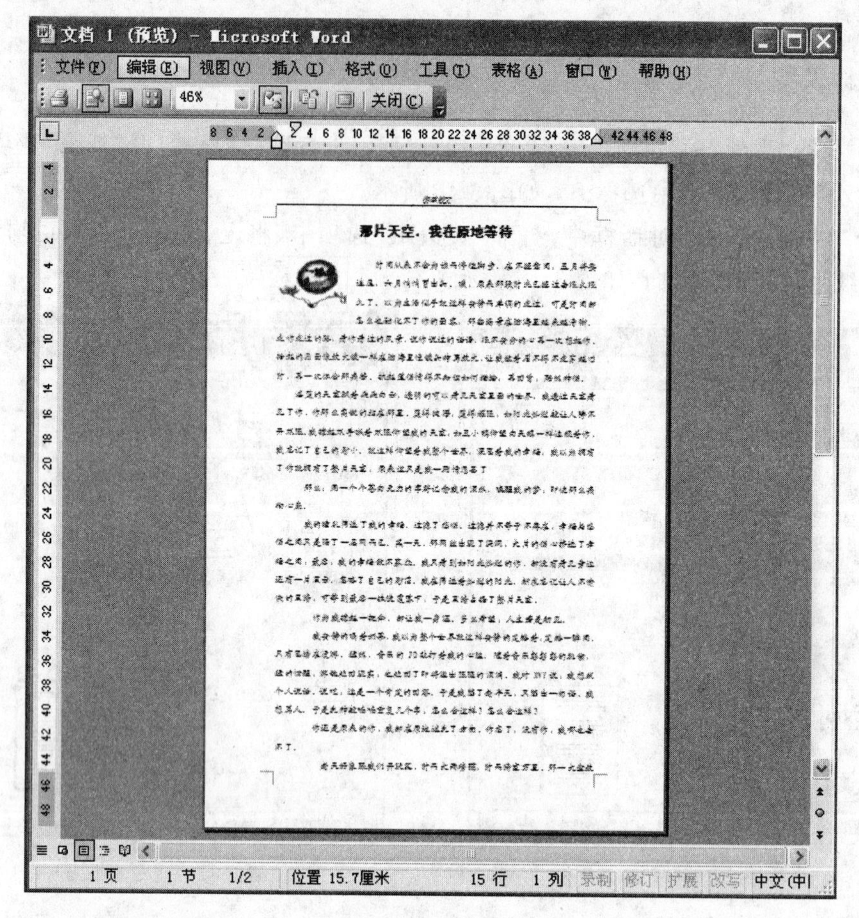

图 3-49 打印预览窗口

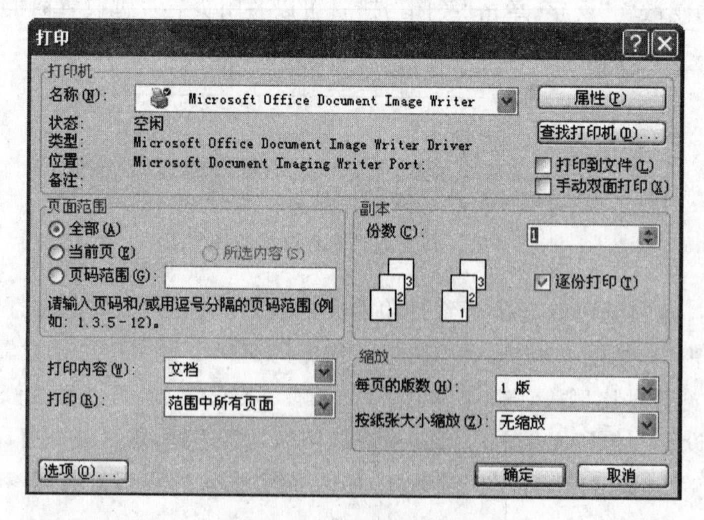

图 3-50 “打印”对话框

相关问题

“打印”对话框中的参数功能如下。

(1) 打印机：显示打印机名称、位置和状态。

(2) 页码范围：“全部”指打印文档的全部页面；“当前页”指打印光标所在页；“页码范围”指打印指定页码，页码范围按规则输入在右侧文本框中。

(3) 份数：输入打印的份数。

(4) 逐份打印：打印数量在 1 份以上时，每份按照文档顺序打印。

(5) “属性”按钮：提供更多的控制打印选项。

拓展与提高

写一份学习 Word 文字处理软件的体会与收获，进行页面设置并打印 2 份。

3.9 综合案例

为自己制作并设计一份个人简历，内容包括简历的封面、自荐信、个人简历表格，根据所学知识进行排版，排版参数自拟，最后打印 2 份。参考效果如图 3-51～图 3-53 所示。

图 3-51　简历封面

操作提示：简历封面利用图文混排的基本知识进行排版。自荐信利用字体和文档格式化的基本知识进行排版。个人简历表格利用表格的基本知识进行排版。在进行每一部分排版时，要先进行页面设置，然后再进行排版。

自荐信

尊敬的领导：

您好！首先衷心的感谢您在百忙之中翻阅我的这份材料！

我叫张三，是 2008 级应届中专毕业生。在此临近毕业之际，我希望能得到贵单位的赏识与栽培。为了发挥自己的才能，特向贵单位自荐。

我在中专三年的学习生活中学知识、学技能、学做人，在风雨中逐渐少了幼稚与单纯，成为一名有思想、有道德、有文化的中专生。在校期间我系统地学习了计算机基础、图形图像处理、网站制作与开发、数据库、计算机组装与维修等专业知识，曾获得校“三好学生”、“三等奖学金”。

我还积极参加学校组织的活动，既锻炼了我的身体素质，又提高了我的团队意识，并取得了一定的成绩。在暑假里我勤工俭学，到外面打工，在打工期间加强了我吃苦耐劳的精神，我相信我可以做好每一件力所能及的事情。因为我年轻，我有充沛的工作精力和不灭的工作热情，我真诚地期望能为贵公司的发展添砖加瓦，即使我现在达不到贵公司的要求，我仍将以满怀的执著面对未来！紧张的学习和繁忙的社会工作曾使我劳累不堪，却不曾动摇我的信念与追求。

“诚实守信”是我的座右铭；“自强不息”是我奋斗的动力；“与人为善、勤奋敬业”是我的人生态度。一份出色的业绩=能力（我所具有）+机遇（您的赏识），期盼能有一个走向社会，为贵单位服务的机会，我愿用自己所学干一番事业，与您一同构筑单位事业的成功大厦。请给我一次发挥才华的机会，我会勇敢地接受挑战，期待您的回音。

最后，再次感谢您阅读我的自荐信！

此致

敬礼

祝：事业蒸蒸日上

自荐人：张三

图 3-52 自荐信

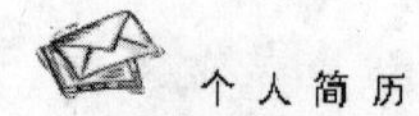
个人简历

姓名	张三	性别	男	照片
年龄	18 岁	健康状况	良好	
民族	汉族	籍贯	山东省	
政治面貌	团员	学历	中专	
毕业学校	山东省济南商贸学校	专业	计算机	
联系电话	12345678901	电子邮件	zhangsan@sina.com	
个人简历	◆ 2002 年 9 月——2005 年 6 月，济南市中心小学学习 ◆ 2005 年 9 月——2008 年 6 月，济南市初级中学学习 ◆ 2008 年 9 月——2011 年 6 月，山东省济南商贸学校学习			
所获奖励	校三好学生，三等奖学金，办公自动化高级证书			
自我评价	◆ 具有很强的工作组织和人际协调能力； ◆ 良好的语言和文字表达能力； ◆ 较高的团队精神和协作精神，具有强烈的集体荣誉感； ◆ 性格开朗、乐观向上。			
求职意向	网站编辑，网站维护员等			
其他	个人爱好：唱歌，阅读　座右铭：天生我材必有用，千金散尽还复来			

图 3-53 个人简历表格

知识巩固与扩充

选择题

(1) Word 2003 的文档文件的默认扩展名是(　　)。

A. TXT　　B. WWW　　C. DOT　　D. DOC

(2) 下面所述,不属于 Word 2003 功能的是(　　)。

A. 编译程序　　B. 制作 Web 网页

C. 超链接　　D. 表格处理

(3) 在 Word 2003 多窗口中欲关闭当前活动文档,但并不是退出 Word 2003,不能实现的操作应是(　　)。

A. 单击 Word 2003 窗口中的"关闭"按钮

B. 执行"文件"菜单中"退出"命令

C. Alt+F4

D. Ctrl+W

(4) 如果要在 Word 2003 窗口中显示"常用"工具栏,可使用(　　)菜单。

A. 文件　　B. 视图　　C. 开始　　D. 窗口

(5) Word 2003 中实现文档保存的快捷键命令是(　　)。

A. Ctrl+W　　B. Ctrl+S　　C. Ctrl+N　　D. Ctrl+O

(6) 在 Word 2003 中实现剪切操作的快捷键命令是(　　)。

A. Ctrl+C　　B. Ctrl+F　　C. Ctrl+V　　D. Ctrl+X

(7) 在 Word 2003 中实现复制操作的快捷键命令是(　　)。

A. Ctrl+C　　B. Ctrl+F　　C. Ctrl+V　　D. Ctrl+X

(8) 在 Word 2003 中实现粘贴操作的快捷键命令是(　　)。

A. Ctrl+C　　B. Ctrl+F　　C. Ctrl+V　　D. Ctrl+X

(9) 在 Word 2003 中,向文档内输入英文单词时,出现红、绿色波浪线表示(　　)。

A. 与汉字占用的字节数不同　　B. 语法一定有误

C. 拼写一定有误　　D. 拼写或语法有误

(10) 在 Word 2003 中,将新建文档存盘时,在"文件名"框中输入 Text,在"保存类型"下拉列表框中选择"Word 文档",然后单击"保存"按钮,这时该文档的全名是(　　)。

A. Text. doc　　B. Text. txt　　C. TEXT　　D. Text

(11) 在 Word 2003 中,表示文档结束符的符号是(　　)。

A. |　　B. _　　C. ■　　D. □

(12) 在 Word 2003 中,剪贴板可以保存(　　)份内容。

A. 1　　B. 5　　C. 10　　D. 12

(13) 在 Word 2003 编辑状态下,要选择文档中的指定自然段,其方法是(　　)。

A. 双击文档任意位置　　B. 双击自然段中的任意位置

C. 三击左侧的选取区(选定栏) D. 三击自然段中的任意位置

(14) Word 2003 对文档内容进行编辑处理时,其操作过程等都是( )。

A. 先操作,后选定 B. 先选定,后操作

C. 先内存,再磁盘 D. 先剪贴板,再文档编辑区

(15) 在 Word 2003 中,若选择连续的文本时,可将插入点置于文本的一端,按住( )键,然后单击预选文本区的另一端。

A. Ctrl B. Alt C. Shift D. Ctrl+Shift

(16) 在 Word 2003 中,要选择文档中的一个英文单词,其操作时将鼠标指针移至该单词( )。

A. 所在位置单击 B. 所在位置双击

C. 所在行单击 D. 所在行左侧“选定栏”单击

(17) 在 Word 2003 编辑状态下,要选择文档中的某一行,其方法是将鼠标指针移至( )。

A. 指定行首字符处单击 B. 指定行任意字符处双击

C. 指定行左侧“选定栏”单击 D. 指定行左侧“选定栏”三击

(18) 在 Word 2003 中,插入点位于正在编辑文档中,连续三击,其结果是( )。

A. 选定了全部文档 B. 删除了插入点所在行

C. 选定了插入点所在自然段 D. 没有任何变化

(19) 在 Word 2003 编辑状态下,要选择文档中的一个矩形块,其操作是将鼠标指针指向矩形块一角,按住( )键,再拖动鼠标。

A. Ctrl B. Shift C. Alt D. Ctrl+S

(20) 在 Word 2003 中对文档进行了 8 次剪切操作,此时剪贴板中的内容为( )。

A. 第一次剪切的内容 B. 最后一次剪切的内容

C. 空白 D. 所有 8 次剪切的内容

(21) 在 Word 2003 中,要将“改写”方式切换到“插入”方式,应( )。

A. 按 Insert 键 B. 双击 PC 软键盘中的 Insert 按钮

C. 单击状态栏中的“改写”按钮 D. 双击状态栏中的“改写”按钮

(22) 在 Word 2003 状态栏中,当“改写”按钮呈灰色时,表示现在( )。

A. 是插入方式 B. 是改写方式

C. 不能进行文件块拖动操作 D. 现在修改的文件内容无效

(23) 在 Word 2003 中,要在打开的文档中插入另一个文档的内容时,在“插入文件”对话框中,不存在的文件类型是( )。

A. 所有文件 B. Word 文档

C. WPS 文档 D. RTF 文档

(24) 在 Word 2003 编辑状态下,要在插入点处插入另一个文件的内容,应执行( )命令。

A. “文件”菜单中的“发送” B. “插入”菜单中的“文件”

C. “工具”菜单中的“合并文档” D. “编辑”菜单中的“复制”

(25) 在 Word 2003 中，共有(　　)个专题工具栏。

A. 20　　B. 19　　C. 18　　D. 17

(26) 在 Word 2003 中模板文件格式为(　　)。

A. .doc　　B. .dot　　C. .dat　　D. .dbf

(27) Word 2003 的视图方式有普通视图、页面视图、Web 版式视图、阅读版式视图和(　　)。

A. 大纲视图　　B. 水平视图

C. 三维视图　　D. 常规视图

(28) 在 Word 2003 的(　　)视图方式下，可以显示分页效果。

A. 普通　　B. 大纲　　C. 页面　　D. 主控文档

(29) 在 Word 2003 中，关于打印预览叙述错误的是(　　)。

A. 打印预览是文档视图显示方式

B. 预览的效果和打印出的文档效果相匹配

C. 无法对打印预览的文档进行编辑

D. 在打印预览方式中可同时查看多页文档

(30) 不属于 Word 2003“打印”对话框的“打印”选项组中的选项是(　　)。

A. 当前页　　B. 奇数页　　C. 偶数页　　D. 所选页面

(31) 在 Word 2003 中，对正在编辑的文档要同时进行字体、字形、效果等设置，可通过(　　)实现。

A. “格式”菜单中的“段落”命令

B. “格式”菜单中的“字体”命令

C. “格式”工具栏中的“样式”按钮

D. “其他格式”工具栏中的“组合字符”按钮

(32) 在 Word 2003 中，要将目的文本中的文本格式设置为与原文本格式相同，其简捷方法是使用(　　)。

A. “格式”菜单中的“样式库”命令

B. “格式”工具栏中的“样式”按钮

C. “常用”工具栏中的“格式刷”按钮

D. “常用”工具栏中的“复制”按钮

(33) 在 Word 2003 中，段落缩进一般分为首行缩进、左缩进、右缩进和(　　)。

A. 整段缩进　　B. 悬挂缩进

C. 左页边缩进　　D. 右页边缩进

(34) 在 Word 2003 中，下面不属于段落格式的是(　　)。

A. 制表符　　B. 字体

C. 缩进　　D. 边框和底纹

(35) 在 Word 2003 中，可使用(　　)工具栏绘制线条不规则的自由表格。

A. 格式　　B. 其他格式

C. 绘图　　D. 表格和边框

(36) 在 Word 2003 中,单元格数据运算方法是(　　)。

A. 先输入"="号,再输入公式

B. 执行"表格"菜单中的"公式"命令

C. 执行"插入"菜单中的"公式"命令

D. 直接输入运算方式

(37) 在 Word 2003 中选定某一图形后,拖动其菱形控制点,结果使图形(　　)。

A. 变形　　B. 移动　　C. 锁定　　D. 消失

(38) 在 Word 2003 中,进行人工分页时,插入的分页符被称为(　　)。

A. 硬分页符　　B. 软分页符　　C. 硬分隔符　　D. 软分隔符

(39) 在 Word 2003 中,要插入艺术字,可选择(　　)。

A. "插入"菜单中的"图片"命令

B. "格式"菜单中的"图片"命令

C. "格式"工具栏中的"插入文本框"按钮

D. "格式"菜单中的"样式库"命令

(40) 不属于 Word 2003 文字环绕图片格式的是(　　)。

A. 上下型　　B. 四周型　　C. 嵌入型　　D. 紧密型

第4章 Excel 电子表格的应用

Excel 2003 是 Office 2003 软件的一部分，它的主要功能体现在电子表格、图表和数据处理三个方面。可以在巨大的表格中填写内容，非常直观方便；它具有强大的制图功能，能方便地绘制各种图表；它提供了丰富的函数、强大的数据分析工具，可以简便快捷地进行各种数据处理、统计分析。

4.1 Excel 2003 基础知识

本节主要介绍 Excel 2003 的基础知识，包括 Excel 2003 的启动、退出、窗口界面和工作簿的基本概念等。

1. Excel 2003 的启动与退出

在安装了 Excel 2003 之后，启动 Excel 2003 的方法有以下几种。

(1) 启动 Excel 2003

① 从"开始"菜单启动。执行"开始"→"所有程序"→Microsoft Office→Microsoft Office Excel 2003 命令，如图 4-1 所示。

② 用快捷方式启动。可在桌面上创建 Excel 2003 的快捷方式图标，通过双击该快捷图标启动。

③ 右击桌面空白处，执行"新建"→"Microsoft Excel 工作表"命令。

(2) 退出 Excel 2003

① 利用"关闭"按钮。单击 Excel 2003 窗口右上角的"关闭"按钮，可以关闭该应用程序。

② 利用 Windows 通用快捷键关闭应用程序。在按住 Alt 键的同时按 F4 键，即可关闭应用程序。

③ 利用"菜单"退出。在 Excel 2003"文件"菜单中执行"退出"命令即可。如果尚未保存编辑过的文件，Excel 2003 会提示用户保存。

2. Excel 2003 的窗口组成

启动后的 Excel 2003 窗口如图 4-2 所示，图中标出了 Excel 2003 窗口的主要组成部分，其功能如表 4-1 所示。

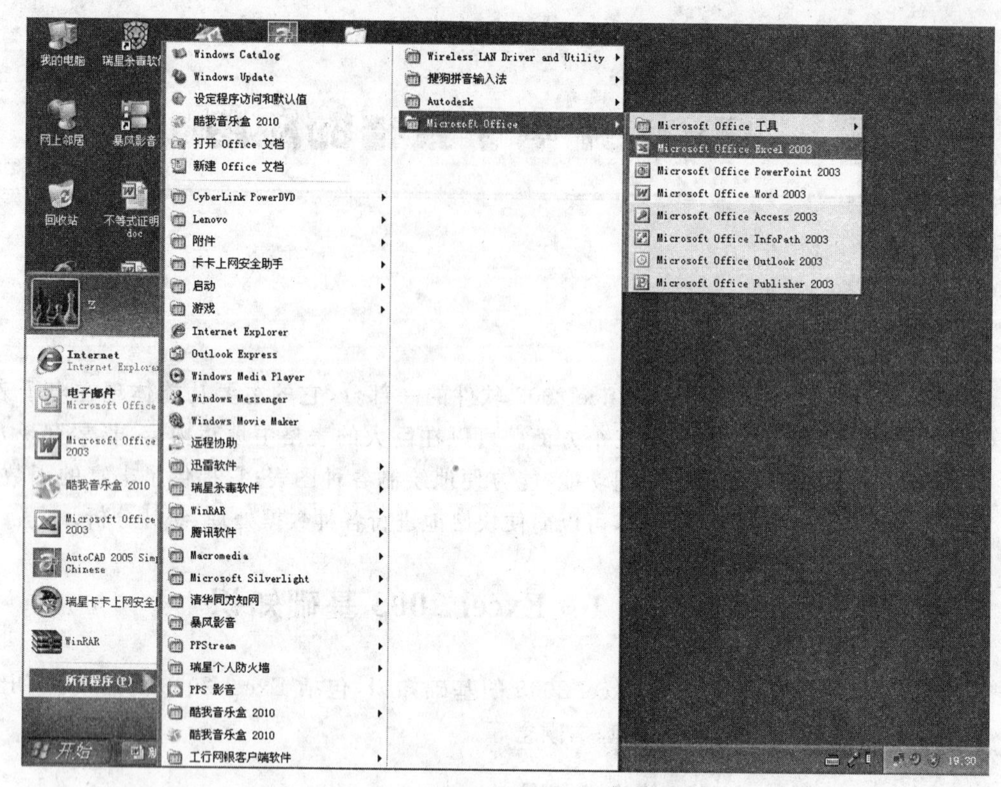

图 4-1 从桌面启动 Excel 2003 中文版

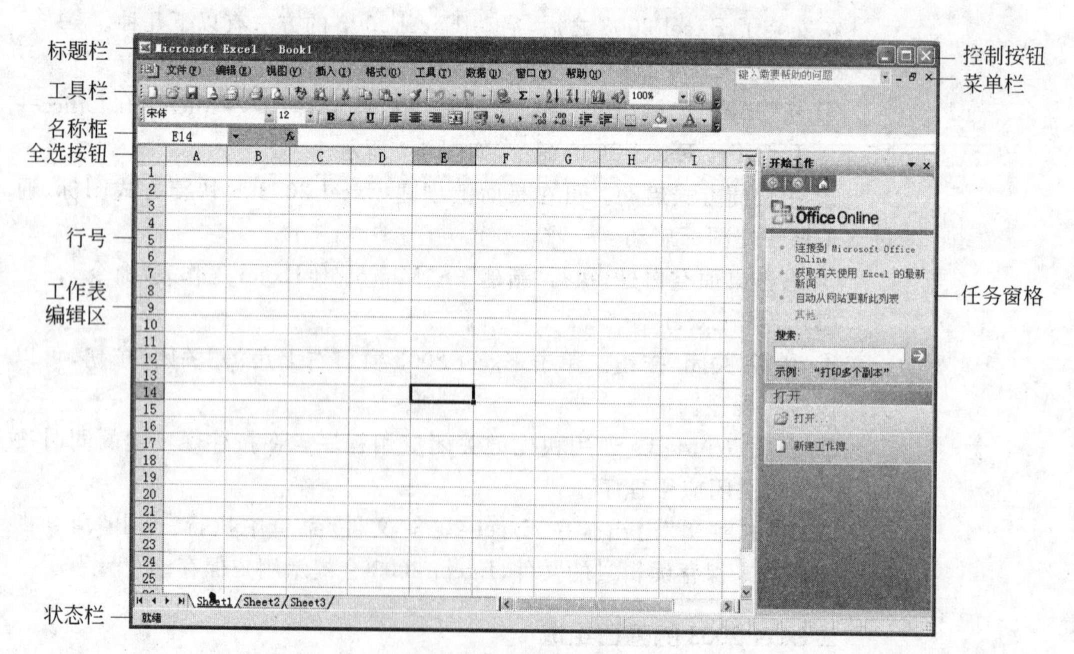

图 4-2 Excel 2003 的窗口

表 4-1　Excel 2003 主窗口各个组成部分的功能

组成部分	作　用
标题栏	用来显示文件的名称，也就是工作簿的名称
控制按钮	用来操作 Excel 2003 窗口，如控制活动窗口的大小，关闭 Excel 2003 程序或活动窗口
菜单栏	各下拉菜单提供了编辑表格时用到的各种命令
工具栏	提供了编辑文档时的常用命令
名称框	用来显示所选单元格的地址名称，如果选中的是一个以上的单元格，在选择时显示选择范围的大小，选中后显示起始单元格的地址
编辑栏	用来编辑所选单元格的地址名称，或直接在单元格中编辑时显示编辑内容
行号	行的编号，单击行号可以选择该行
列标	列的标号，单击列标可以选择该列
全选按钮	单击全选按钮可以选取所有单元格
工作表编辑区	显示所建立的电子表格和电子图表的内容
任务窗格	任务窗格和工具栏的作用相似，但是它把常用的要执行的任务划分得更为细致，如新建工作簿的任务窗格中包括打开工作簿、新建、根据现有工作簿新建和根据模板新建四项
活动单元格	单元格是存储数据的最小单位，可对活动单元格的数据直接编辑
填充柄	拖动填充柄可以按某种规则自动填充单元格
工作表名	用来显示一个工作簿中不同的工作表名称，可通过单击切换活动工作表，双击更改名称，还可以对其进行其他操作
状态栏	显示当前状态，如选中某单元格后显示“就绪”

3. 工作簿的概念

当启动 Excel 2003 时，就会出现一个工作簿窗口。工作簿是指在 Excel 环境中用来存储并处理工作数据的文件，它基本上就是一个 Excel 文件，能将相关数据存放在许多工作表中。一个工作簿会有三个预设工作表(Sheet1、Sheet2、Sheet3)，最多可打开 255 个工作表。在 Excel 2003 中，每打开一个工作簿，便会启动一个 Excel 窗口，可执行“窗口”命令，进行工作簿切换。

4. 工作表的概念

工作表是真正进行 Excel 工作处理的地方。在 Excel 2003 中，每个工作表有 65 536 行及 256 列。在工作表上行号是由 1 到 65 536 的数字排列，而列标则依次由 A、B、C…Z、AA、AB…AZ、BA、BB…BZ、IB…IV 共计 256 列。每个工作表都有一个工作表名称(如 Sheet1、Sheet2)。

5. 单元格的概念

工作表中有许多小方格，这些方格就称为“单元格”。每一个单元格可以输入文字、数值、公式及日期时间四种不同类型的数据，对于正在输入数据的单元格，称为“活动单元格”，是用黑色粗线框住的单元格。工作表中的每一个单元格都有一个“地址”，这个地址是由“行号”和“列标”组合而成的。例如，某一个“活动单元格”在D列6行，它的地址就是D6。

4.2 Excel 2003 基本操作

随着市场竞争的日益激烈，企业和个人都面临着来自各个方面的挑战与竞争压力，只有有效地提高工作效率，才能成为真正的赢家。以往耗费大量的人力和成本的人工工作方法已经跟不上时代的步伐。

制作员工基本情况明细表在进行人事行政管理时，需要对员工的基本情况进行统一管理。通常公司员工的基本情况都会填写在单独的资料表里，并分装在各自的档案中进行保存。当需要查询某个员工的基本情况，或者对员工的基本情况进行数据处理时就会非常麻烦。

案例提出

如果将公司所有员工的基本情况统一整理到员工基本情况明细表中，就可以随时方便地掌握员工的基本情况，本节所介绍的员工基本情况明细表的最终效果如图4-3所示。

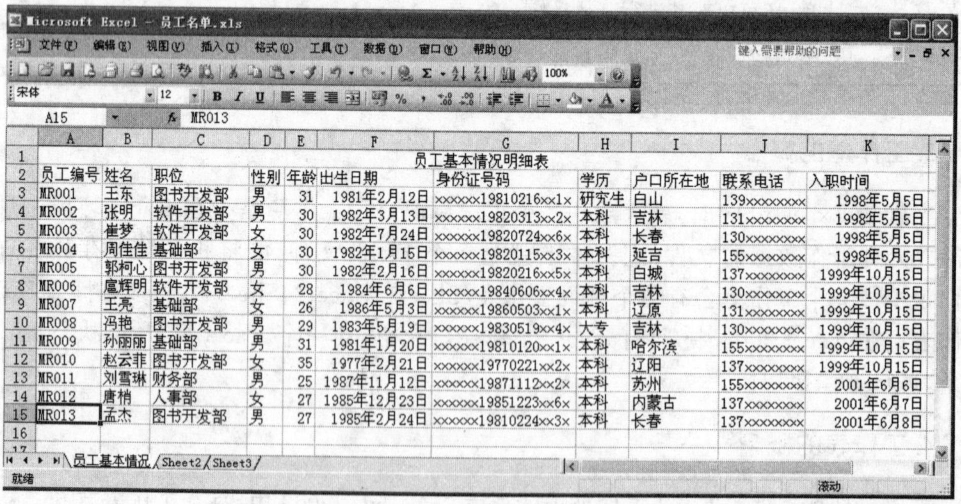

员工基本情况明细表

员工编号	姓名	职位	性别	年龄	出生日期	身份证号码	学历	户口所在地	联系电话	入职时间
MR001	王东	图书开发部	男	31	1981年2月12日	xxxxxx19810216xx1x	研究生	白山	139xxxxxxxx	1998年5月5日
MR002	张明	软件开发部	男	30	1982年3月13日	xxxxxx19820313xx2x	本科	吉林	131xxxxxxxx	1998年5月5日
MR003	崔梦	软件开发部	女	30	1982年7月24日	xxxxxx19820724xx6x	本科	长春	130xxxxxxxx	1998年5月5日
MR004	周佳佳	基础部	女	30	1982年1月15日	xxxxxx19820115xx3x	本科	延吉	155xxxxxxxx	1998年5月5日
MR005	郭柯心	图书开发部	男	30	1982年2月16日	xxxxxx19820216xx5x	本科	白城	137xxxxxxxx	1999年10月15日
MR006	扈辉明	软件开发部	女	28	1984年6月6日	xxxxxx19840606xx4x	本科	吉林	130xxxxxxxx	1999年10月15日
MR007	王亮	基础部	女	26	1986年5月3日	xxxxxx19860503xx1x	本科	辽原	131xxxxxxxx	1999年10月15日
MR008	冯艳	图书开发部	男	29	1983年5月19日	xxxxxx19830519xx4x	大专	吉林	130xxxxxxxx	1999年10月15日
MR009	孙丽丽	基础部	男	31	1981年1月20日	xxxxxx19810120xx1x	本科	哈尔滨	155xxxxxxxx	1999年10月15日
MR010	赵云菲	图书开发部	女	35	1977年2月21日	xxxxxx19770221xx2x	本科	辽阳	137xxxxxxxx	1999年10月15日
MR011	刘雪琳	财务部	男	25	1987年11月12日	xxxxxx19871112xx2x	本科	苏州	155xxxxxxxx	2001年6月6日
MR012	唐梢	人事部	女	27	1985年12月23日	xxxxxx19851223xx6x	本科	内蒙古	137xxxxxxxx	2001年6月7日
MR013	孟杰	图书开发部	男	27	1985年2月24日	xxxxxx19810224xx3x	本科	长春	137xxxxxxxx	2001年6月8日

图4-3 员工基本情况明细表的最终效果

案例分析

“工欲善其事，必先利其器”，本例将学习Excel 2003的数据输入等各项基本操作。

案例实现

(1) 在桌面新建 Excel 文档。在桌面空白处右击新建一个 Excel 2003 文档，如图 4-4 所示。

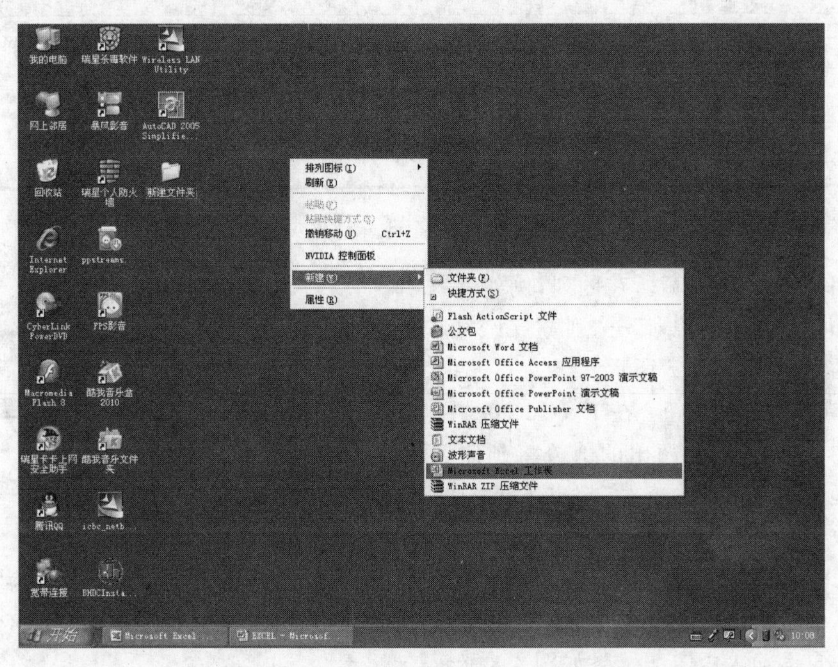

图 4-4　从桌面启动 Excel 2003 中文版

(2) 将文档重命名为“员工名单”。右击文档，执行“重命名”命令，输入“员工名单”。输入标题与表头。在 A1 单元格中输入标题“员工基本情况明细表”，在 A2～L2 单元格区域中输入相应文字，如图 4-5 所示。

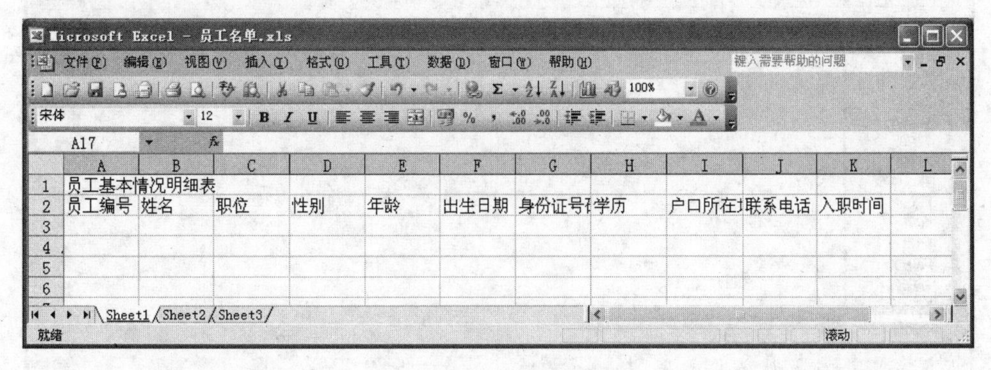

图 4-5　输入标题与表头

(3) 调整列宽。将鼠标指针移到在 A、B 列号显示栏的分界线上，当鼠标指针改变形状后，将其拖动到所需位置即可。重复操作调整其他列宽。效果如图 4-6 所示。

调整列宽还有一种方法，具体操作步骤如下。

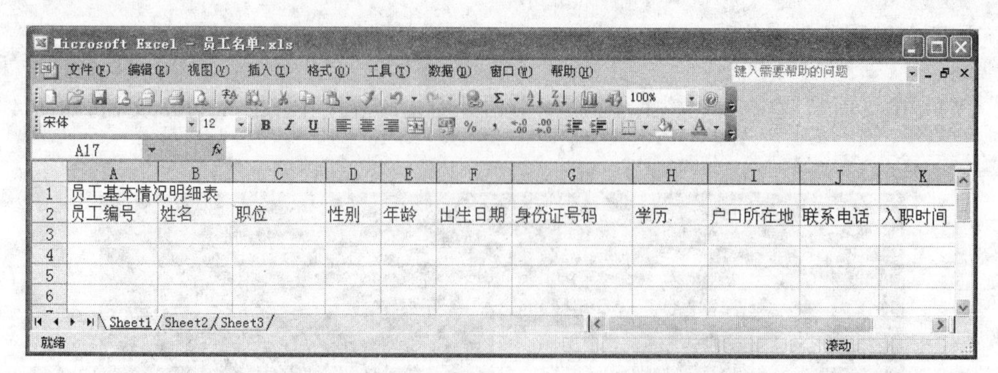

图 4-6　调整列宽后的效果

① 单击要调整列宽所在的列，例如第 A 列。

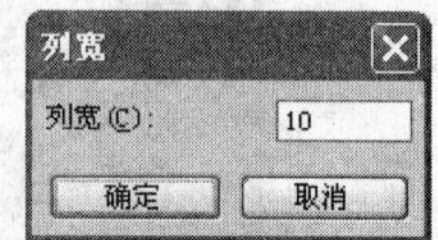

图 4-7　设置列宽

② 执行"格式"→"列"→"列宽"命令，弹出"列宽"对话框，输入要设定的列宽，如图 4-7 所示。

③ 单击"确定"按钮。在 Excel 2003 中当默认的列宽不能显示单元格的全部内容时，超出的部分将延伸到相邻的单元格中，若相邻的单元格中有输入内容时，超出单元格的部分内容将被截断，或出现一连串"#"。若输入长串数字时，将以科学记数的形式显示。

(4) 输入 A 列数据。将鼠标指针移到 A3 单元格内，单击后，此单元格成为"当前活动单格"，输入数据。相同方法，在 A4 单元格中输入数据。然后，选中 A3：A4 区域，拖动"填充柄"自动输入内容。结果如图 4-8 所示。

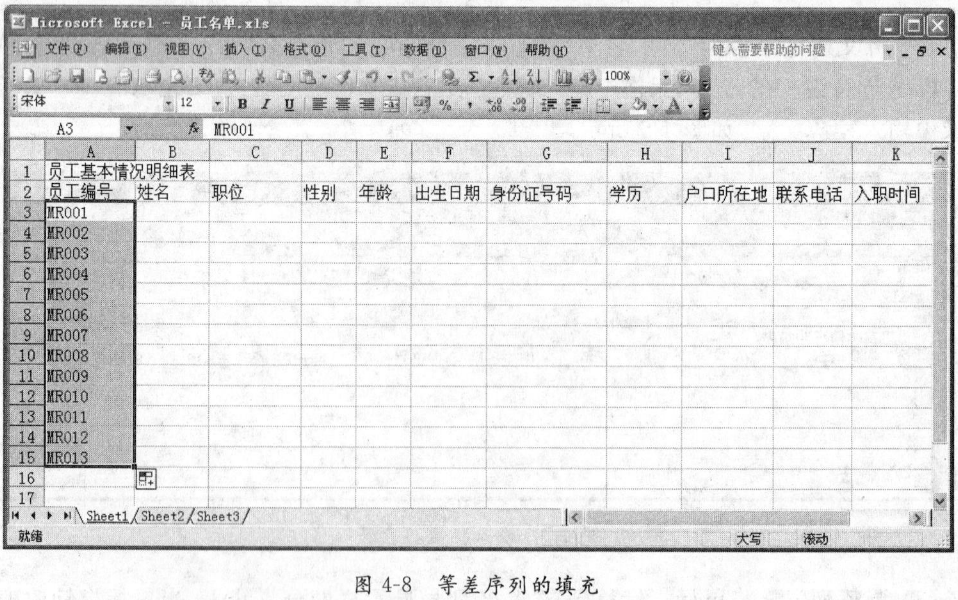

图 4-8　等差序列的填充

(5) 输入其他单元格中的数据。对于单元格相同的数据，可用鼠标复制单元格内容。具体方法如下：先选定要移动的单元格 C4，然后将鼠标指针指向其边框，当指针变为十字形双向箭头时，按住鼠标左键并拖动到新位置 C8，按 Ctrl 键后释放鼠标左键。结果如图 4-9 所示。

	A	B	C	D	E	F	G	H	I	J	K
1	员工基本情况明细表										
2	员工编号	姓名	职位	性别	年龄	出生日期	身份证号码	学历	户口所在地	联系电话	入职时间
3	MR001	王东	图书开发部	男	31	1981年2月12日	xxxxxx19810216xx1x	研究生	白山	139xxxxxxxx	1998年5月5日
4	MR002	张明	软件开发部	男	30	1982年3月13日	xxxxxx19820313xx2x	本科	吉林	131xxxxxxxx	1998年5月5日
5	MR003	崔梦	软件开发部	女	30	1982年7月24日	xxxxxx19820724xx6x	本科	长春	130xxxxxxxx	1998年5月5日
6	MR004	周佳佳	基础部	女	30	1982年1月15日	xxxxxx19820115xx3x	本科	延吉	155xxxxxxxx	1998年5月5日
7	MR005	郭柯心	图书开发部	男	30	1982年2月16日	xxxxxx19820216xx5x	本科	白城	137xxxxxxxx	1999年10月15日
8	MR006	扈辉明	软件开发部	女	28	1984年6月6日	xxxxxx19840606xx4x	本科	吉林	130xxxxxxxx	1999年10月15日
9	MR007	王亮	基础部	女	26	1986年5月3日	xxxxxx19860503xx1x	本科	辽原	131xxxxxxxx	1999年10月15日
10	MR008	冯艳	图书开发部	男	29	1983年5月19日	xxxxxx19830519xx4x	大专	吉林	130xxxxxxxx	1999年10月15日
11	MR009	孙丽丽	基础部	男	31	1981年1月20日	xxxxxx19810120xx1x	本科	哈尔滨	155xxxxxxxx	1999年10月15日
12	MR010	赵云菲	图书开发部	女	35	1977年2月21日	xxxxxx19770221xx2x	本科	辽阳	137xxxxxxxx	1999年10月15日
13	MR011	刘雪琳	财务部	男	25	############	xxxxxx19871112xx2x	本科	苏州	155xxxxxxxx	2001年6月6日
14	MR012	唐梢	人事部	女	27	############	xxxxxx19851223xx6x	本科	内蒙古	137xxxxxxxx	2001年6月7日
15	MR013	孟杰	图书开发部	男	27	1985年2月24日	xxxxxx19810224xx3x	本科	长春	137xxxxxxxx	2001年6月8日

图 4-9 输入数据

也可利用"复制"和"粘贴"命令复制单元格数据，方法如下。

选择工作表中的单元格 C4，右击执行"复制"（或按 Ctrl+C 键）命令，可以看到在选择区域内出现了一个虚框，选定要复制到的单元格 C8，右击执行"粘贴"（或按 Ctrl+V 键）命令，将剪贴板中的数据复制到该单元格内。

同理，也可以利用"剪切"和"粘贴"命令对单元格的数据进行"移动"操作。但若用直接拖动单元格内容的方法进行移动时，在释放鼠标前无须按 Ctrl 键，即可完成单元格移动。

(6) 标题居中。选中 A1：K1 区域，单击"格式"工具栏中的"合并及居中"按钮。最后结果如图 4-10 所示。

	A	B	C	D	E	F	G	H	I	J	K
1	员工基本情况明细表										
2	员工编	姓名	职位	性别	年龄	出生日期	身份证号码	学历	户口所在地	联系电话	入职时间
3	MR001	王东	图书开发部	男	31	1981年2月12日	xxxxxx19810216xx1x	研究生	白山	139xxxxxxxx	1998年5月5日
4	MR002	张明	软件开发部	男	30	1982年3月13日	xxxxxx19820313xx2x	本科	吉林	131xxxxxxxx	1998年5月5日
5	MR003	崔梦	软件开发部	女	30	1982年7月24日	xxxxxx19820724xx6x	本科	长春	130xxxxxxxx	1998年5月5日
6	MR004	周佳佳	基础部	女	30	1982年1月15日	xxxxxx19820115xx3x	本科	延吉	155xxxxxxxx	1998年5月5日
7	MR005	郭柯心	图书开发部	男	30	1982年2月16日	xxxxxx19820216xx5x	本科	白城	137xxxxxxxx	1999年10月15日
8	MR006	扈辉明	软件开发部	女	28	1984年6月6日	xxxxxx19840606xx4x	本科	吉林	130xxxxxxxx	1999年10月15日
9	MR007	王亮	基础部	女	26	1986年5月3日	xxxxxx19860503xx1x	本科	辽原	131xxxxxxxx	1999年10月15日
10	MR008	冯艳	图书开发部	男	29	1983年5月19日	xxxxxx19830519xx4x	大专	吉林	130xxxxxxxx	1999年10月15日
11	MR009	孙丽丽	基础部	男	31	1981年1月20日	xxxxxx19810120xx1x	本科	哈尔滨	155xxxxxxxx	1999年10月15日
12	MR010	赵云菲	图书开发部	女	35	1977年2月21日	xxxxxx19770221xx2x	本科	辽阳	137xxxxxxxx	1999年10月15日
13	MR011	刘雪琳	财务部	男	25	1987年11月12日	xxxxxx19871112xx2x	本科	苏州	155xxxxxxxx	2001年6月6日
14	MR012	唐梢	人事部	女	27	1985年12月23日	xxxxxx19851223xx6x	本科	内蒙古	137xxxxxxxx	2001年6月7日
15	MR013	孟杰	图书开发部	男	27	1985年2月24日	xxxxxx19810224xx3x	本科	长春	137xxxxxxxx	2001年6月8日

图 4-10 标题居中后的效果

(7) 设置工作表标签。双击需要重新命名的工作表标签,此时需要修改的工作表标签自动选中,输入一个新的名字“员工基本情况”。最终结果如图 4-3 所示。

相关问题

单元格地址。每个单元格都有一个地址,单元格地址也就是单元格在工作表中的位置。单元格地址由单元格所在的列标和行号组成(列标在前,行号在后)。例如,第一行各个单元格的地址分别是 A1、B1、C1…,而 E5 则表示 E 列 5 行的单元格。单元格地址的这种表示方式也称为单元格的相对地址。

一个矩形单元格区域的地址可以用“左上角单元格地址右下角单元格地址”的形式表示。例如,某单元格区域的左上角单元格是 B3,右下角单元是 E7,它的地址用“B3:E7”表示。单元格地址的另一种表示方式为“$列号$行号”,称为绝对地址。例如,“E5”表示 E 列 5 行单元格的绝对地址。

拓展与提高

(1) 操作增加或减少人员名单。将表 B7 单元格中的 “赵云菲”信息删除并改为“徐红”信息,结果如图 4-11 所示。

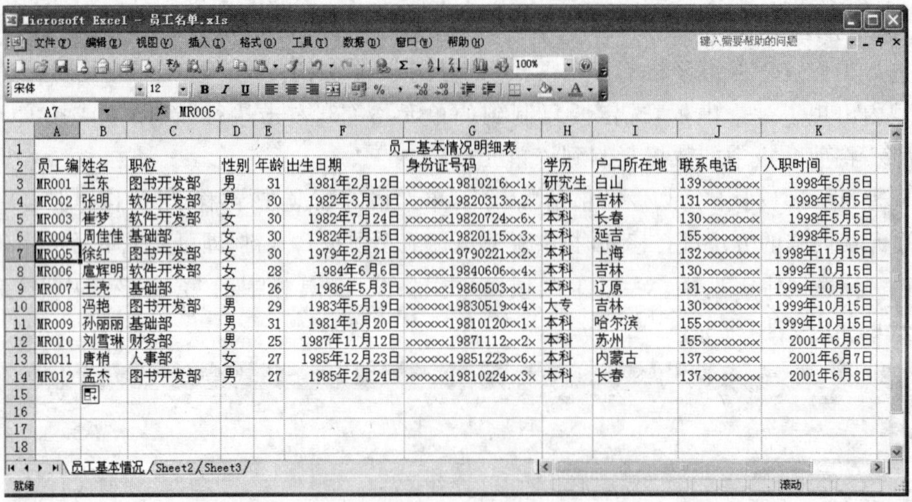

Microsoft Excel - 员工名单.xls

A7 MR005

	A	B	C	D	E	F	G	H	I	J	K
1	员工基本情况明细表										
2	员工编	姓名	职位	性别	年龄	出生日期	身份证号码	学历	户口所在地	联系电话	入职时间
3	MR001	王东	图书开发部	男	31	1981年2月12日	xxxxxx19810216xx1x	研究生	白山	139xxxxxxxx	1998年5月5日
4	MR002	张明	软件开发部	男	30	1982年3月13日	xxxxxx19820313xx2x	本科	吉林	131xxxxxxxx	1998年5月5日
5	MR003	崔梦	软件开发部	女	30	1982年7月24日	xxxxxx19820724xx6x	本科	长春	130xxxxxxxx	1998年5月5日
6	MR004	周佳佳	基础部	女	30	1982年1月15日	xxxxxx19820115xx3x	本科	延吉	155xxxxxxxx	1998年5月5日
7	MR005	徐红	图书开发部	女	30	1979年2月21日	xxxxxx19790221xx2x	本科	上海	132xxxxxxxx	1998年11月15日
8	MR006	扈辉明	软件开发部	女	28	1984年6月6日	xxxxxx19840606xx4x	本科	吉林	130xxxxxxxx	1999年10月15日
9	MR007	王亮	基础部	女	26	1986年5月3日	xxxxxx19860503xx1x	本科	辽原	131xxxxxxxx	1999年10月15日
10	MR008	冯艳	图书开发部	男	29	1983年5月19日	xxxxxx19830519xx4x	大专	吉林	130xxxxxxxx	1999年10月15日
11	MR009	孙丽丽	基础部	男	31	1981年1月20日	xxxxxx19810120xx1x	本科	哈尔滨	155xxxxxxxx	1999年10月15日
12	MR010	刘雪琳	财务部	男	25	1987年11月12日	xxxxxx19871112xx2x	本科	苏州	155xxxxxxxx	2001年6月6日
13	MR011	唐梢	人事部	女	27	1985年12月23日	xxxxxx19851223xx6x	本科	内蒙古	137xxxxxxxx	2001年6月7日
14	MR012	孟杰	图书开发部	男	27	1985年2月24日	xxxxxx19810224xx3x	本科	长春	137xxxxxxxx	2001年6月8日
15											
16											
17											
18											

员工基本情况 / Sheet2 / Sheet3

图 4-11 表格样例

(2) 制作工作表。制作如图 4-12 所示的工作表。

	A	B	C	D	E	F	G
1	姓名	语文	数学	英语	计算机	总分	平均分
2	王国民	82.5	78.0	85.5	78.0		
3	梅 丽	65.5	74.0	87.0	89.5		
4	刘洋行	78.5	83.5	65.0	76.0		
5	赵 凸	99.5	98.5	96.5	95.0		

图 4-12 表格样例

4.3 单元格的格式化

当完成了输入数据的工作后，需要对单元格的格式进行设置，以使工作表更加赏心悦目并且便于阅读。在商品销售企业，对销售数据工作表格式的设置是非常重要的，不但可以增强工作表的直观感，更是以后对业务员的销售业绩及对销售数据进行统计分析等工作的基础。

案例提出

如图 4-13 所示，美化“2008 年 5 月份商品销售报表”工作表。

Microsoft Excel - Book1.xls
文件(F) 编辑(E) 视图(V) 插入(I) 格式(O) 工具(T) 数据(D) 窗口(W) 帮助(H)
键入需要帮助的问题
宋体 9 B I U
备注 3 fx

2008年5月份商品销售报表

员工编号	员工姓名	汽机油		柴油机		齿轮油		排挡油	
		数量	金额	数量	金额	数量	金额	数量	金额
ss001	王小明	54	¥28,080.00	34	¥11,900.00	45	¥20,250.00	60	¥2,700.00
ss002	杨天	28	¥14,560.00	36	¥12,600.00	30	¥13,500.00	38	¥1,710.00
ss003	唐明磊	35	¥18,200.00	53	¥18,500.00	78	¥35,100.00	41	¥1,845.00
ss004	顾炎	46	¥23,920.00	46	¥16,100.00	34	¥15,300.00	39	¥1,755.00
ss005	杨红	61	¥31,720.00	52	¥18,200.00	67	¥30,150.00	30	¥1,350.00
ss006	张丽	29	¥15,080.00	38	¥13,300.00	50	¥22,500.00	55	¥2,475.00
ss007	周艳	43	¥22,360.00	6	[illegible]	61	¥27,450.00	38	¥1,710.00
ss008	李凌瑶	68	¥35,360.00	2	[illegible]	49	¥22,050.00	40	¥1,800.00

zry:
销售量最多

Sheet1 Sheet2 Sheet3
单元格 D11 批注者 zry 滚动

图 4-13 工作表格式化后最终效果

案例分析

Excel 2003 提供了丰富的单元格格式，在本例中可以通过字号、字形、字体、边框、底纹，对工作表进行修饰。

案例实现

(1) 启动 Excel 2003，新建工作簿。

(2) 输入相关数据，如图 4-14 所示。

(3) 字符格式化。选中标题 A1：J1 区域，右击后执行“设置单元格格式”命令。在“对齐”选项卡中进行设置，如图 4-15 所示。

(4) 参照上面的方法将单元格区域A1:J1的字符格式设置为楷体、16号、加粗；

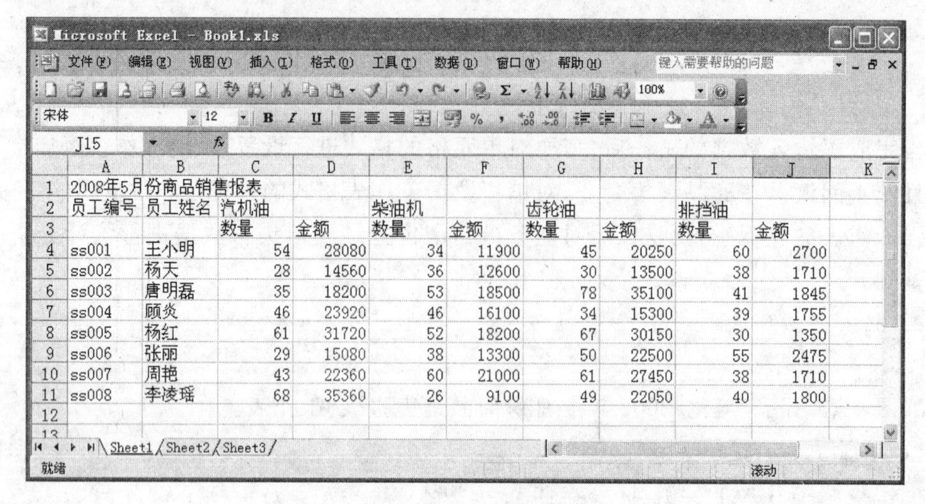

图 4-14　输入数据后效果

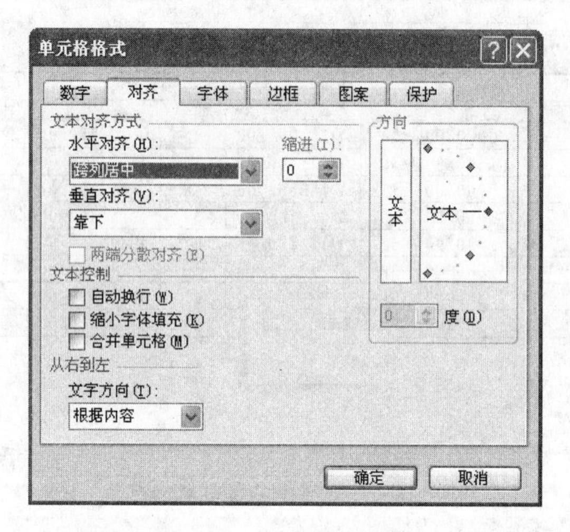

图 4-15　设置对齐方式

A2:J11 单元格区域的字符格式设置为楷体、14 号、水平居中。结果如图 4-16 所示。

(5) 数字格式化。使用“单元格格式”对话框将 D、F、H、J 列中数字区域设置为会计专用、应用货币符号、2 位小数，如图 4-17 所示。

(6) 根据单元格中的内容调整列宽。将鼠标指针指向 A、B(B、C)列分隔线处，当指针变为十字形双向箭头时，按住鼠标左键并拖动过程中，Excel 2003 随时提示用户此时列宽的数值。当调整到满意的宽度时，释放鼠标即可。结果如图 4-18 所示。

(7) 表头合并及居中。选中 A2:A3 区域，单击“格式”工具栏中的“合并及居中”按钮。重复操作合并及居中其他单元格。最后结果如图 4-19 所示。

(8) 添加边框。选定单元格区域 A2:J11，使用“单元格格式”对话框，打开“边框”选项卡，先选择线条样式中的粗线条，再单击“预置”选项组中的“外边框”按钮，边框将应用于单元格的边界；选择线条样式中的细线条，再单击“预置”选项组中的“内边框”按钮，可

Microsoft Excel - Book1.xls

文件(F)　编辑(E)　视图(V)　插入(I)　格式(O)　工具(T)　数据(D)　窗口(W)　帮助(H)　键入需要帮助的问题

宋体　12　100%

G19

	A	B	C	D	E	F	G	H	I	J
1	2008年5月份商品销售报表									
2	员工编号	员工姓名	汽机油		柴油机		齿轮油		排挡油	
3			数量	金额	数量	金额	数量	金额	数量	金额
4	ss001	王小明	54	28080	34	11900	45	20250	60	2700
5	ss002	杨天	28	14560	36	12600	30	13500	38	1710
6	ss003	唐明磊	35	18200	53	18500	78	35100	41	1845
7	ss004	顾炎	46	23920	46	16100	34	15300	39	1755
8	ss005	杨红	61	31720	52	18200	67	30150	30	1350
9	ss006	张丽	29	15080	38	13300	50	22500	55	2475
10	ss007	周艳	43	22360	60	21000	61	27450	38	1710
11	ss008	李凌瑶	68	35360	26	9100	49	22050	40	1800

Sheet1 / Sheet2 / Sheet3

就绪

图 4-16　设置字符格式后的效果

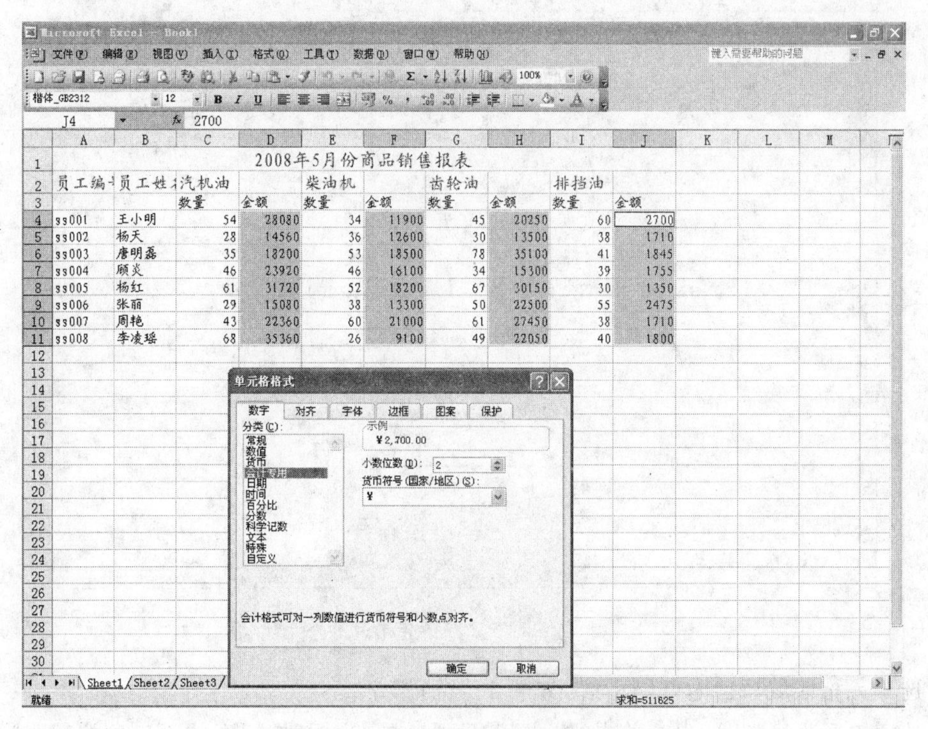

图 4-17　设置数字格式

2008年5月份商品销售报表									
员工编号	员工姓名	汽机油		柴油机		齿轮油		排挡油	
		数量	金额	数量	金额	数量	金额	数量	金额
ss001	王小明	54	￥28,080.00	34	￥11,900.00	45	￥20,250.00	60	￥2,700.00
ss002	杨天	28	￥14,560.00	36	￥12,600.00	30	￥13,500.00	38	￥1,710.00
ss003	唐明磊	35	￥18,200.00	53	￥18,500.00	78	￥35,100.00	41	￥1,845.00
ss004	顾炎	46	￥23,920.00	46	￥16,100.00	34	￥15,300.00	39	￥1,755.00
ss005	杨红	61	￥31,720.00	52	￥18,200.00	67	￥30,150.00	30	￥1,350.00
ss006	张丽	29	￥15,080.00	38	￥13,300.00	50	￥22,500.00	55	￥2,475.00
ss007	周艳	43	￥22,360.00	60	￥21,000.00	61	￥27,450.00	38	￥1,710.00
ss008	李凌瑶	68	￥35,360.00	26	￥9,100.00	49	￥22,050.00	40	￥1,800.00

图 4-18 调整列宽后效果

2008年5月份商品销售报表									
员工编号	员工姓名	汽机油		柴油机		齿轮油		排挡油	
		数量	金额	数量	金额	数量	金额	数量	金额
ss001	王小明	54	￥28,080.00	34	￥11,900.00	45	￥20,250.00	60	￥2,700.00
ss002	杨天	28	￥14,560.00	36	￥12,600.00	30	￥13,500.00	38	￥1,710.00
ss003	唐明磊	35	￥18,200.00	53	￥18,500.00	78	￥35,100.00	41	￥1,845.00
ss004	顾炎	46	￥23,920.00	46	￥16,100.00	34	￥15,300.00	39	￥1,755.00
ss005	杨红	61	￥31,720.00	52	￥18,200.00	67	￥30,150.00	30	￥1,350.00
ss006	张丽	29	￥15,080.00	38	￥13,300.00	50	￥22,500.00	55	￥2,475.00
ss007	周艳	43	￥22,360.00	60	￥21,000.00	61	￥27,450.00	38	￥1,710.00
ss008	李凌瑶	68	￥35,360.00	26	￥9,100.00	49	￥22,050.00	40	￥1,800.00

图 4-19 表头合并及居中后效果

为所选单元格区域添加内部网格线，如图 4-20 所示。

选定单元格区域 A2:J3，单击“格式”工具栏中的“边框”按钮旁的下三角按钮，然后从中选择所需的边框样式为“双底框线”。结果如图 4-21 所示。

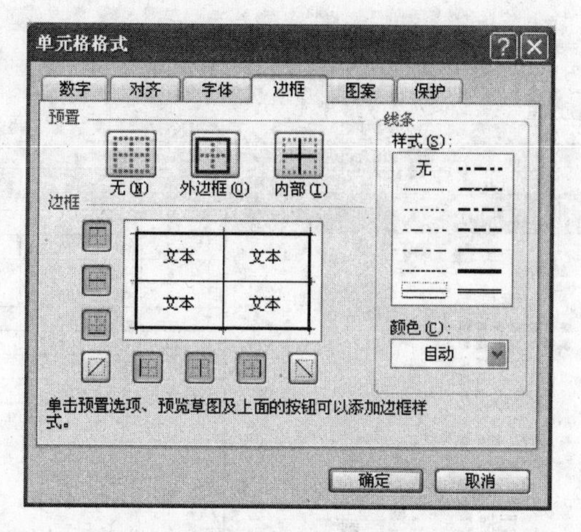

图 4-20　设置边框

Microsoft Excel - Book1.xls

2008年5月份商品销售报表									
员工编号	员工姓名	汽机油		柴油机		齿轮油		排挡油	
		数量	金额	数量	金额	数量	金额	数量	金额
ss001	王小明	54	￥28,080.00	34	￥11,900.00	45	￥20,250.00	60	￥2,700.00
ss002	杨天	28	￥14,560.00	36	￥12,600.00	30	￥13,500.00	38	￥1,710.00
ss003	唐明磊	35	￥18,200.00	53	￥18,500.00	78	￥35,100.00	41	￥1,845.00
ss004	顾炎	46	￥23,920.00	46	￥16,100.00	34	￥15,300.00	39	￥1,755.00
ss005	杨红	61	￥31,720.00	52	￥18,200.00	67	￥30,150.00	30	￥1,350.00
ss006	张丽	29	￥15,080.00	38	￥13,300.00	50	￥22,500.00	55	￥2,475.00
ss007	周艳	43	￥22,360.00	60	￥21,000.00	61	￥27,450.00	38	￥1,710.00
ss008	李凌瑶	68	￥35,360.00	26	￥9,100.00	49	￥22,050.00	40	￥1,800.00

图 4-21　添加边框后效果

注：如果对添加的边框不满意，可将其删除。先选定要删除边框的单元格，然后单击"预置"中的"无"按钮即可删除所有选定单元格的边框。

(9) 设置单元格底纹。选定单元格区域 A1:J1，使用"单元格格式"对话框，打开"图案"选项卡，在"单元格底纹"选项组中选择"红色"选项。选定单元格区域 A2:J3，单击"图案"列表框中的下三角按钮，从弹出的列表中选择"对角线条纹"，图案颜色为"天蓝"。设置如图 4-22 所示。

注：设置底纹最快捷的方式是单击"格式"工具栏中"填充"按钮的下三角按钮，从弹

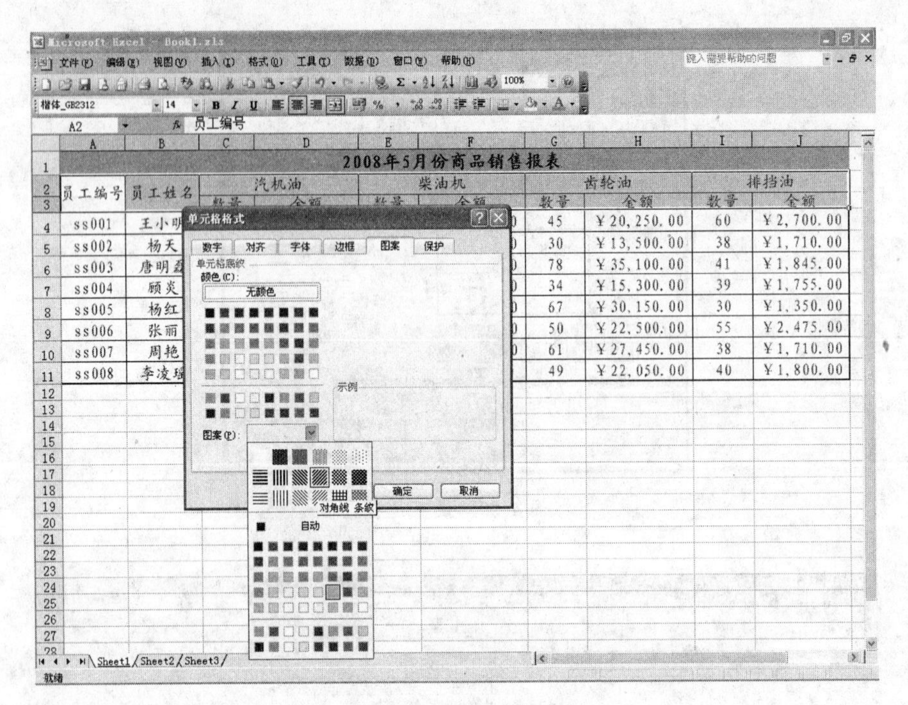

图 4-22 设置单元格底纹

出的调色板中选择所需颜色即可。

(10) 插入批注。选定 D11 单元格，右击后执行“插入批注”命令，如图 4-23 所示。在出现的文本框中输入“销售量最多”文字。

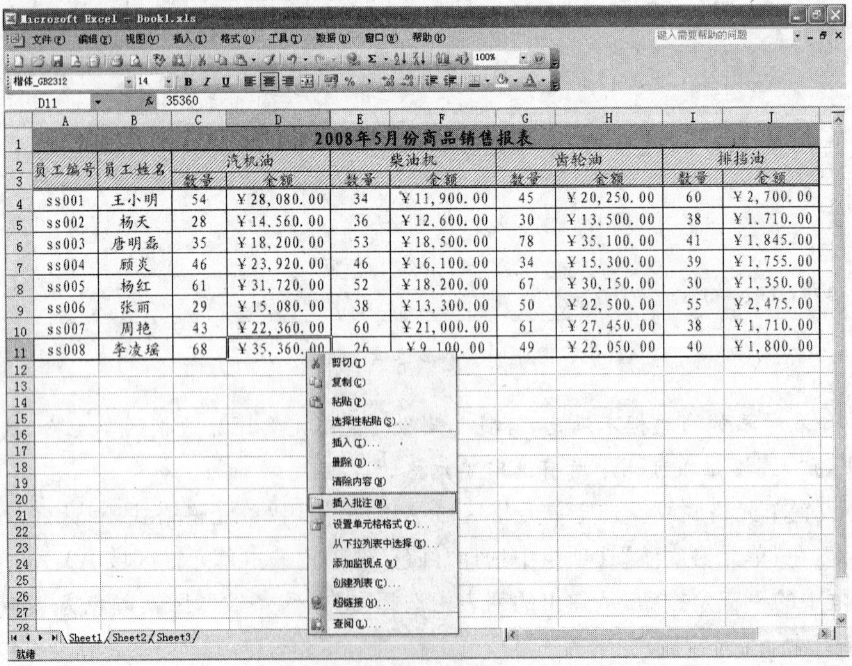

2008年5月份商品销售报表

员工编号	员工姓名	汽机油		柴油机		齿轮油		排挡油	
		数量	金额	数量	金额	数量	金额	数量	金额
ss001	王小明	54	¥28,080.00	34	¥11,900.00	45	¥20,250.00	60	¥2,700.00
ss002	杨天	28	¥14,560.00	36	¥12,600.00	30	¥13,500.00	38	¥1,710.00
ss003	唐明磊	35	¥18,200.00	53	¥18,500.00	78	¥35,100.00	41	¥1,845.00
ss004	顾炎	46	¥23,920.00	46	¥16,100.00	34	¥15,300.00	39	¥1,755.00
ss005	杨红	61	¥31,720.00	52	¥18,200.00	67	¥30,150.00	30	¥1,350.00
ss006	张丽	29	¥15,080.00	38	¥13,300.00	50	¥22,500.00	55	¥2,475.00
ss007	周艳	43	¥22,360.00	60	¥21,000.00	61	¥27,450.00	38	¥1,710.00
ss008	李凌瑶	68	¥35,360.00	26	¥9,100.00	49	¥22,050.00	40	¥1,800.00

剪切(T)
复制(C)
粘贴(P)
选择性粘贴(S)...
插入(I)...
删除(D)...
清除内容(N)
插入批注(M)
设置单元格格式(F)...
从下拉列表中选择(K)...
添加监视点(W)
创建列表(C)...
超链接(H)...
查阅(L)...

图 4-23 插入批注

相关问题

如果一个单元格中存在长文本，可在"对齐"选项卡中对文本进行控制，并在文本控制区选择相关选项，其各项功能如下。

(1) 自动换行：在单元格中文本自动折行，行数的多少取决于列的宽度和文本内容和长度。如果要在指定位置增加新的一行，可在编辑栏中要换行的地方单击，然后按 Alt+Enter 键。

(2) 缩小字体填充：缩减单元格中字符的大小以使数据调整到与列宽一致。如果更改列宽，字符大小可自动调整，但设置的字体大小则保持不变。

(3) 合并单元格：选定相邻的两个或多个单元格，然后执行"合并单元格"命令，此时选定的单元格将合并为一个单元格，合并时只保留第一个单元格的数据。如果要居中或对齐跨度为几行或几列的数据，例如行号或列标，可以先合并选定的单元格区域，然后在所得的合并单元格中对齐文本。

如果选择了"自动换行"选项，则"缩小字体填充"功能失效。如果选择了"缩小字体填充"选项，则"自动换行"功能失效。此外，还可以轻松地合并跨越几行或几列的单元格。通常 Excel 2003 只把选定区域左上角的数据放入合并所得的合并单元格中。要将区域所有的数据都包括到合并后的单元格中，必须将它们复制到区域内的左上角单元格中，然后选中要合并的单元格。如果是合并一行中的单元格，或者将某个单元格的内容设为居中，单击工具栏上的"合并和居中"按钮即可。

拓展与提高

新建一个"办公室开支统计表"工作表，录入数据并修饰工作表，如图 4-24 所示。

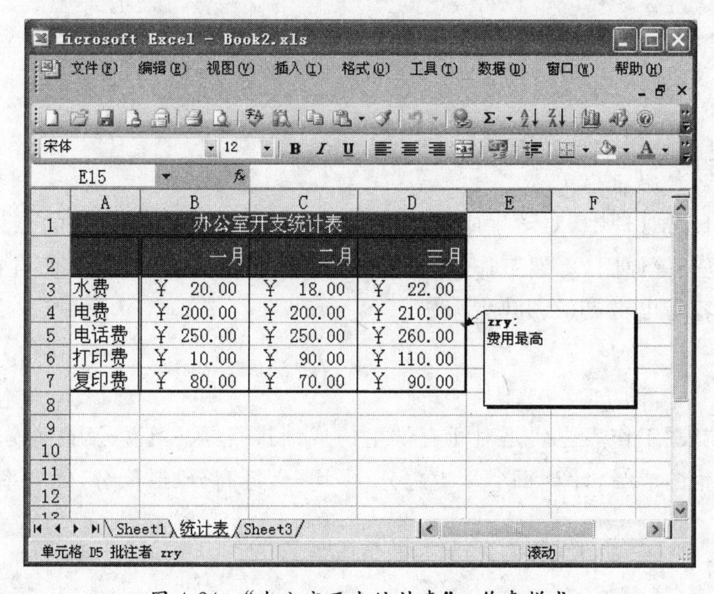

图 4-24　"办公室开支统计表"工作表样式

提示：本例中可探索以下方法，快速改变工作表样式。

(1) 使用“格式刷”功能格式化单元格。

(2) 用“自动套用格式”功能修饰工作表。

4.4 计算与处理数据

本节通过具体案例（如图 4-25 所示）介绍如何利用 Excel 强大的数据处理和分析功能，对学生成绩进行全面、细致的处理和分析。

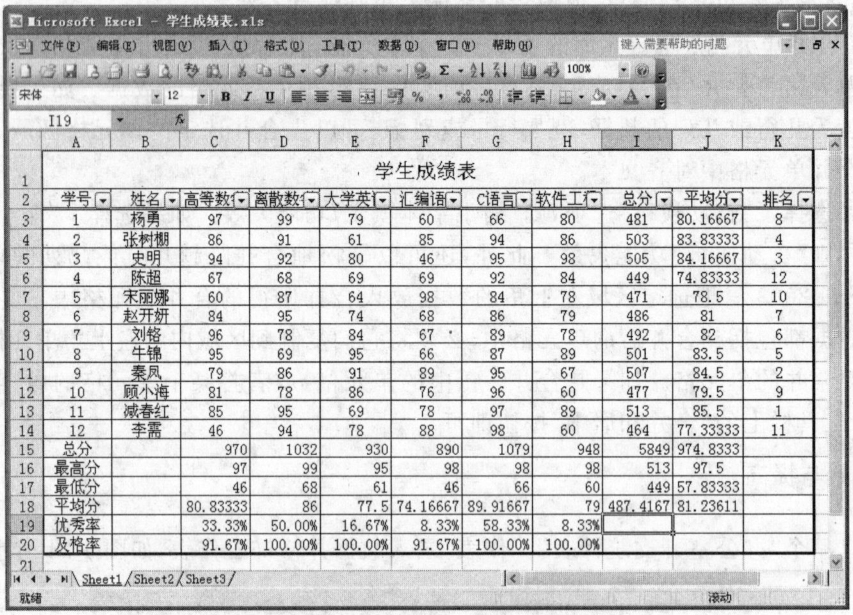

学生成绩表

学号	姓名	高等数	离散数	大学英	汇编语	C语言	软件工	总分	平均分	排名
1	杨勇	97	99	79	60	66	80	481	80.16667	8
2	张树棚	86	91	61	85	94	86	503	83.83333	4
3	史明	94	92	80	46	95	98	505	84.16667	3
4	陈超	67	68	69	69	92	84	449	74.83333	12
5	宋丽娜	60	87	64	98	84	78	471	78.5	10
6	赵开妍	84	95	74	68	86	79	486	81	7
7	刘铭	96	78	84	67	89	78	492	82	6
8	牛锦	95	69	95	66	87	89	501	83.5	5
9	秦凤	79	86	91	89	95	67	507	84.5	2
10	顾小海	81	78	86	76	96	60	477	79.5	9
11	减春红	85	95	69	78	97	89	513	85.5	1
12	李需	46	94	78	88	98	60	464	77.33333	11
总分		970	1032	930	890	1079	948	5849	974.8333	
最高分		97	99	95	98	98	98	513	97.5	
最低分		46	68	61	46	66	60	449	57.83333	
平均分		80.83333	86	77.5	74.16667	89.91667	79	487.4167	81.23611	
优秀率		33.33%	50.00%	16.67%	8.33%	58.33%	8.33%			
及格率		91.67%	100.00%	100.00%	91.67%	100.00%	100.00%			

图 4-25 “学生成绩表”工作表样式

案例提出

在学校的日常管理中，对学生成绩进行汇总分析是老师经常要做的工作。但由于数据量大、计算复杂等原因，不但工作量大，需要浪费大量的人力和物力，而且在通过手工操作计算时经常容易出错，怎么办呢？

案例分析

“学生成绩表”工作表主要是对所有学生的成绩进行录入汇总及查询分数的，主要用于录入所有学生的成绩，计算每个学生总分、平均分、最高分、最低分、优秀率及及格率，并根据总分排名。

案例实现

(1) 启动 Excel 2003，新建工作簿。

(2) 录入数据并修改工作表样式，如图 4-26 所示。

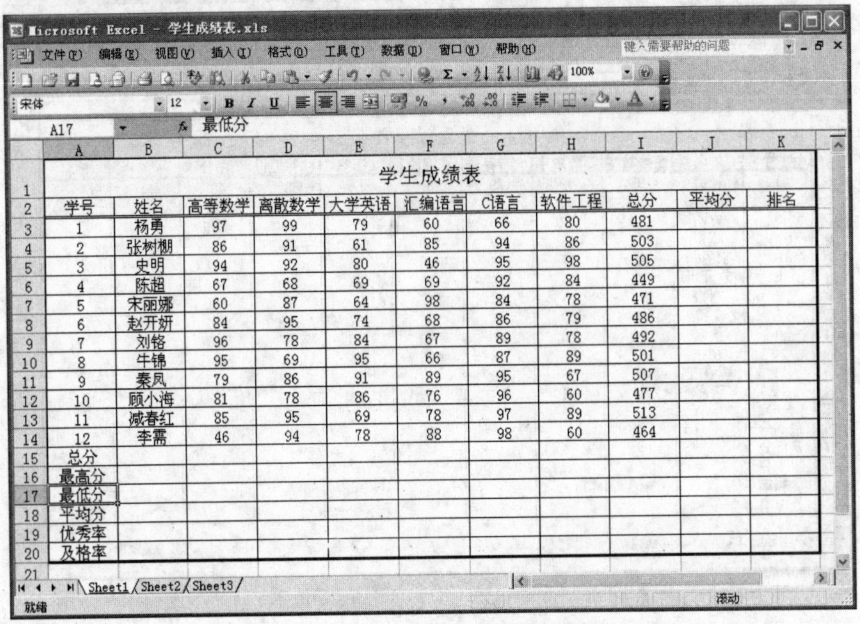

学生成绩表

学号	姓名	高等数学	离散数学	大学英语	汇编语言	C语言	软件工程	总分	平均分	排名
1	杨勇	97	99	79	60	66	80	481		
2	张树棚	86	91	61	85	94	86	503		
3	史明	94	92	80	46	95	98	505		
4	陈超	67	68	69	69	92	84	449		
5	宋丽娜	60	87	64	98	84	78	471		
6	赵开妍	84	95	74	68	86	79	486		
7	刘铭	96	78	84	67	89	78	492		
8	牛锦	95	69	95	66	87	89	501		
9	秦凤	79	86	91	89	95	67	507		
10	顾小海	81	78	86	76	96	60	477		
11	减春红	85	95	69	78	97	89	513		
12	李需	46	94	78	88	98	60	464		
总分										
最高分										
最低分										
平均分										
优秀率										
及格率										

图 4-26　录入数据并修改工作表样式后效果

(3) 计算总分。

① 选择需要求和的列下面的 C15 单元格。

② 单击"自动求和"按钮 Σ ▾。

③ 此时会插入 SUM()函数并在括号间显示列的范围。Excel 2003 会自动生成相应的求和公式"= SUM(C3:C12)"。

④ 按 Enter 键。

⑤ 拖动"填充柄"向右复制公式，相应单元格中出现计算结果。

⑥ 使用相同方法，可求 I3:I14 区域总分。

也可在单元格中输入公式，操作步骤如下。

① 如图 4-27 所示，选择要输入公式的单元格 C15。在 C15 单元格中输入"="号，然后单击 C3 单元格。

② 在 C15 单元格中输入"＋"号，单击 C4 单元格，再输入"＋"号，单击 C5 单元格。重复操作，可将 C4、C5…C14 单元格中的内容相加，这样就创建了一个简单的公式，如图 4-28 所示。

③ 可按 Enter 键，或单击"公式栏"中的"输入"按钮 ✔，确定公式的创建。C15 单元格中显示出相加的结果。

④ 在拖动"填充柄"复制公式时，随着位置的变化，公式所引用的单元格地址也发生相应变化，称为单元格地址相对引用。在公式中，引用的单元格地址用颜色字符表示，对应的单元格边框显示为相应颜色，并且四角有小方块。

(4) 计算最高分。

① 选择需要求最大值的列下面的 C16 单元格。

Microsoft Excel - 学生成绩表.xls

SUM =C3

	A	B	C	D	E	F	G	H	I	J	K
1	学生成绩表										
2	学号	姓名	高等数学	离散数学	大学英语	汇编语言	C语言	软件工程	总分	平均分	排名
3	1	杨勇	97	99	79	60	66	80	481		
4	2	张树棚	86	91	61	85	94	86	503		
5	3	史明	94	92	80	46	95	98	505		
6	4	陈超	67	68	69	69	92	84	449		
7	5	宋丽娜	60	87	64	98	84	78	471		
8	6	赵开妍	84	95	74	68	86	79	486		
9	7	刘铬	96	78	84	67	89	78	492		
10	8	牛锦	95	69	95	66	87	89	501		
11	9	秦凤	79	86	91	89	95	67	507		
12	10	顾小海	81	78	86	76	96	60	477		
13	11	减春红	85	95	69	78	97	89	513		
14	12	李需	46	94	78	88	98	60	464		
15	总分		=C3								
16	最高分										
17	最低分										
18	平均分										
19	优秀率										
20	及格率										

Sheet1 Sheet2 Sheet3

图 4-27 输入公式(一)

Microsoft Excel - 学生成绩表.xls

SUM =C3+C4+C5+C6+C7+C8+C9+C10+C11+C12+C13+C14

	A	B	C	D	E	F	G	H	I	J	K
1	学生成绩表										
2	学号	姓名	高等数学	离散数学	大学英语	汇编语言	C语言	软件工程	总分	平均分	排名
3	1	杨勇	97	99	79	60	66	80	481		
4	2	张树棚	86	91	61	85	94	86	503		
5	3	史明	94	92	80	46	95	98	505		
6	4	陈超	67	68	69	69	92	84	449		
7	5	宋丽娜	60	87	64	98	84	78	471		
8	6	赵开妍	84	95	74	68	86	79	486		
9	7	刘铬	96	78	84	67	89	78	492		
10	8	牛锦	95	69	95	66	87	89	501		
11	9	秦凤	79	86	91	89	95	67	507		
12	10	顾小海	81	78	86	76	96	60	477		
13	11	减春红	85	95	69	78	97	89	513		
14	12	李需	46	94	78	88	98	60	464		
15	总分		=C3+C4+C5+C6+C7+C8+C9+C10+C11+C12+C13+C14								
16	最高分										
17	最低分										
18	平均分										
19	优秀率										
20	及格率										

Sheet1 Sheet2 Sheet3

图 4-28 输入公式(二)

② 执行“自动求和”按钮 Σ ▾ 下拉菜单中的“最大值”命令。

③ 此时会插入 MAX()函数并在括号间显示列的范围。Excel 2003 会自动生成相应的求和公式“=MAX(C3:C15)”。默认区域与所求区域不相符，故而重新选择区域 C3:C14。

④ 按 Enter 键。

⑤ 拖动“填充柄”向右复制公式，相应单元格中出现计算结果。

(5) 使用相同方法，可求平均分、最低分，如图 4-29 所示。

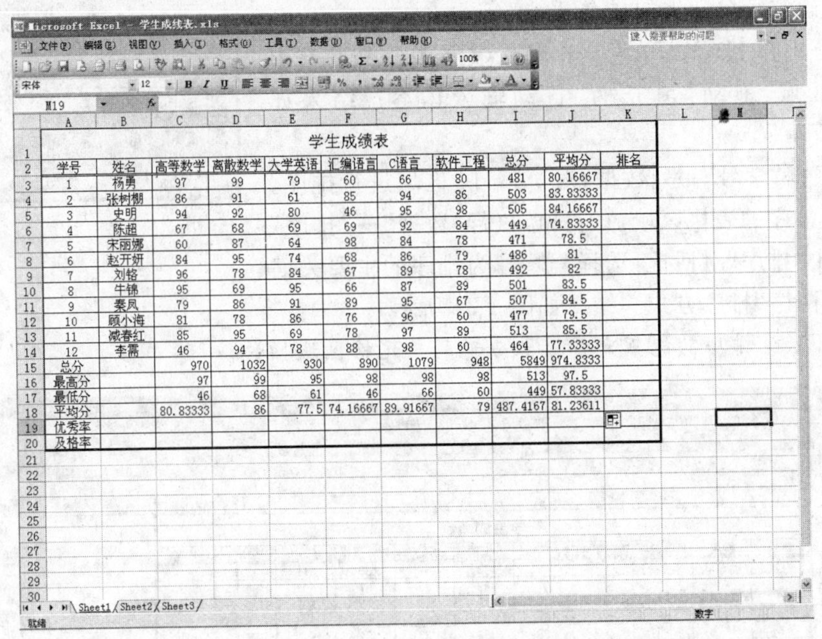

学生成绩表										
学号	姓名	高等数学	离散数学	大学英语	汇编语言	C语言	软件工程	总分	平均分	排名
1	杨勇	97	99	79	60	66	80	481	80.16667	
2	张树棚	86	91	61	85	94	86	503	83.83333	
3	史明	94	92	80	46	95	98	505	84.16667	
4	陈超	67	68	69	69	92	84	449	74.83333	
5	宋丽娜	60	87	64	98	84	78	471	78.5	
6	赵开妍	84	95	74	68	86	79	486	81	
7	刘铭	96	78	84	67	89	78	492	82	
8	牛锦	95	69	95	66	87	89	501	83.5	
9	秦凤	79	86	91	89	95	67	507	84.5	
10	顾小海	81	78	86	76	96	60	477	79.5	
11	臧春红	85	95	69	78	97	89	513	85.5	
12	李震	46	94	78	88	98	60	464	77.33333	
总分		970	1032	930	890	1079	948	5849	974.8333	
最高分		97	99	95	98	98	98	513	97.5	
最低分		46	68	61	46	66	60	449	57.83333	
平均分		80.83333	86	77.5	74.16667	89.91667	79	487.4167	81.23611	
优秀率										
及格率										

图 4-29　计算结果

(6) 根据“平均分”一列数据排序。

① 选定需要排序的表格区域 A2:J14，执行“数据”→“排序”命令，如图 4-30 所示。

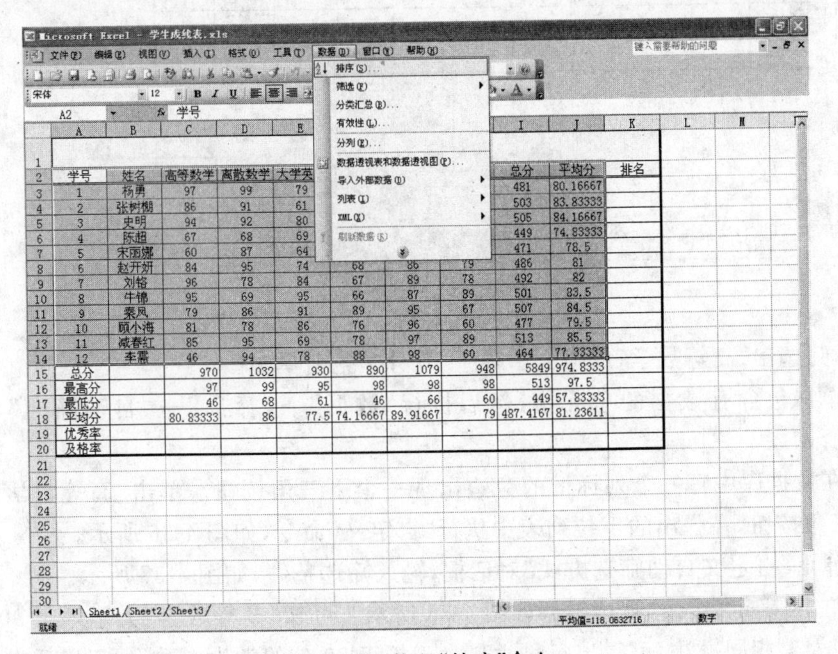

图 4-30　执行“排序”命令

② 弹出“排序”对话框，如图 4-31 所示。选择排序的主要关键字为“平均分”，选择“降序”排序方式。

③ 单击“确定”按钮，排序结果如图 4-32 所示。

(7) 确定每名学生的排名。

① 分别在 K3、K4 单元格中输入数据 1、2，然后选中 K3:K4 区域，拖动“填充柄”自动输入内容。结果如图 4-33 所示。

② 根据“学号”一列数据，对 A3:J14 区域进行排序。选定需要排序的表格区域 A2:J14，执行“数据”→“排序”命令，弹出“排序”对话框，选择“学号”为排序的主要关键字，选择“降序”排序方式。结果如图 4-34 所示。

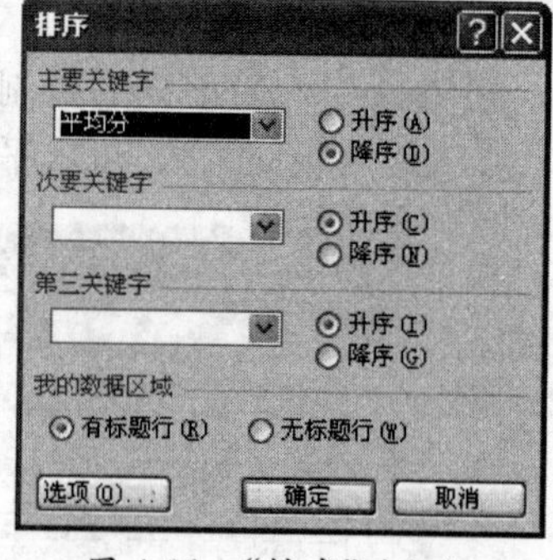

图 4-31　“排序”对话框

注：Excel 排序功能不允许选取分散的单元格区域操作。

学号	姓名	高等数学	离散数学	大学英语	汇编语言	C语言	软件工程	总分	平均分	排名
11	减春红	85	95	69	78	97	89	513	85.5	
9	秦凤	79	86	91	89	95	67	507	84.5	
3	史明	94	92	80	46	95	98	505	84.16667	
2	张树棚	86	91	61	85	94	86	503	83.83333	
8	牛锦	95	69	95	66	87	89	501	83.5	
7	刘铬	96	78	84	67	89	78	492	82	
6	赵开妍	84	95	74	68	86	79	486	81	
1	杨勇	97	99	79	60	66	80	481	80.16667	
10	顾小海	81	78	86	76	96	60	477	79.5	
5	宋丽娜	60	87	64	98	84	78	471	78.5	
12	李霈	46	94	78	88	98	60	464	77.33333	
4	陈超	67	68	69	69	92	84	449	74.83333	
总分		970	1032	930	890	1079	948	5849	974.8333	
最高分		97	99	95	98	98	98	513	97.5	
最低分		46	68	61	46	66	60	449	57.83333	
平均分		80.83333	86	77.5	74.16667	89.91667	79	487.4167	81.23611	
优秀率										
及格率										

图 4-32　排序结果(一)

(8) 筛选出“高等数学”成绩大于等于 90 分学生名单。

① 单击包含有数据的单元格，然后执行“数据”→“筛选”→“自动筛选”命令，如图 4-35 所示。

② 在数据库中每一个列标记的旁边出现一个下三角按钮。单击“高等数学”列标记旁的下三角按钮，在弹出的下拉列表中执行“自定义”命令，如图 4-36 所示。

③ 弹出“自定义自动筛选方式”对话框，输入筛选条件，如图 4-37 所示。

④ 单击“确定”按钮，筛选结果如图 4-38 所示。可知“高等数学”大于等于 90 分的学生共有 4 人。相同方法，可得出每科学科大于等于 90 分的学生人数，便于以后求优秀率。

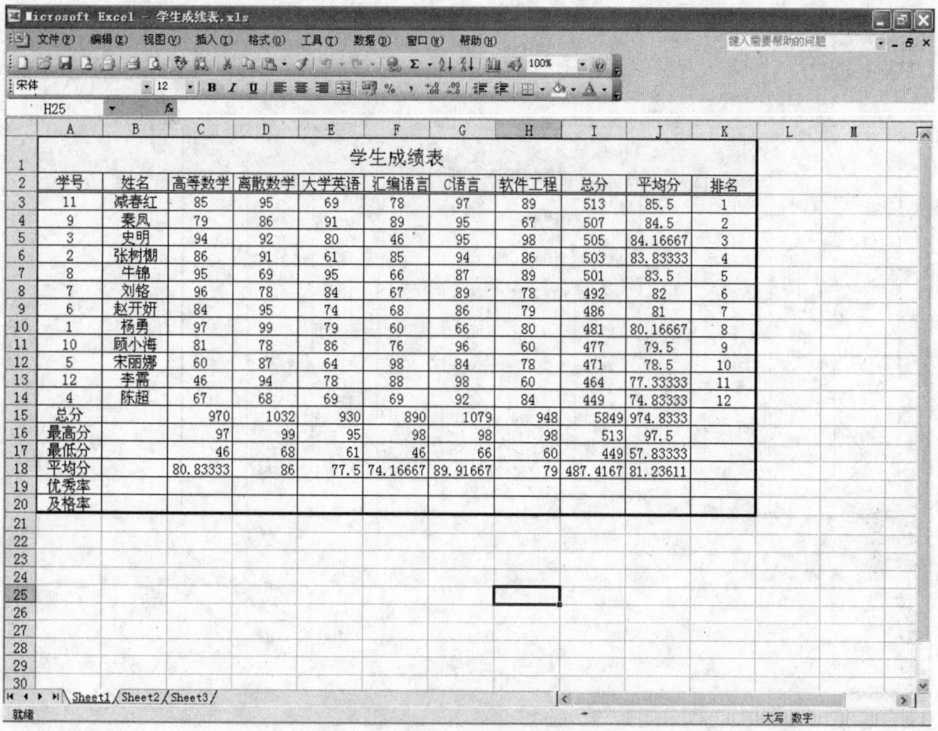

Microsoft Excel - 学生成绩表.xls

	A	B	C	D	E	F	G	H	I	J	K
1	学生成绩表										
2	学号	姓名	高等数学	离散数学	大学英语	汇编语言	C语言	软件工程	总分	平均分	排名
3	11	减春红	85	95	69	78	97	89	513	85.5	1
4	9	秦凤	79	86	91	89	95	67	507	84.5	2
5	3	史明	94	92	80	46	95	98	505	84.16667	3
6	2	张树棚	86	91	61	85	94	86	503	83.83333	4
7	8	牛锦	95	69	95	66	87	89	501	83.5	5
8	7	刘铭	96	78	84	67	89	78	492	82	6
9	6	赵开妍	84	95	74	68	86	79	486	81	7
10	1	杨勇	97	99	79	60	66	80	481	80.16667	8
11	10	顾小海	81	78	86	76	96	60	477	79.5	9
12	5	宋丽娜	60	87	64	98	84	78	471	78.5	10
13	12	李需	46	94	78	88	98	60	464	77.33333	11
14	4	陈超	67	68	69	69	92	84	449	74.83333	12
15	总分		970	1032	930	890	1079	948	5849	974.8333	
16	最高分		97	99	95	98	98	98	513	97.5	
17	最低分		46	68	61	46	66	60	449	57.83333	
18	平均分		80.83333	86	77.5	74.16667	89.91667	79	487.4167	81.23611	
19	优秀率										
20	及格率										

图 4-33　确定每名学生的排名效果

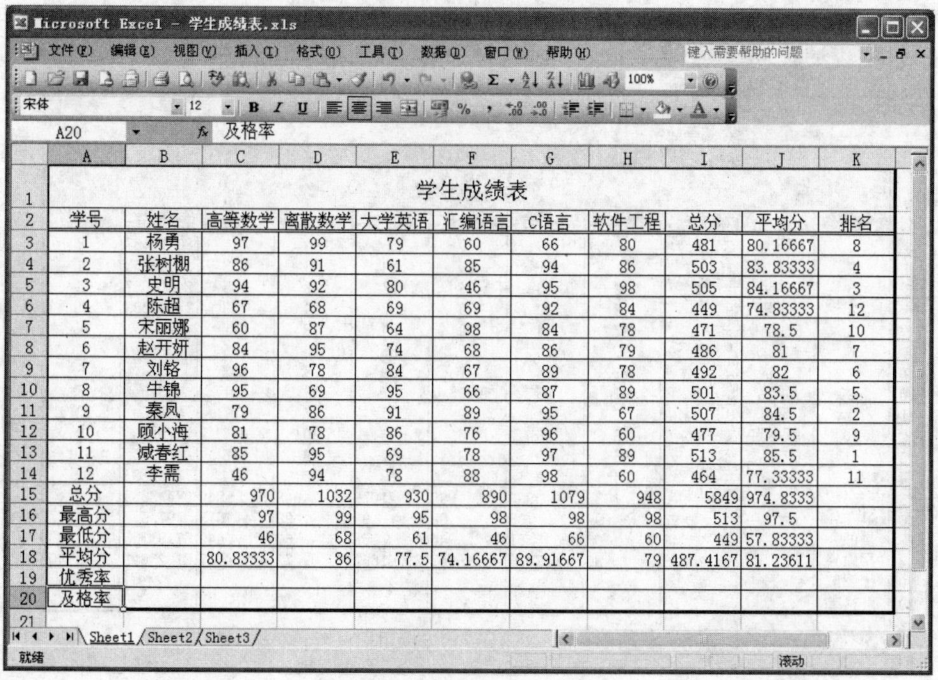

Microsoft Excel - 学生成绩表.xls

	A	B	C	D	E	F	G	H	I	J	K
1	学生成绩表										
2	学号	姓名	高等数学	离散数学	大学英语	汇编语言	C语言	软件工程	总分	平均分	排名
3	1	杨勇	97	99	79	60	66	80	481	80.16667	8
4	2	张树棚	86	91	61	85	94	86	503	83.83333	4
5	3	史明	94	92	80	46	95	98	505	84.16667	3
6	4	陈超	67	68	69	69	92	84	449	74.83333	12
7	5	宋丽娜	60	87	64	98	84	78	471	78.5	10
8	6	赵开妍	84	95	74	68	86	79	486	81	7
9	7	刘铭	96	78	84	67	89	78	492	82	6
10	8	牛锦	95	69	95	66	87	89	501	83.5	5
11	9	秦凤	79	86	91	89	95	67	507	84.5	2
12	10	顾小海	81	78	86	76	96	60	477	79.5	9
13	11	减春红	85	95	69	78	97	89	513	85.5	1
14	12	李需	46	94	78	88	98	60	464	77.33333	11
15	总分		970	1032	930	890	1079	948	5849	974.8333	
16	最高分		97	99	95	98	98	98	513	97.5	
17	最低分		46	68	61	46	66	60	449	57.83333	
18	平均分		80.83333	86	77.5	74.16667	89.91667	79	487.4167	81.23611	
19	优秀率										
20	及格率										

图 4-34　排序结果(二)

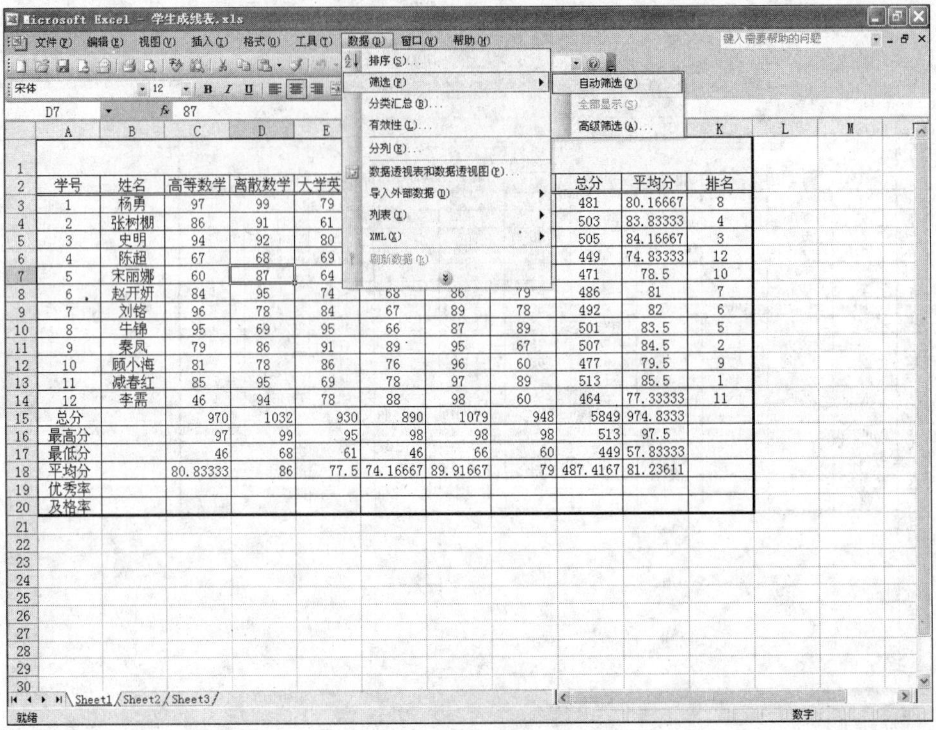

图 4-35 执行"筛选"命令

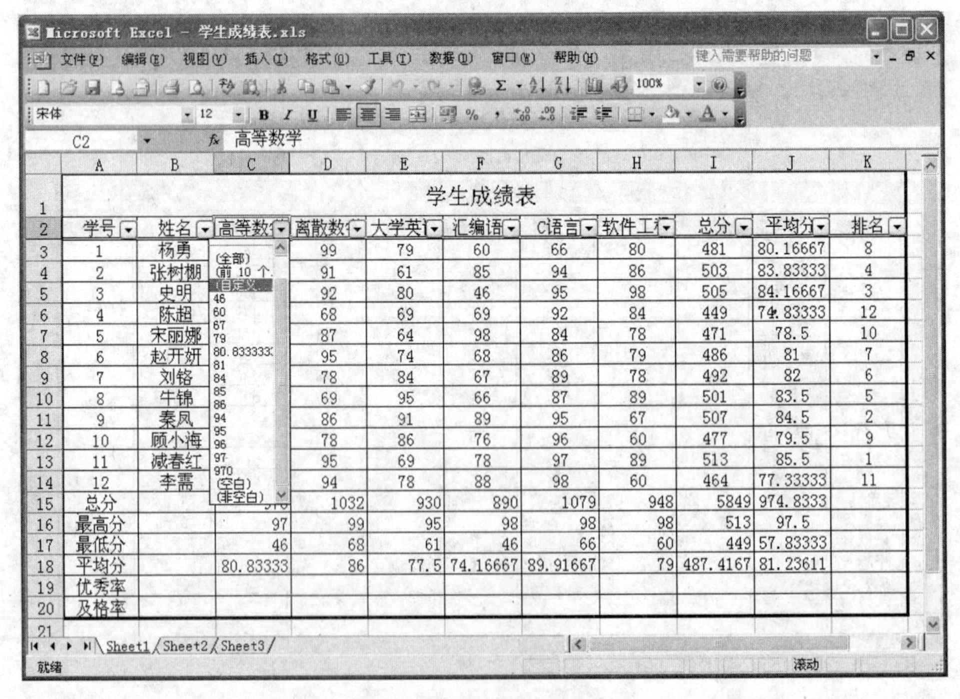

学生成绩表

学号	姓名	高等数学	离散数学	大学英语	汇编语言	C语言	软件工程	总分	平均分	排名
1	杨勇		99	79	60	66	80	481	80.16667	8
2	张树棚		91	61	85	94	86	503	83.83333	4
3	史明		92	80	46	95	98	505	84.16667	3
4	陈超		68	69	69	92	84	449	74.83333	12
5	宋丽娜		87	64	98	84	78	471	78.5	10
6	赵开妍		95	74	68	86	79	486	81	7
7	刘铬		78	84	67	89	78	492	82	6
8	牛锦		69	95	66	87	89	501	83.5	5
9	秦凤		86	91	89	95	67	507	84.5	2
10	顾小海		78	86	76	96	60	477	79.5	9
11	减春红		95	69	78	97	89	513	85.5	1
12	李需		94	78	88	98	60	464	77.33333	11
总分			1032	930	890	1079	948	5849	974.8333	
最高分		97	99	95	98	98	98	513	97.5	
最低分		46	68	61	46	66	60	449	57.83333	
平均分		80.83333	86	77.5	74.16667	89.91667	79	487.4167	81.23611	
优秀率										
及格率										

图 4-36 设定筛选条件

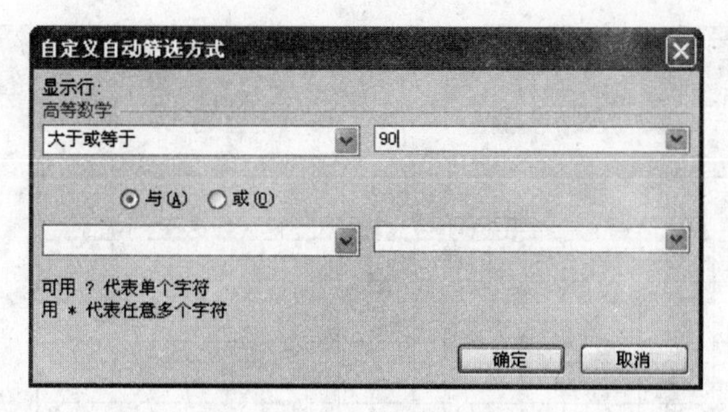

图 4-37　输入筛选条件

Microsoft Excel - 学生成线表.xls

D7　87

	A	B	C	D	E	F	G	H	I	J	K
1	学生成绩表										
2	学号	姓名	高等数	离散数	大学英	汇编语	C语言	软件工	总分	平均分	排名
3	1	杨勇	97	99	79	60	66	80	481	80.16667	8
5	3	史明	94	92	80	46	95	98	505	84.16667	3
9	7	刘铭	96	78	84	67	89	78	492	82	6
10	8	牛锦	95	69	95	66	87	89	501	83.5	5
15	总分		970	1032	930	890	1079	948	5849	974.8333	
16	最高分		97	99	95	98	98	98	513	97.5	

图 4-38　筛选结果

注：执行“数据”→“筛选”→“全部显示”命令，工作表恢复筛选前的显示。执行“数据”→“筛选”→“自动筛选”命令，取消“自动筛选”命令前的勾选标志，工作表取消筛选。

(9) 求优秀率。

① 单击“高等数学”列标记旁的下三角按钮，在弹出的下拉列表框中执行“全部”命令，恢复筛选前的显示。

② 选择要输入公式的单元格 C19。

③ 在 C19 单元格输入公式“=4/12”。

④ 按 Enter 键，或单击“公式栏”中的“输入”按钮✓，确定公式的创建。C15 单元格中显示出计算的结果。

⑤ 用相同方法计算其他科目的“优秀率”。

⑥ 用相同方法计算“及格率”，结果如图 4-39 所示。

⑦ 将“优秀率”与“及格率”两行数据格式化。使用“单元格格式”设置为百分比、两位小数，如图 4-40 所示。最后结果如图 4-25 所示。

相关问题

(1) 公式与函数

Excel 2003 的一个主要功能是对用户所需要的数据进行计算，对数据进行计算是通过使用公式和函数来实现的。

学生成绩表										
学号	姓名	高等数学	离散数学	大学英语	汇编语言	C语言	软件工程	总分	平均分	排名
1	杨勇	97	99	79	60	66	80	481	80.16667	8
2	张树棚	86	91	61	85	94	86	503	83.83333	4
3	史明	94	92	80	46	95	98	505	84.16667	3
4	陈超	67	68	69	69	92	84	449	74.83333	12
5	宋丽娜	60	87	64	98	84	78	471	78.5	10
6	赵开妍	84	95	74	68	86	79	486	81	7
7	刘铭	96	78	84	67	89	78	492	82	6
8	牛锦	95	69	95	66	87	89	501	83.5	5
9	秦凤	79	86	91	89	95	67	507	84.5	2
10	顾小海	81	78	86	76	96	60	477	79.5	9
11	减春红	85	95	69	78	97	89	513	85.5	1
12	李霈	46	94	78	88	98	60	464	77.33333	11
总分		970	1032	930	890	1079	948	5849	974.8333	
最高分		97	99	95	98	98	98	513	97.5	
最低分		46	68	61	46	66	60	449	57.83333	
平均分		80.83333	86	77.5	74.16667	89.91667	79	487.4167	81.23611	
优秀率		0.333333	0.5	0.166667	0.083333	0.583333	0.083333			
及格率		0.916667	1	1	0.916667	1	1			

图 4-39 “优秀率”与“及格率”计算结果

单元格格式

数字 对齐 字体 边框 图案 保护

分类(C): 常规 数值 货币 会计专用 日期 时间 百分比 分数 科学记数 文本 特殊 自定义

示例 33.33%

小数位数(D): 2

以百分数形式显示单元格的值。

确定 取消

图 4-40 设置数字格式

① 公式。公式是对工作表中的数值进行计算的等式，公式可以进行加、减、乘、除等基本运算。所谓运算符，就是在公式中能够进行何种数学运算。在 Excel 2003 中包括许多不同的运算符，表 4-2 列出了 Excel 2003 中所包含的运算符以及它们的优先级。

优先级代表在公式中如果包含多个运算符时，先进行哪个运算。表中优先级数值越小，则优先级越高。例如，一个公式“＝A2 * A3＋A1”，“＋”的优先级是 3，“ * ”的优先级是 2，所以它的运算顺序是先执行“A2 * A3”，然后执行“＋A1”。当然也可以利用括号强制设定运算的先后顺序。

表 4-2　公式中的运算符

运算符	名　称	优先级	运算符	名　称	优先级
+	加	3	=	逻辑比较(等于)	5
-	减	3	>	逻辑比较(大于)	5
*	乘	2	<	逻辑比较(小于)	5
/	除	2	>=	逻辑比较(大于等于)	5
^	幂	1	<=	逻辑比较(小于等于)	5
&	与	4	<>	逻辑比较(不等于)	5

② 函数。函数是 Excel 已经定义好的公式，参数用括号括起来放在函数名后面。Excel 内置有大量的函数，这些函数形成 Excel 强大的数据处理能力，如前面使用过的函数。选择函数的参数时应该使计算结果有效，否则会出现错误信息或提示，这时需要修改参数重新计算。

③ 引用。一个单元格的数据被其他单元格的公式使用称为引用，该单元格的公式使用称为引用，该单元格地址称为引用地址。通过引用可以在一个公式中使用工作表中不同部分的数据。

引用同一个工作表中的单元格地址，或者同一个工作簿中其他工作表中的单元格地址称为内部引用；引用其他工作簿中的单元格地址称为外部引用。外部引用使不同的 Excel 文件中的数据得到关联。单元格地址引用的标识方式如表 4-3 所示。

表 4-3　单元格地址引用的标识方式

引 用 描 述	标识方式
列 A 和行 10 上的单元格	A10
列 A 中行 10 到行 20 的单元格区域	A10:A20
行 15 中列 B 到列 E 的单元格区域	B15:E15
行 5 的所有单元格	5:5
从行 5 到行 10 的所有单元格	5:10
列 H 的所有单元格	H:H
列 H 到列 J 的所有单元格	H:J
从列 A 第 10 行到列 E 第 20 行的单元格区域	A10:E20

(2) 排序

① 排序规则。Excel 中排序操作的规则如表 4-4 所示。

表 4-4　Excel 排序规则

对象	效　　果
数字	数字按从最小的负数到最大的正数进行排序
日期	日期按从最早的日期到最晚的日期进行排序
文本	文本按从左到右的顺序表字符进行排序。例如，如果一个单元格中含有文本 A100，Excel 会将这个单元格放在含有 A1 的单元格的后面、含有 A11 的单元格的前面

续表

对象	效　果
逻辑	在逻辑值中，FALSE 排在 TRUE 之前
错误	所有错误值(如＃NUM！ T ＃REF!)的优先级相同
空白单元格	无论是按升序还是按降序排序，空白单元格总是放在最后(空白单元格是空单元格，它不同于包含一个或多个空格字符的单元格)

② 排序条件。单关键字排序就是用一个关键字进行排序。如果需要的条件不止一个，则使用多关键字排序，Excel 最多允许三个关键字排序，即在“排序”对话框中的主要关键字、次要关键字和第三关键字，这也是它们的优先级顺序。如果工作表中有标题行并且标题行不参加排序，则应该在“排序”对话框的“我的数据区域”栏中选中“有标题行”单选按钮，否则选中“无标题行”单选按钮。

拓展与提高

(1) 简易分班方法

在一般没有专门分班软件的学校，用 Excel 的排序和自动筛选功能进行分班不失为一种好办法，它简单灵活，而且不需要太多的专业知识就可以完成。现将某班学生分成三个班级，学生名单如图 4-41 所示。

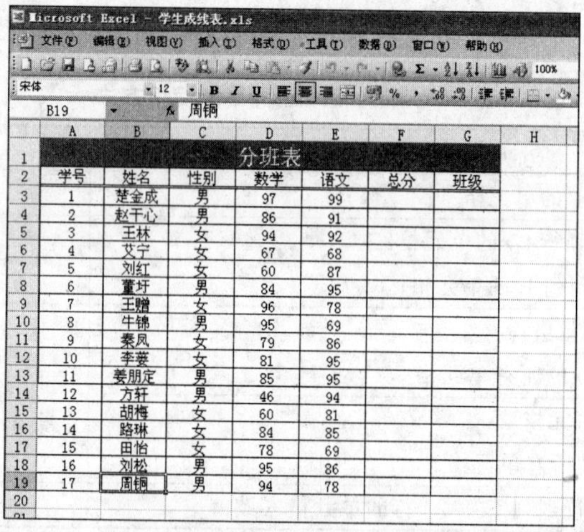

分班表

学号	姓名	性别	数学	语文	总分	班级
1	楚金成	男	97	99		
2	赵干心	男	86	91		
3	王林	女	94	92		
4	艾宁	女	67	68		
5	刘红	女	60	87		
6	董圩	男	84	95		
7	王赠	女	96	78		
8	牛锦	男	95	69		
9	秦凤	女	79	86		
10	李蒌	女	81	95		
11	姜朋定	男	85	95		
12	方轩	男	46	94		
13	胡梅	女	60	81		
14	路琳	女	84	85		
15	田怡	女	78	69		
16	刘松	男	95	86		
17	周铜	男	94	78		

图 4-41　学生名单

操作提示：

① 先计算总分。

② 按“主要关键字”为“性别”，“次要关键字”为“总分”降序排序。

③ 按照 1 班、2 班、3 班、3 班、2 班、1 班、2 班、3 班、1 班的顺序填入 G3:G19 区域。

④ 可用“筛选”命令查看班级字段中的各班学生成员名单。

(2) 计算工资表

① 新建工作簿，录入数据。

② 根据图中的数据计算和统计操作，完成后保存文件名为“工资表.xls”，如表 4-5 所示。

表 4-5　工资表

编号	姓名	基本工资/元	效益工资/元	浮动率/%	工资/元	浮动额/元
01	肖承运	1700	1000	0.5		
02	王成虹	2300	800	1.5		
03	钟目军	2200	1100	1.2		

操作提示：

① 按公式“工资＝基本工资＋效益工资”，计算每人的工资。

② 按公式“浮动额＝工资×浮动率”，计算每人的工资浮动额。

4.5　分类汇总及制作数据图表

数据以图表形式显示，将会使数据直观和生动，有利于理解，更具有可读性，还能帮助分析数据，也可以通过多种方式汇总或分析数据清单中的数据。

案例提出

为了提高销售管理水平，准确地统计商品销售数据和业务员的销售业绩，能够让企业决策者及时了解和掌握商品的销售信息，需要建立“商品销售管理表”工作簿。主要用于对商品的销售数据进行汇总分析，并通过综合图表进行商品销售分析。现将对“正通方科贸公司 IT 产品销售表”进行汇总及图表分析，如图 4-42 和图 4-43 所示。

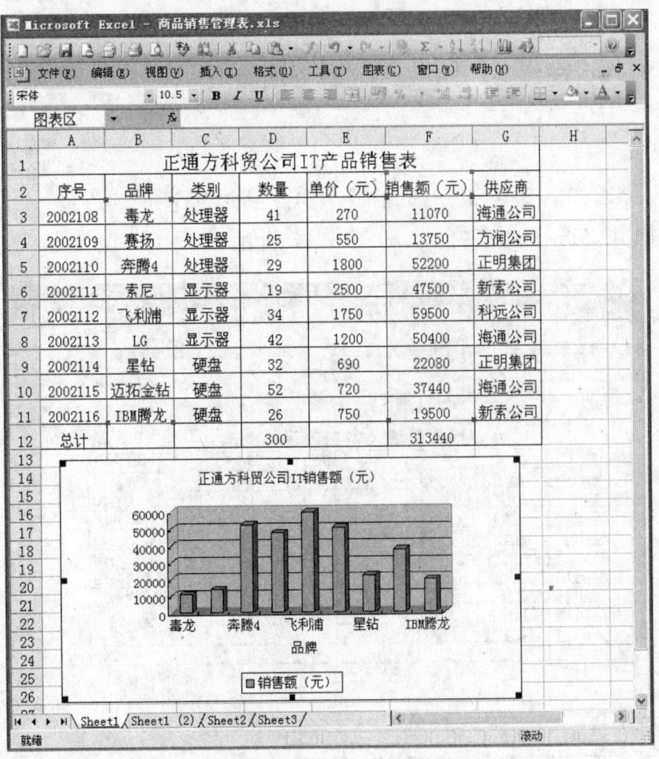

正通方科贸公司IT产品销售表

序号	品牌	类别	数量	单价（元）	销售额（元）	供应商
2002108	毒龙	处理器	41	270	11070	海通公司
2002109	赛扬	处理器	25	550	13750	方润公司
2002110	奔腾4	处理器	29	1800	52200	正明集团
2002111	索尼	显示器	19	2500	47500	新索公司
2002112	飞利浦	显示器	34	1750	59500	科远公司
2002113	LG	显示器	42	1200	50400	海通公司
2002114	星钻	硬盘	32	690	22080	正明集团
2002115	迈拓金钻	硬盘	52	720	37440	海通公司
2002116	IBM腾龙	硬盘	26	750	19500	新索公司
总计			300		313440	

图 4-42　“正通方科贸公司 IT 产品销售表”图表样式

Microsoft Excel - 商品销售管理表.xls

文件(F) 编辑(E) 视图(V) 插入(I) 格式(O) 工具(T) 数据(D) 窗口(W) 帮助(H)

宋体 12 B I U 100%

D16 fx

	A	B	C	D	E	F	G	H
1	正通方科贸公司IT产品销售表							
2	序号	品牌	类别	数量	单价（元）	销售额（元）	供应商	
3	2002108	毒龙	处理器	41	270	11070	海通公司	
4	2002109	赛扬	处理器	25	550	13750	方润公司	
5	2002110	奔腾4	处理器	29	1800	52200	正明集团	
6			处理器 计数			3	3	
7	2002111	索尼	显示器	19	2500	47500	新索公司	
8	2002112	飞利浦	显示器	34	1750	59500	科远公司	
9	2002113	LG	显示器	42	1200	50400	海通公司	
10			显示器 计数			3	3	
11	2002114	星钻	硬盘	32	690	22080	正明集团	
12	2002115	迈拓金钻	硬盘	52	720	37440	海通公司	
13	2002116	IBM腾龙	硬盘	26	750	19500	新索公司	
14			硬盘 计数			3	3	
15	总计			300		313446		
16			总计数			10	9	
17								
18								
19								

Sheet1 / Sheet1 (2) / Sheet2 / Sheet3

就绪 滚动

图 4-43 “正通方科贸公司 IT 产品销售表”汇总样式

案例分析

本例中需要对数据进行“分类汇总”及“建立图表”。

案例实现

(1) 启动 Excel 2003，新建工作簿，命名为“商品销售管理表”。

(2) 录入数据并修改工作表样式，如图 4-44 所示。

Microsoft Excel - 商品销售管理表.xls

文件(F) 编辑(E) 视图(V) 插入(I) 格式(O) 工具(T) 数据(D) 窗口(W) 帮助(H)

宋体 12 B I U 100%

D12 fx

	A	B	C	D	E	F	G	H
1	正通方科贸公司IT产品销售表							
2	序号	品牌	类别	数量	单价（元）	销售额（元）	供应商	
3	2002108	毒龙	处理器	41	270		海通公司	
4	2002109	赛扬	处理器	25	550		方润公司	
5	2002110	奔腾4	处理器	29	1800		正明集团	
6	2002111	索尼	显示器	19	2500		新索公司	
7	2002112	飞利浦	显示器	34	1750		科远公司	
8	2002113	LG	显示器	42	1200		海通公司	
9	2002114	星钻	硬盘	32	690		正明集团	
10	2002115	迈拓金钻	硬盘	52	720		海通公司	
11	2002116	IBM腾龙	硬盘	26	750		新索公司	
12	总计							
13								
14								
15								
16								
17								

图 4-44 工作表数据及样式

(3) 计算“总计”及“销售额”,结果如图 4-45 所示。

Microsoft Excel - 商品销售管理表.xls

D17

	A	B	C	D	E	F	G
1	正通方科贸公司IT产品销售表						
2	序号	品牌	类别	数量	单价(元)	销售额(元)	供应商
3	2002108	毒龙	处理器	41	270	11070	海通公司
4	2002109	赛扬	处理器	25	550	13750	方润公司
5	2002110	奔腾4	处理器	29	1800	52200	正明集团
6	2002111	索尼	显示器	19	2500	47500	新索公司
7	2002112	飞利浦	显示器	34	1750	59500	科远公司
8	2002113	LG	显示器	42	1200	50400	海通公司
9	2002114	星钻	硬盘	32	690	22080	正明集团
10	2002115	迈拓金钻	硬盘	52	720	37440	海通公司
11	2002116	IBM腾龙	硬盘	26	750	19500	新索公司
12	总计			300		313440	
13							

Sheet1 / Sheet2 / Sheet3

就绪 数字

图 4-45 “总计”及“销售额”计算结果

(4) 创建分类汇总。

① 复制 Sheet1 工作表。单击 Sheet1 工作表标签,按 Ctrl 键后,将其沿工作表标签栏拖动到目标即完成复制操作。结果如图 4-46 所示。

Microsoft Excel - 商品销售管理表.xls

D12 =SUM(D3:D11)

	A	B	C	D	E	F	G	H
1	正通方科贸公司IT产品销售表							
2	序号	品牌	类别	数量	单价(元)	销售额(元)	供应商	
3	2002108	毒龙	处理器	41	270	11070	海通公司	
4	2002109	赛扬	处理器	25	550	13750	方润公司	
5	2002110	奔腾4	处理器	29	1800	52200	正明集团	
6	2002111	索尼	显示器	19	2500	47500	新索公司	
7	2002112	飞利浦	显示器	34	1750	59500	科远公司	
8	2002113	LG	显示器	42	1200	50400	海通公司	
9	2002114	星钻	硬盘	32	690	22080	正明集团	
10	2002115	迈拓金钻	硬盘	52	720	37440	海通公司	
11	2002116	IBM腾龙	硬盘	26	750	19500	新索公司	
12	总计			300		313440		
13								
14								
15								

Sheet1 / Sheet1 (2) / Sheet2 / Sheet3

就绪 滚动

图 4-46 Sheet1 副本

② 在要分类汇总的数据清单中,单击任一单元格,执行“数据”→“分类汇总”命令,如

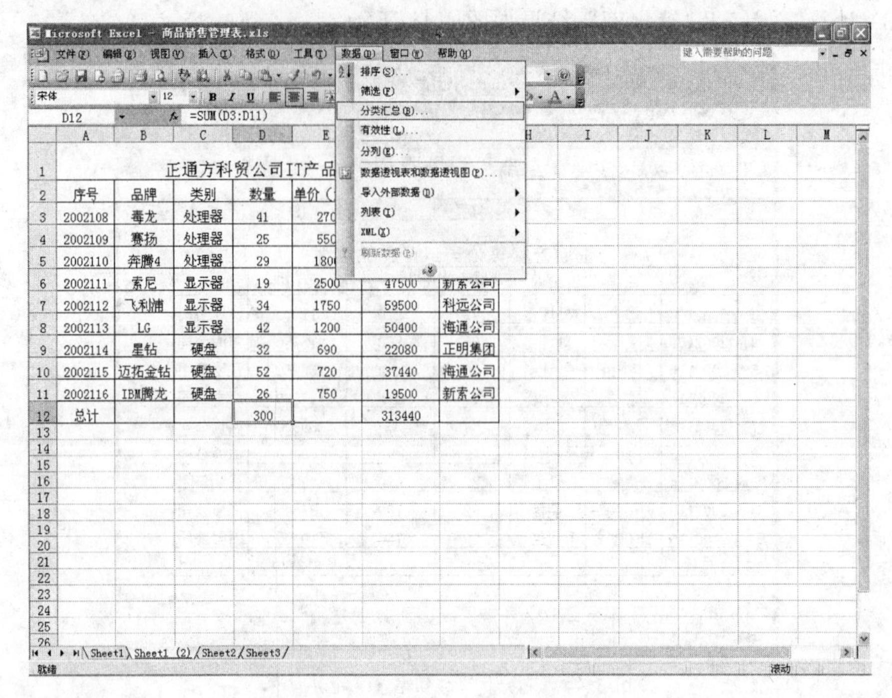

图 4-47 执行"分类汇总"命令

图 4-47 所示。

③ 执行"分类汇总"命令，弹出如图 4-48 所示的"分类汇总"对话框。在"分类字段"下拉列表框中显示了原始数据中的各个字段名，用于按任何字段进行分类，在本例中选择"类别"字段。"汇总方式"下拉列表框中列出了"求和"、"最大值"、"最小值"、"方差"等 11 种汇总方式，在本例中选择"计数"。"选定汇总项"列表框中列出了表中的各个字段名，可以对任一个字段名进行统计。在本例中选择"销售额"、"供应商"进行统计。

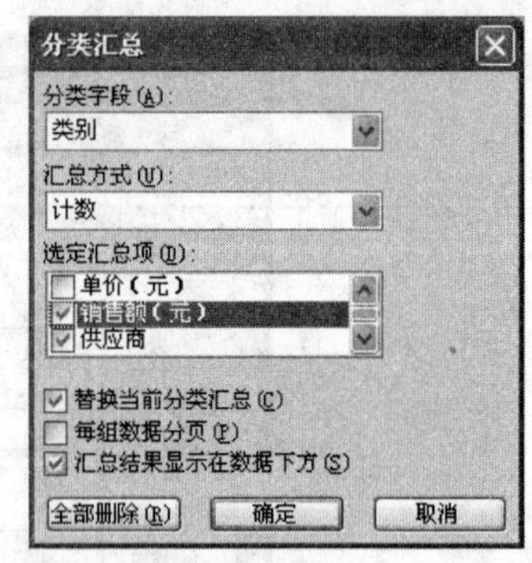

图 4-48 "分类汇总"对话框

④ 单击"确定"按钮，分类汇总结果如图 4-49 所示。

注：在分类汇总工作表的左边可以看到"分级显示"按钮，其中第 1 级按钮代表总的汇总结果，第 2 级按钮代表分类字段汇总结果。

单击"分类汇总"对话框中的"全部删除"按钮，即可删除分类汇总结果。

(5) 在 Sheet1 中，使用"图表向导"快速完成所需图表的建立。

① 单击"常用"工具栏上的"图表向导"按钮。

② 弹出"图表向导"对话框，如图 4-50 所示。选择图表和子图表类型，单击"下一步"按钮。

③ 单击"数据区域"文本框右边的按钮，如图 4-51 所示。

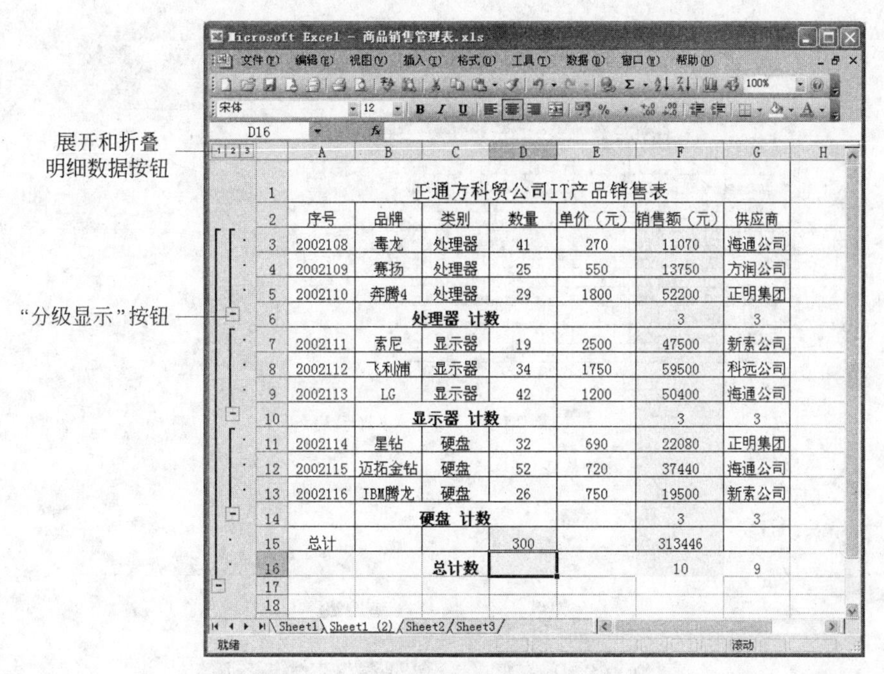

	A	B	C	D	E	F	G
1	正通方科贸公司IT产品销售表						
2	序号	品牌	类别	数量	单价（元）	销售额（元）	供应商
3	2002108	毒龙	处理器	41	270	11070	海通公司
4	2002109	赛扬	处理器	25	550	13750	方润公司
5	2002110	奔腾4	处理器	29	1800	52200	正明集团
6			处理器 计数			3	3
7	2002111	索尼	显示器	19	2500	47500	新索公司
8	2002112	飞利浦	显示器	34	1750	59500	科远公司
9	2002113	LG	显示器	42	1200	50400	海通公司
10			显示器 计数			3	3
11	2002114	星钻	硬盘	32	690	22080	正明集团
12	2002115	迈拓金钻	硬盘	52	720	37440	海通公司
13	2002116	IBM腾龙	硬盘	26	750	19500	新索公司
14			硬盘 计数			3	3
15	总计			300		313446	
16			总计数			10	9

图 4-49　分类汇总结果

图 4-50　选择图表类型

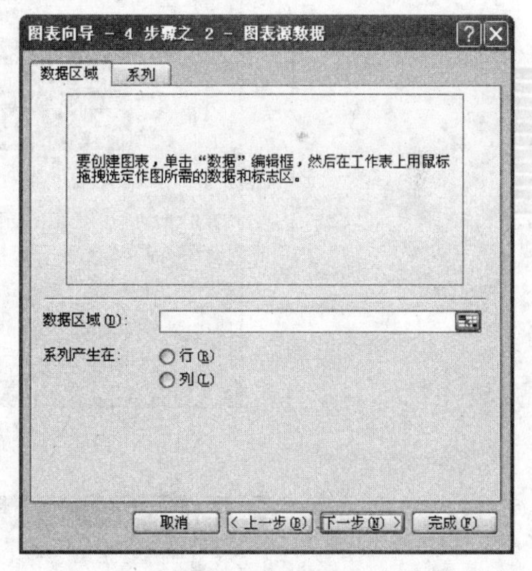

图 4-51　单击按钮

④ 选择创建图表的单元格区域(如图 4-52 所示)，然后单击"图表向导"对话框右边的按钮。

⑤ 在"数据区域"文本框中确定所选择的数据区域，单击"下一步"按钮，如图 4-53 所示。

⑥ 在弹出的对话框中选择"标题"选项卡，输入图表标题、分类轴名称，单击"下一步"按钮，如图 4-54 所示。

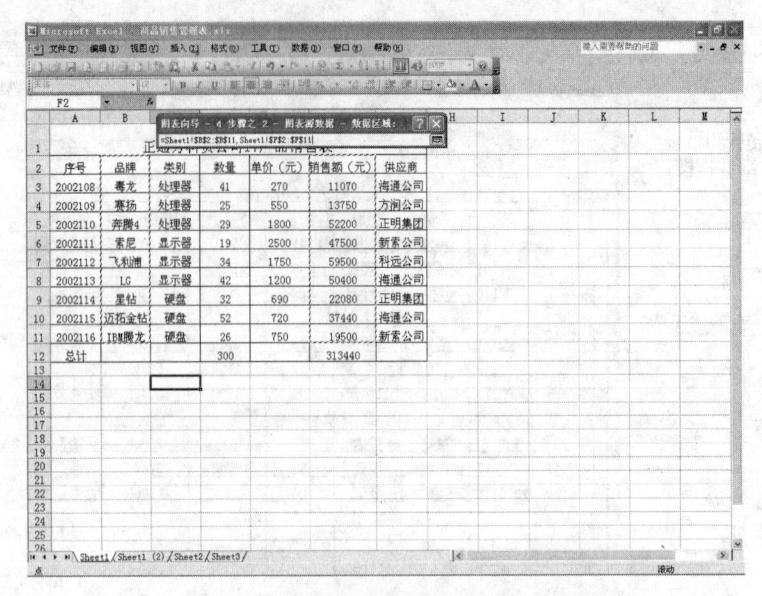

图 4-52 选择数据区域

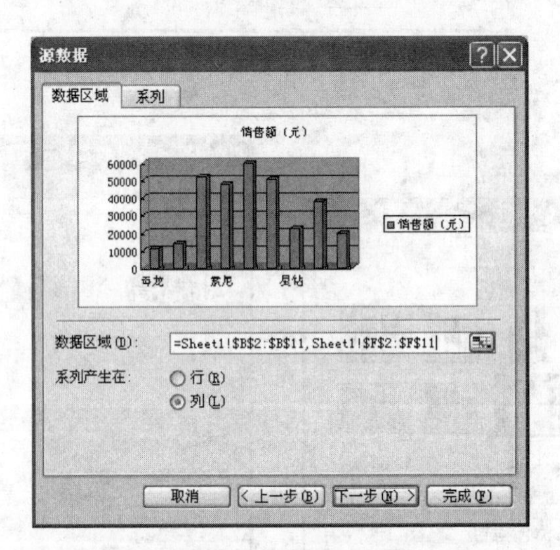

图 4-53 确定数据区域

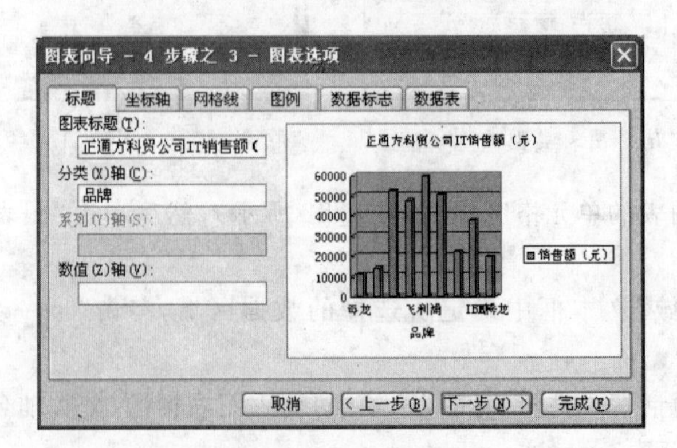

图 4-54 输入标题

⑦ 单击“图例”标签，选择图例位置，单击“下一步”按钮，如图 4-55 所示。

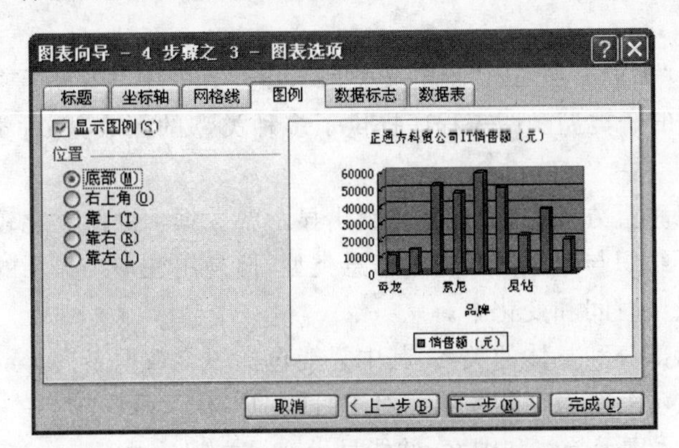

图 4-55　选择图例位置

⑧ 在弹出的对话框中选择图表的位置，单击“完成”按钮，如图 4-56 所示。

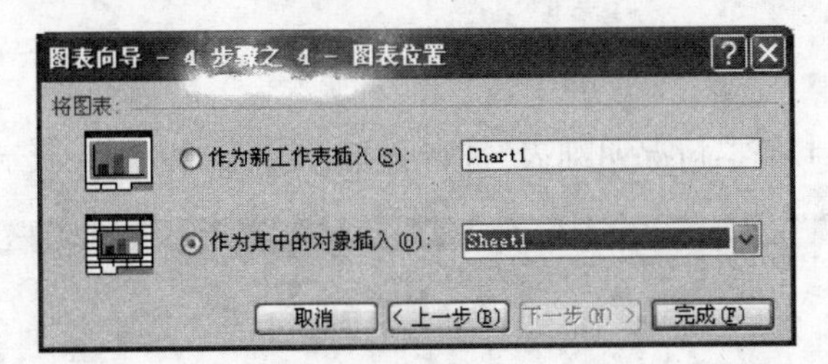

图 4-56　选择图表位置

⑨ 单击“完成”按钮，创建图表的结果如图 4-57 所示。

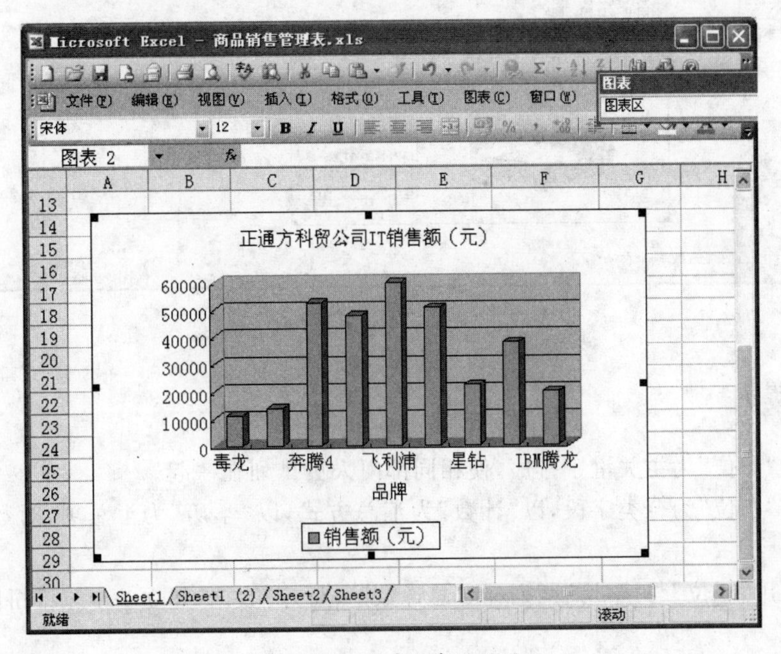

图 4-57　创建图表的结果

相关问题

图表类型包括“标准类型”或“自定义类型”,在列表框中选择所需的图表类型。每种图表都有两种以上的子类型。图表程序提供了多种类型的图表,每种类型的图表都有其不同特点。

① 条形图:以垂直方式组织分类,并突出显示各数据项之间的比较关系。

② 柱形图:可组织与条形图一样的信息类型,但是用柱形来显示的。

③ 折线图:强调时间和变化率。

④ 饼图:显示部分和整体的关系,其中只能包括一个数据系列。

⑤ 面积图:显示多个系列相关值相对于时间的变化。

⑥ XY 散点图:显示趋势和图案,并能显示变量之间的关系。

⑦ 曲面图:显示多套数据的最终组合。

图表与生成它们的工作表数据相连接。修改工作表中的数据时,图表将被更新。

拓展与提高

将 4.2 节中“员工基本情况明细表”进行分析,结果如图 4-58 所示。

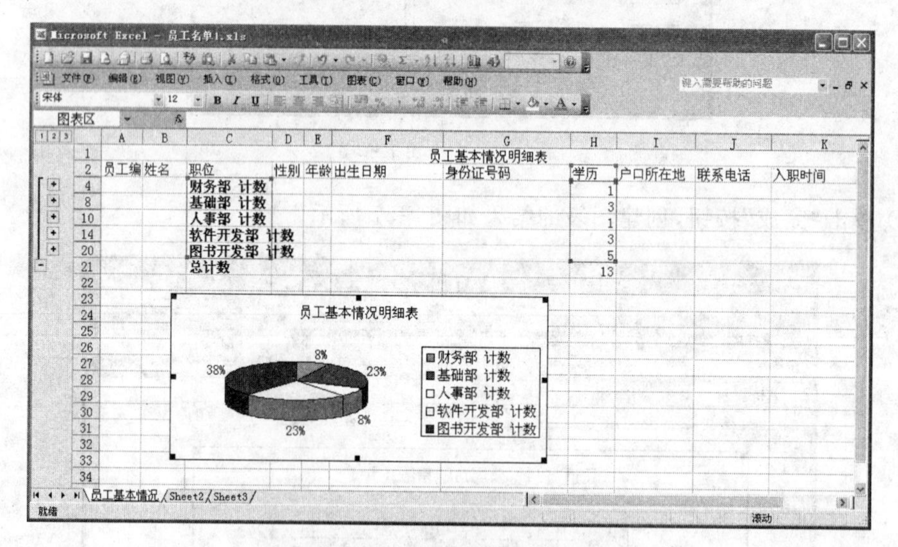

图 4-58 “员工基本情况明细表”样式

操作提示

(1) 以“职位”为主关键字排序,使相同部门人员排列在一起。

(2) 以“职位”为分类字段,以“计数”为汇总方式,以“学历”为汇总项,对数据进行分类汇总。

(3) 利用“职位”与“学历”两列(除“总计数”一行外)数据,建立一个三维饼图。

知识巩固与扩充

选择题

(1) 区分不同工作表的单元格,要在地址前增加(　　)。

A. 工作表名称　　B. 单元格地址　　C. 文件地址　　D. 工作簿名称

(2) 在 Excel 2003 中,单元格绝对地址的引用符号是(　　)。

A. ＃　　B. ＊　　C. $　　D. &

(3) Excel 2003 工作表最多有(　　)个。

A. 255　　B. 250　　C. 256　　D. 3

(4) 在 Excel 2003 窗口中欲显示某一工具栏,可使用(　　)菜单。

A. 视图　　B. 格式　　C. 工具　　D. 窗口

(5) 在 Excel 2003 工作表中,第二行第四列的单元格相对地址表示为(　　)。

A. 2D　　B. 4B　　C. D2　　D. B4

(6) 在 Excel 2003 中,利用“编辑”菜单中的“清除”命令不可以(　　)。

A. 清除单元格数据的格式　　B. 清除单元格中的数据

C. 删除单元格　　D. 清除单元格的批注

(7) 在 Excel 2003 中,单元格中(　　)。

A. 只能是数字　　B. 可以是数字、字符、公式等

C. 只能是文字　　D. 只能是公式

(8) 若在单元格中出现“＃＃＃＃”符号,则需(　　)。

A. 重新输入数据　　B. 重新调整单元格的宽度

C. 删除该单元格　　D. 删除这些符号

(9) 在 Excel2003 中,想要将数字作为文本输入工作表的单元格中,则在数字前应加西文字符(　　)。

A. ’　　B. ”　　C. @　　D. $

(10) 在 Excel 2003 中插入分页符,使用(　　)菜单。

A. 文件　　B. 编辑　　C. 插入　　D. 窗口

(11) 在 Excel 2003 中,“D1”称为对单元格地址的(　　)引用。

A. 绝对　　B. 相对　　C. 混合　　D. 交叉

(12) 在 Excel 2003 中,非法的数字格式是(　　)。

A. 2D　　B. 1000%　　C. ￥10 000.00　　D. 2.E+02

(13) 在 Excel 2003 的单元格中输入 2/7,则表示(　　)。

A. 2 除以 7　　B. 2 月 7 日　　C. 字符串 2/7　　D. 7 除以 2

(14) 利用鼠标移动数据时出现“是否替换目标单元格内容?”提示字符,说明(　　)。

A. 目标区域已有数据　　B. 目标区域为空白

C. 数据不能移动　　D. 不能用鼠标进行数据移动

(15) 在 Excel 2003 中新建一个工作簿时，系统默认的工作表有(　　)个。

A. 1　　B. 2　　C. 3　　D. 4

(16) Excel 2003 的主要功能是(　　)。

A. 文件管理　　B. 网络通信　　C. 表格处理　　D. 文字处理

(17) 在工作表的单元格中输入了数据后，如果单击“编辑栏”中的“输入”按钮(√)，其作用与按(　　)键相同。

A. Ctrl　　B. Shift　　C. Esc　　D. Enter

(18) 要在 Excel 2003 工作簿中同时选择多个不相邻的工作表，可以在按住(　　)键的同时，依次单击各个工作表标签。

A. Alt　　B. Shift　　C. Ctrl　　D. Enter

(19) 下列单元格的地址引用中，不正确的是(　　)。

A. C3　　B. C3　　C. $C3　　D. C3$

(20) 在 Excel 2003 中，被选单元格称为(　　)单元格。

A. 活动　　B. 绝对　　C. 相对　　D. 标准

(21) 在 Excel 2003 的默认情况下，单元格中的数字格式是(　　)。

A. 左对齐　　B. 右对齐　　C. 居中对齐　　D. 两端对齐

(22) Excel 2003 在保存工作簿文件时，文件名框中给出的默认文件名可能是(　　)。

A. Book1&　　B. Excel1&　　C. Word1&　　D. 文件 1&

(23) 下列各项中不是 Excel 2003 界面菜单栏选项的是(　　)。

A. 文件　　B. 插入　　C. 单元格　　D. 窗口

(24) Excel 2003 工作簿的默认扩展名为(　　)。

A. DBF　　B. XLS　　C. DOC　　D. EXE

(25) 在 Excel 2003 中的工作簿是(　　)。

A. 一本书　　B. 一种记录方式

C. Excel 2003 归档方法　　D. Excel 2003 文件

(26) Excel 2003 保存工作簿文件时，单击“保存”按钮，如果出现“另存为”对话框，则说明该文件(　　)。

A. 已经保存过　　B. 未保存过　　C. 不能保存　　D. 已经删除

(27) Excel 2003 中的图表标题不可以在图表的(　　)。

A. 下部　　B. 上部　　C. 左部　　D. 外部

(28) 在 Excel 2003 中插入图表后，如果对数据表中的数据进行了修改，则图表(　　)。

A. 不受影响　　B. 也相应改动　　C. 消失　　D. 系统出错

(29) 在 Excel 2003 中关于图表说法不正确的是(　　)。

A. 可以改变大小　　B. 可以移动位置

C. 不可以进行编辑修改　　D. 可以复制

(30) 在Excel 2003中图表的图例不可以(　　)。

A. 改变位置　　B. 改变大小　　C. 编辑　　D. 移出图表外

(31) 在Excel 2003中使用(　　)菜单建立图表。

A. 格式　　B. 插入　　C. 数据　　D. 编辑

(32) 下列选项中(　　)不是Excel 2003所能产生的图表类型。

A. 柱形图　　B. 条形图　　C. 饼图　　D. 方形图

(33) 在Excel 2003函数中各项参数间的分隔符号是(　　)。

A. 逗号　　B. 分号　　C. 冒号　　D. 空格

(34) 在Excel 2003中,函数MAX的功能是(　　)

A. 求平均值　　B. 排序　　C. 求最大值　　D. 求和

(35) 在Excel 2003的单元格中输入公式时,必须以(　　)符号开头。

A. +　　B. =　　C. ”　　D. *

(36) 在Excel 2003中,函数SUM的功能是(　　)。

A. 求平均　　B. 求最大值　　C. 求最小值　　D. 求和

(37) 在Excel 2003中输入公式后,单元格显示(　　)。

A. 单元格地址　　B. 公式计算结果　　C. 公式本身　　D. 单元格名称

(38) 在Excel 2003中对数据的筛选有(　　)种方式。

A. 1　　B. 2　　C. 3　　D. 4

第5章 Internet网络的应用

因特网(Internet)是一组全球信息资源的总汇,是世界上最大的网络,它将分散在世界各地的众多网络,包括各种计算机网、数据通信网以及公用电话交换网等连接起来,组成一个跨越国界、覆盖全球的庞大网络。Internet以相互交流信息资源为目的,基于一些共同的协议,并通过许多路由器和公共网络互联而成,它是一个信息资源和资源共享的集合。

因特网诞生于20世纪60年代,发展非常慢,到20世纪90年代才开始迅速发展起来。联在因特网上的计算机有数亿台,上面的资料、信息数不胜数,所以有人把因特网叫做信息的海洋、知识的海洋。

5.1 Internet的连接

虽然网络类型的划分标准各种各样,但是地理范围划分是一种大家都认可的通用网络划分标准。按这种标准可以把各种网络类型划分为局域网、城域网、广域网和互联网四种。局域网一般来说只能是一个较小区域,城域网是不同地区的网络互联,不过在此要说明的一点就是这里的网络划分并没有严格意义上地理范围的区分,只能是一个定性的概念。

案例提出

既然网络有划分标准,它是怎样划分的呢?我们在学校计算机房使用的网络是什么网,在家上网浏览网页使用的是什么网?小艾在联通公司开通了ADSL服务,并获取了用户名和密码,回到家里安装好了ADSL Modem,家里的计算机安装了Windows XP系统,现在他想让家里的计算机连接到Internet。下面就是在Windows系统下对计算机进行设置,使其连接到Internet。

案例分析

(1) 网络介绍

① 局域网。常见的LAN就是指局域网(Local Area Network),这是

最常见、应用最广的一种网络。现在局域网随着整个计算机网络技术的发展和提高得到充分的应用和普及,几乎每个单位都有自己的局域网,有的甚至家庭中都有自己的小型局域网。很明显,所谓局域网,就是在局部地区范围内的网络,它所覆盖的地区范围较小。局域网在计算机数量配置上没有太多的限制,少的可以只有两台,多的可达几百台。一般来说在企业局域网中,工作站的数量在几十到两百台次左右。在网络所涉及的地理距离上一般来说可以是几米至 10km 以内。局域网一般位于一个建筑物或一个单位内。常见的校园局域网如图 5-1 所示。

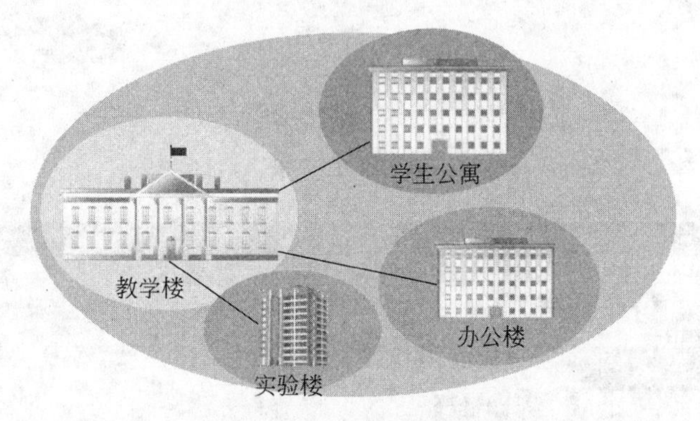

图 5-1 常见的校园局域网

② 城域网。城域网(Metropolitan Area Network,MAN)一般来说是在一个城市,但不在同一地理小区范围内的计算机互联。这种网络的连接距离可以在 10～100km,它采用的是 IEEE 802.6 标准。MAN 与 LAN 相比扩展的距离更长,连接的计算机数量更多,在地理范围上可以说是 LAN 网络的延伸。在一个大型城市或都市地区,一个 MAN 网络通常连接着多个 LAN 网,如连接政府机构的 LAN、医院的 LAN、电信的 LAN、公司企业的 LAN 等。由于光纤连接的引入,使 MAN 中高速的 LAN 互联成为可能。

城域网多采用 ATM 技术作骨干网。ATM 是一个用于数据、语音、视频以及多媒体应用程序的高速网络传输方法。ATM 包括一个接口和一个协议,该协议能够在一个常规的传输信道上,在比特率不变及变化的通信量之间进行切换。ATM 也包括硬件、软件以及与 ATM 协议标准一致的介质。ATM 提供了一个可伸缩的主干基础设施,以便能够适应不同规模、速度以及寻址技术的网络。ATM 的最大缺点就是成本太高,所以一般在政府城域网中应用,如邮政、银行、医院等。

③ 广域网。广域网(Wide Area Network,WAN)也称为远程网,所覆盖的范围比城域网(MAN)更广,是一种将地理位置不同甚至相隔很远的多个局域网或计算机连接起来的网络。广域网的分布范围可从几百到几千千米,网络覆盖的范围通常在不同的城市、国家甚至全球(如图 5-2 所示)。广域网的网络传输速率通常比局域网低很多。Internet 属于规模最大的广域网,它将不同类型的网络互联,并通过一定的网络协议实现相互的信息传输。

(2) 宽带连接

在 Windows XP 系统下建立拨号连接,以联通 ADSL 为例建立连接。

案例实现

(1) 建立 ADSL 连接,如图 5-3～图 5-5 所示。

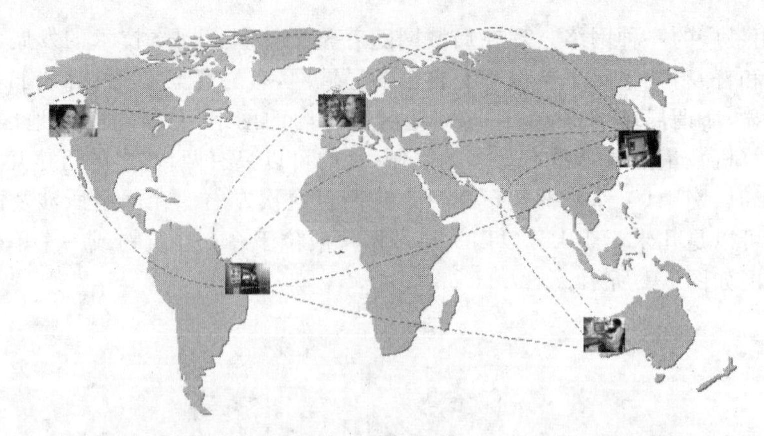

图 5-2 广域网

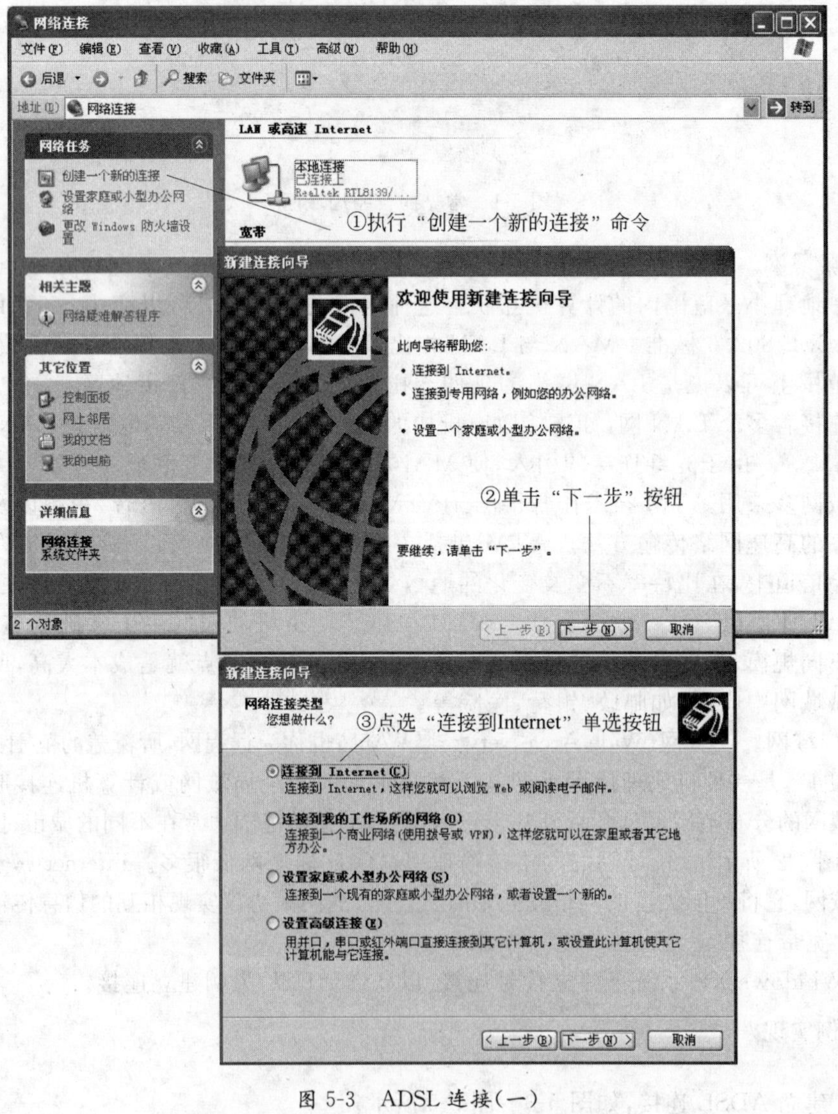

图 5-3 ADSL 连接(一)

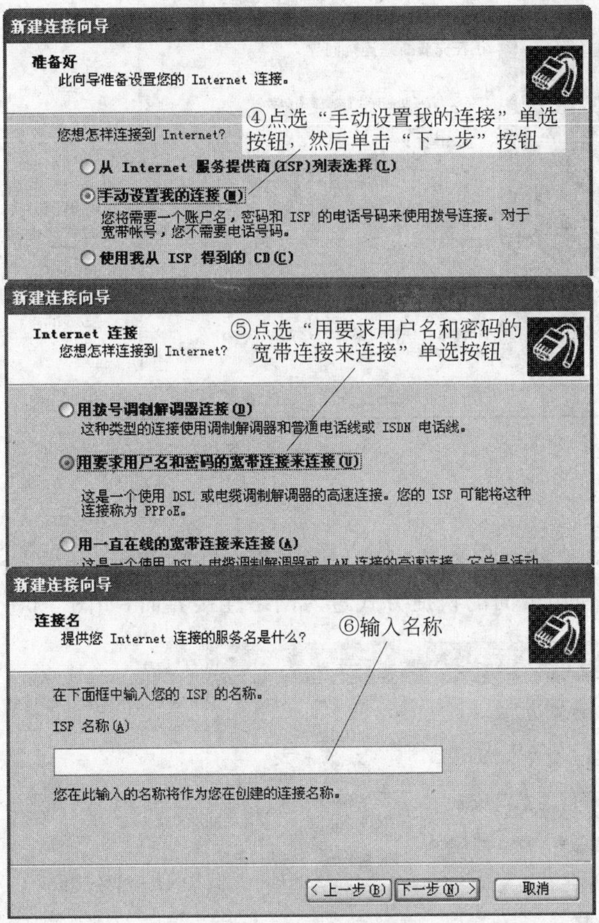

新建连接向导

准备好

此向导准备设置您的 Internet 连接。

④点选“手动设置我的连接”单选按钮，然后单击“下一步”按钮

您想怎样连接到 Internet?

○从 Internet 服务提供商(ISP)列表选择(L)

⊙手动设置我的连接(M)

您将需要一个账户名，密码和 ISP 的电话号码来使用拨号连接。对于宽带帐号，您不需要电话号码。

○使用我从 ISP 得到的 CD(C)

新建连接向导

Internet 连接

您想怎样连接到 Internet?

⑤点选“用要求用户名和密码的宽带连接来连接”单选按钮

○用拨号调制解调器连接(D)

这种类型的连接使用调制解调器和普通电话线或 ISDN 电话线。

⊙用要求用户名和密码的宽带连接来连接(U)

这是一个使用 DSL 或电缆调制解调器的高速连接。您的 ISP 可能将这种连接称为 PPPoE。

○用一直在线的宽带连接来连接(A)

新建连接向导

连接名

提供您 Internet 连接的服务名是什么?

⑥输入名称

在下面框中输入您的 ISP 的名称。

ISP 名称(A)

您在此输入的名称将作为您在创建的连接名称。

< 上一步(B)　下一步(N) >　取消

图 5-4　ADSL 连接(二)

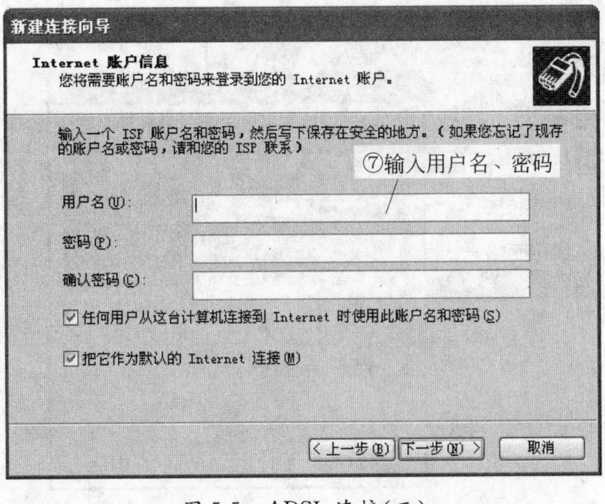

新建连接向导

Internet 账户信息

您将需要账户名和密码来登录到您的 Internet 账户。

输入一个 ISP 账户名和密码，然后写下保存在安全的地方。(如果您忘记了现存的账户名或密码，请和您的 ISP 联系)

⑦输入用户名、密码

用户名(U):

密码(P):

确认密码(C):

☑任何用户从这台计算机连接到 Internet 时使用此账户名和密码(S)

☑把它作为默认的 Internet 连接(M)

< 上一步(B)　下一步(N) >　取消

图 5-5　ADSL 连接(三)

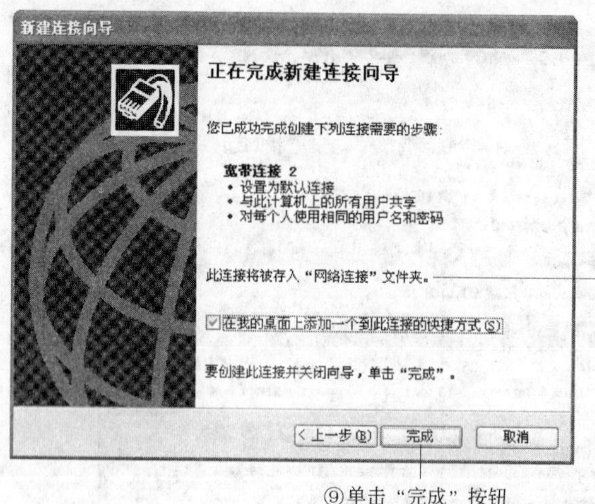

图 5-5 （续）

(2) 连接 ADSL。建立好连接以后，打开网络连接，执行"开始"→"连接到"→"宽带连接"命令，也可以使用桌面的快捷方式进入网络连接界面，如图 5-6 所示。

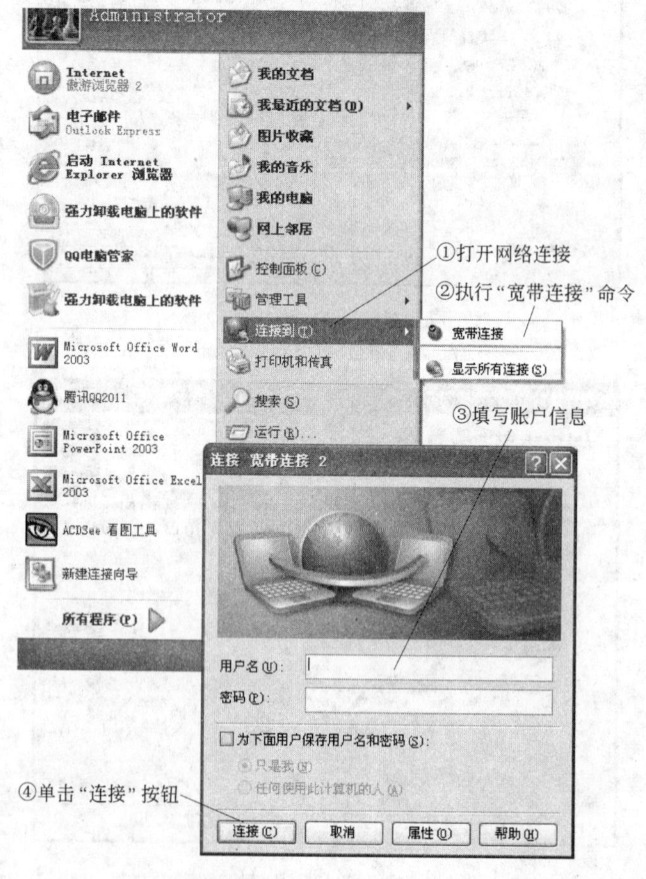

图 5-6 使用 ADSL 拨号上网

相关问题

由于网络技术的发展，除了 ADSL 拨号可以上网之外，还有设置 IP 地址加入局域网以实现家庭计算机连接 Internet。假设在服务商那里取得了 IP 地址为 192.168.1.2、子网掩码为 255.255.255.0、默认网关为 192.168.1.1、首选 DNS 服务器为 192.168.1.26，则对于本机的 IP 地址设置如图 5-7～图 5-12 所示。

图 5-7　设置 IP 地址(一)

图 5-8　设置 IP 地址(二)

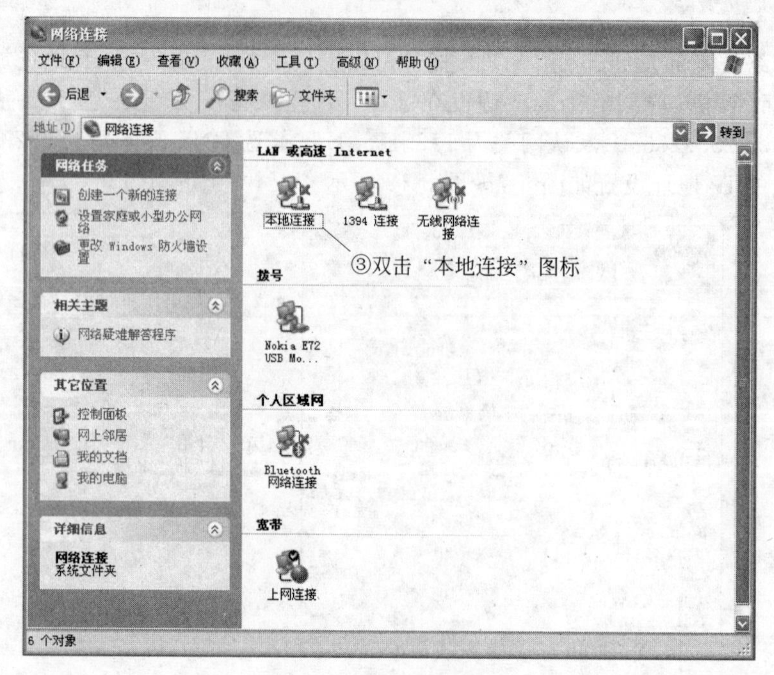

图 5-9　设置 IP 地址(三)

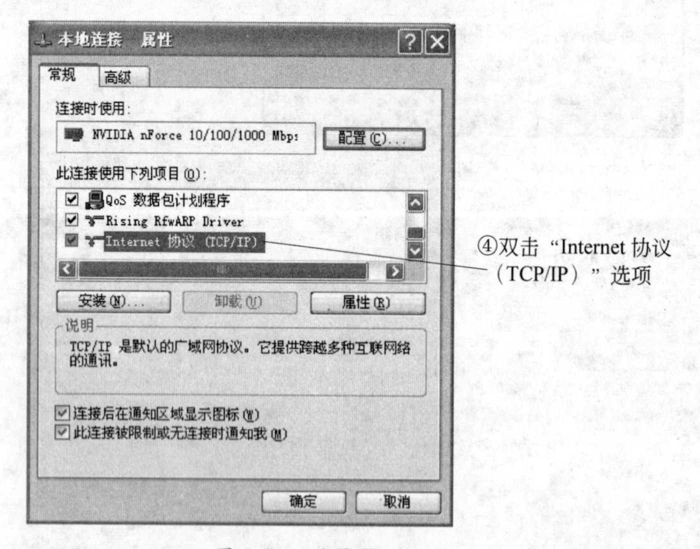

图 5-10　设置 IP 地址(四)

拓展与提高

利用今天所学的知识回到家里在 Windows XP 系统下设置连接 Internet，试着打开网页浏览信息。

图 5-11　设置 IP 地址(五)

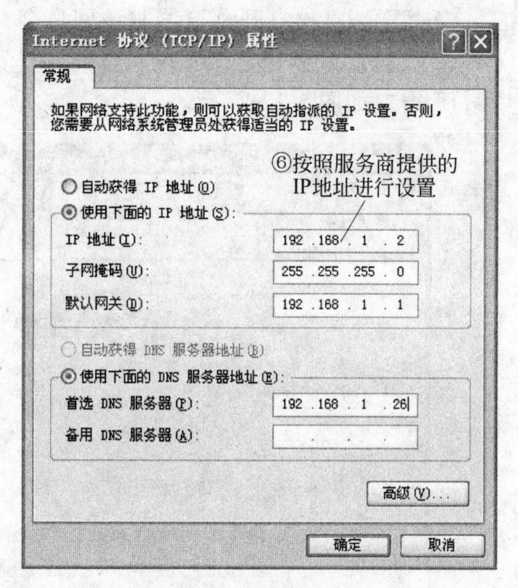

图 5-12　设置 IP 地址(六)

5.2　IE 浏览器的使用

Internet Explorer(简称 IE 或 MSIE),是微软公司推出的一款网页浏览器。Internet Explorer 是使用最广泛的网页浏览器,虽然自 2004 年以来它丢失了一部分市场占有率,但在 2005 年 4 月,它的市场占有率约为 85%。Internet Explorer 是微软的新版本 Windows 操作系统的一个组成部分。在旧版的操作系统上,它是独立、免费的。

从 Windows 95 OSR2 开始,它被捆绑作为所有新版本的 Windows 操作系统中的默认浏览器。微软公司于美国当地时间 2009 年 3 月 19 日上午,北京时间 2009 年 3 月 20 日凌晨正式发布 Internet Explorer8 浏览器,并同时开放下载。由于最初是靠和 Windows 捆绑获得市场份额,且不断出现重大安全漏洞,本身执行效率不高,不支持 W3C 标准,Internet Explorer 一直被人诟病,但不得不承认它为互联网的发展作出了贡献。

1. IE 浏览器主窗口

IE 的主窗口界面由标题栏、菜单栏、标准按钮工具栏、地址栏、浏览器栏、网页信息区和状态栏组成。标准按钮工具栏中是一些常用的快捷按钮,单击可以完成相应的操作。

(1) 工具栏按钮说明

① 后退:快速返回上一个网页。

② 前进:使用“后退”按钮后再向下翻阅浏览过的网页。

③ 停止:终止访问当前网页。

④ 刷新:用于访问的网页显示不完整的情况,重新打开网页。

⑤ 主页：每次打开浏览器时该网页会自动打开。

(2) 通过 IE 浏览器浏览网页

IE 窗口如图 5-13 所示。

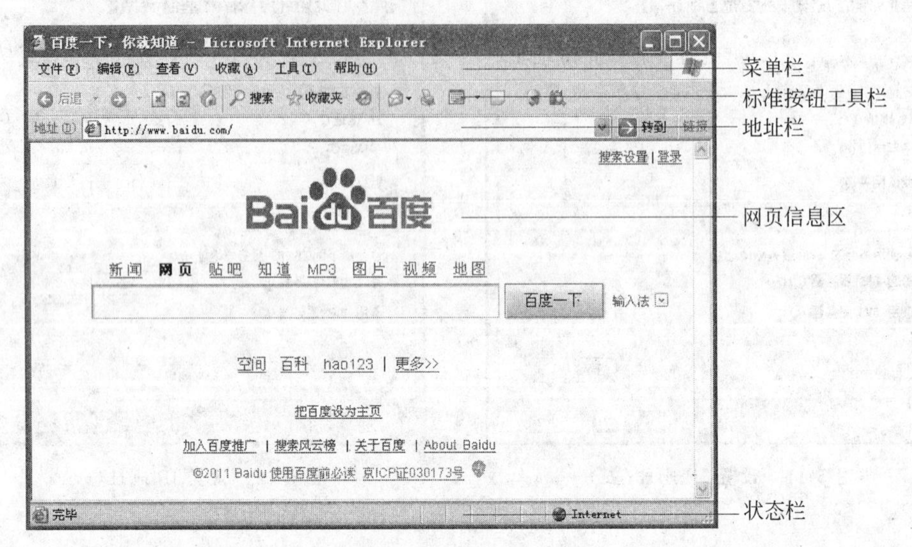

图 5-13 IE 窗口

2. 名词解释

(1) 主页

主页(Home Page)是指当在 Internet 上浏览某个 Web 站点时，浏览器首先显示的那个网页，一般指个人或机构的基本信息页面。它一般包含文本、图像、表格、超链接。目前许多大学、公司和研究机构以及个人都制作了单位或个人的主页。

(2) 超文本和超媒体

超文本(Hypertext)是一种基于计算机的文档，由于它包含着可以用做链接的一些字、短语或图标，用户在阅读这种文档时，可以不按照从头到尾的顺序获取信息，而是可以在文档里根据链接随机地选择。

超媒体(Hypermedia)是超文本的扩展，是超文本与多媒体的组合，超媒体链接的不只是文本，还可以是声音、图形图像和影视动画等。

(3) 统一资源定位器

URL(Uniform Resource Locator)中文名称为“统一资源定位器”，简单地说，URL 就是 Web 地址，简称“网址”。例如 http://www.baidu.com、http://www.163.com。

(4) 万维网

WWW(World Wide Web)简称为 3W 或 Web，其中文名称为“万维网”。WWW 是基于超文本(Hypertext)方式的信息检索服务工具。IE 浏览器的使用主要在于多上网练习，熟能生巧。

3. 浏览器应用

案例提出

小艾通过对计算机的设置，成功将自己家的计算机连接到了 Internet。现在他想浏览网页，例如百度主页，网址为 http://www.baidu.com。

案例分析

本案例通过 IE 浏览器浏览网页，掌握如何使用 IE 浏览器。

案例实现

常见的几种浏览网页的方法如下。

(1) 直接在地址栏中输入网址，例如：http://www.baidu.com，然后按 Enter 键，如图 5-14 所示。

图 5-14　直接输入网址

(2) 在地址栏下拉菜单中选择网址。地址栏下拉菜单中记录了最近输入的网址，如果要打开曾经访问过的网址，可以在地址栏下拉菜单中选择将要访问的网站地址。例如，选择 http://www.baidu.com，IE 浏览器即将浏览百度搜索引擎的主页，如图 5-15 所示。

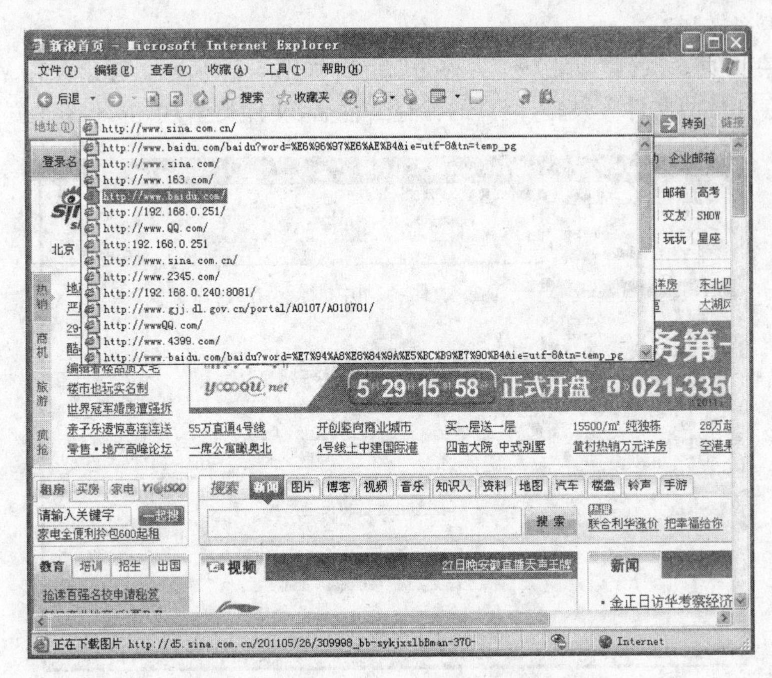

图 5-15　在地址栏下拉菜单中选择网址

(3) 使用“收藏夹”浏览网页。对于已保存在“收藏夹”中的网站,可以通过打开收藏夹来浏览网页,如图5-16所示。

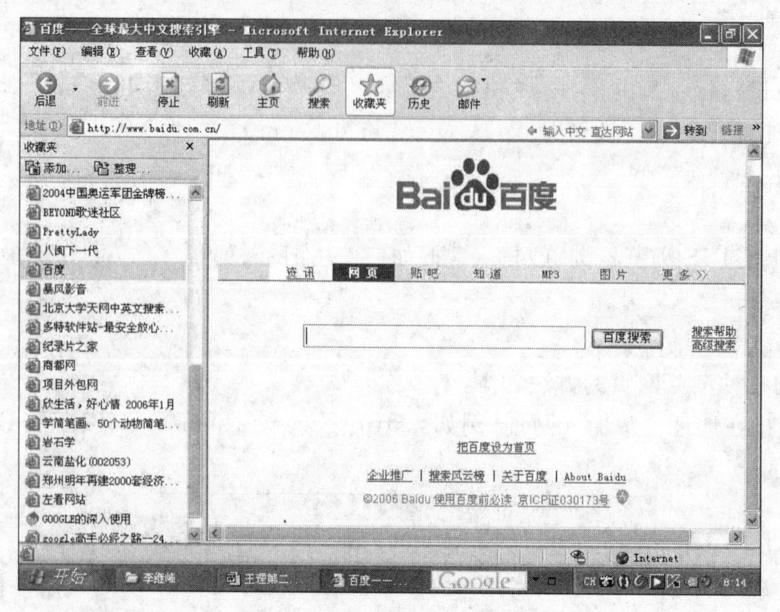

图5-16 使用收藏夹浏览网页

相关问题

当在Internet上浏览到有价值的信息时,若想把它们保存到自己的计算机中方便随时查阅,该怎么做呢?

(1) 保存网页。执行“文件”→“另存为”命令,如图5-17所示。弹出保存Web页对话框,选择保存文件的文件夹,输入网页的保存文件名、文件类型,单击“保存”按钮即可,如

图5-17 网页另存为

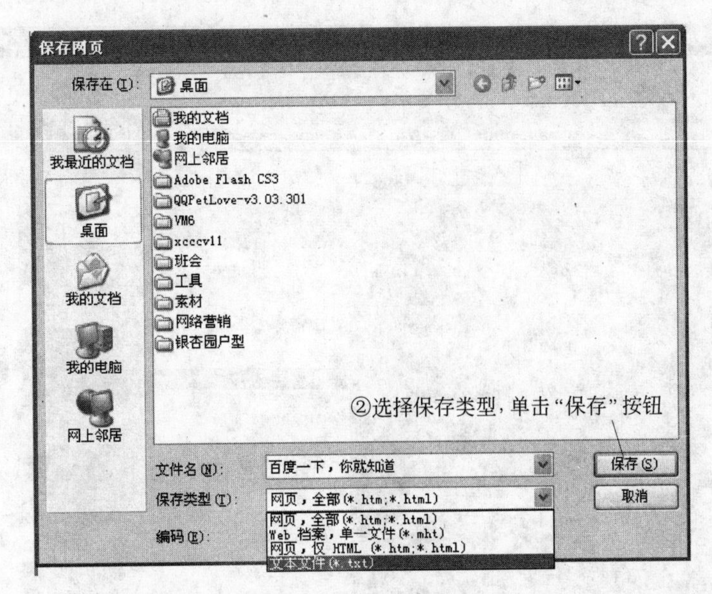

图 5-18 保存网页

图 5-18 所示。

“保存类型”下拉列表框中的选项含义如下。

① “网页，全部”是指当前网页是包含文字、图像、框架、表单等多媒体的网页。

② “Web 档案，单一文件”是指将网页信息保存在一个能与 Outlook Express 联合使用的文件中。

③ “网页，仅 HTML”是指不包含图像、声音或其他文件的 HTML 画面。

④ “文本文件”是指仅包含文字资料的文本文件。

(2) 保存网页中的图片。如果需要在硬盘上保存一些网页上的精美图片，IE 可以不保存网页而只保存网页中的图片，在当前网页中将鼠标指针指向需要保存的图片，右击后执行“图片另存为”命令，然后选择需要保存的文件夹并保存图片，如图 5-19 和图 5-20 所示。

(3) 设置默认主页。当打开 IE 浏览器时，系统会自动进入主页，如果想改变主页，可以通过“Internet 选项”命令实现，如图 5-21 和图 5-22 所示。

(4) 使用“收藏”菜单可以将自己喜爱的站点添加到收藏夹中，以后只需要通过鼠标便可以打开浏览。单击工具栏上的“收藏夹”按钮，将打开“收藏夹”栏，列出已收藏的所有项目的快捷方式，如图 5-23 所示。

拓展与提高

请登录“网易”(www.163.com)，查阅新闻，下载你觉得有意思的新闻图片到你的计算机，并将“网易”这个网站设定为你的主页。

图 5-19 保存网页中的图片(一)

图 5-20 保存网页中的图片(二)

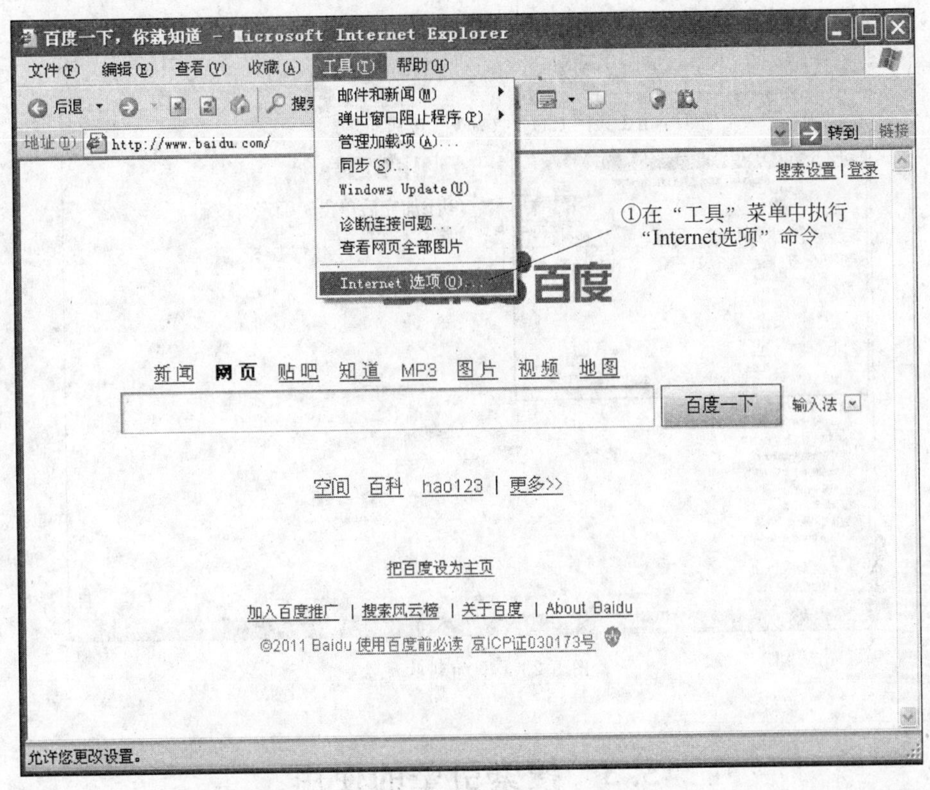

图 5-21 设置主页(一)

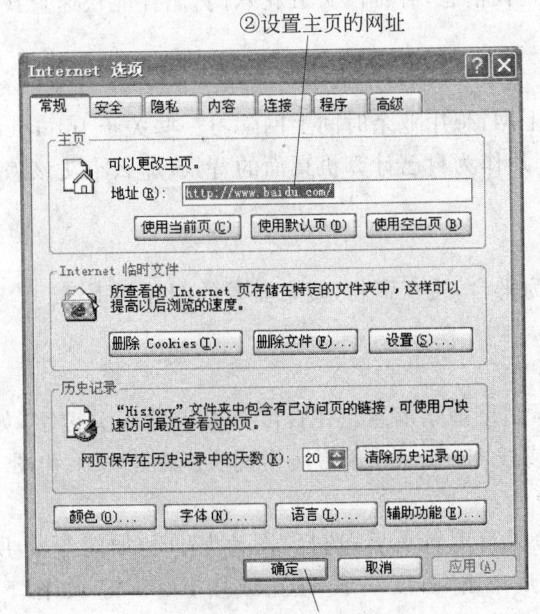

图 5-22 设置主页(二)

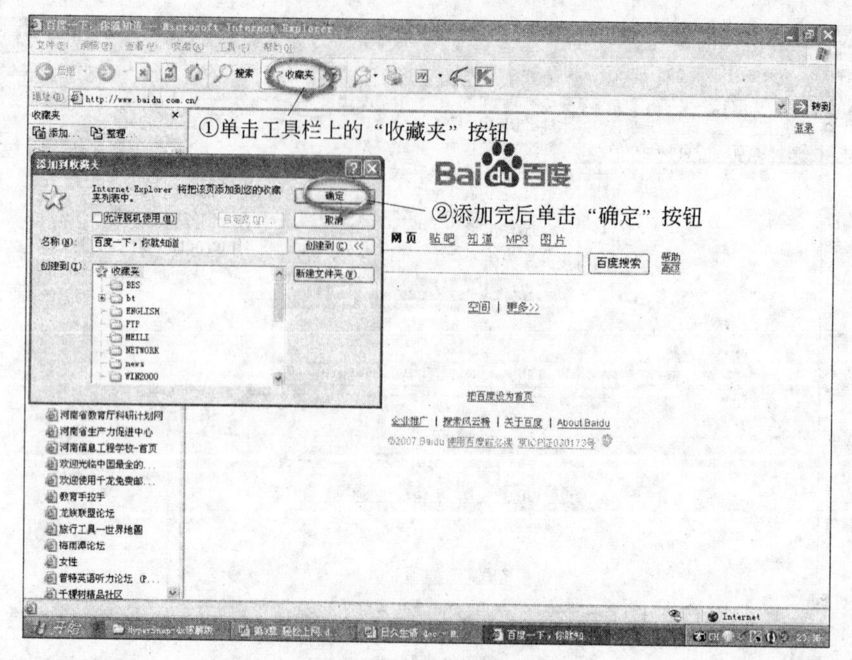

图 5-23 添加到收藏夹

5.3 搜索引擎的使用

上网最重要的是查找信息,各种网页五花八门,怎样能快速查找到所需要的内容呢?

案例提出

小艾学会了如何上网,想用业余时间上网学习一些关于 Internet 的知识,搜索桌面背景图,并且下载一些图片作为自己计算机桌面的背景,那么小艾该怎么做呢?

案例分析

本案例以百度网为平台,搜索资料,搜索需要的图片并下载。

案例实现

(1) 利用百度搜索引擎搜索信息。在百度首页上输入关键字(如“Internet 应用”)后单击“百度一下”按钮或按 Enter 键,开始搜索网页,如图 5-24 和图 5-25 所示。(百度网址: www.baidu.com)

(2) 搜索图片。登录百度首页后,选择“图片”选项,如图 5-26 所示。在图片页输入要搜索图片的信息,然后单击“百度一下”按钮或按 Enter 键(如图 5-27 所示),就可以查看搜索到的图片,如图 5-28 所示。

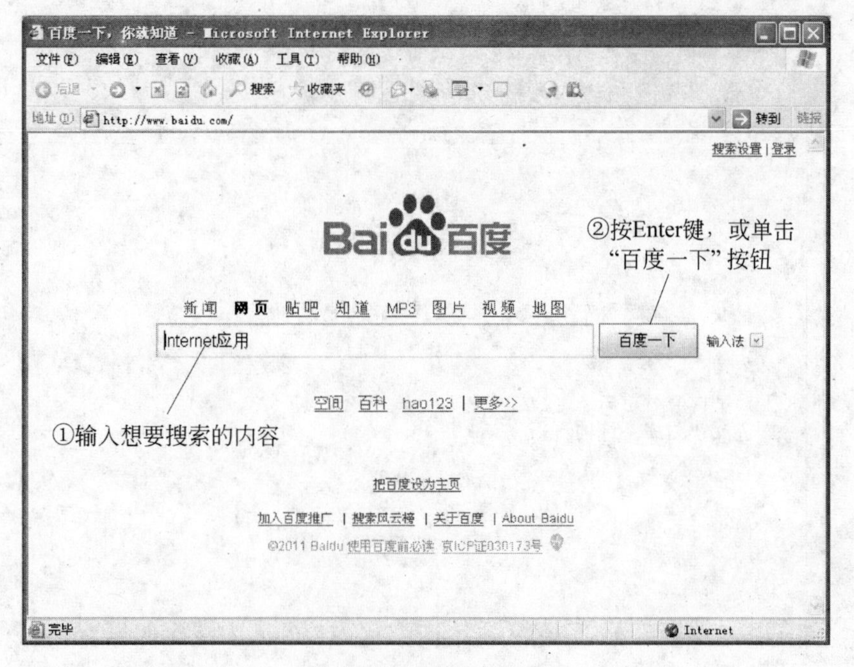

图 5-24 百度搜索(一)

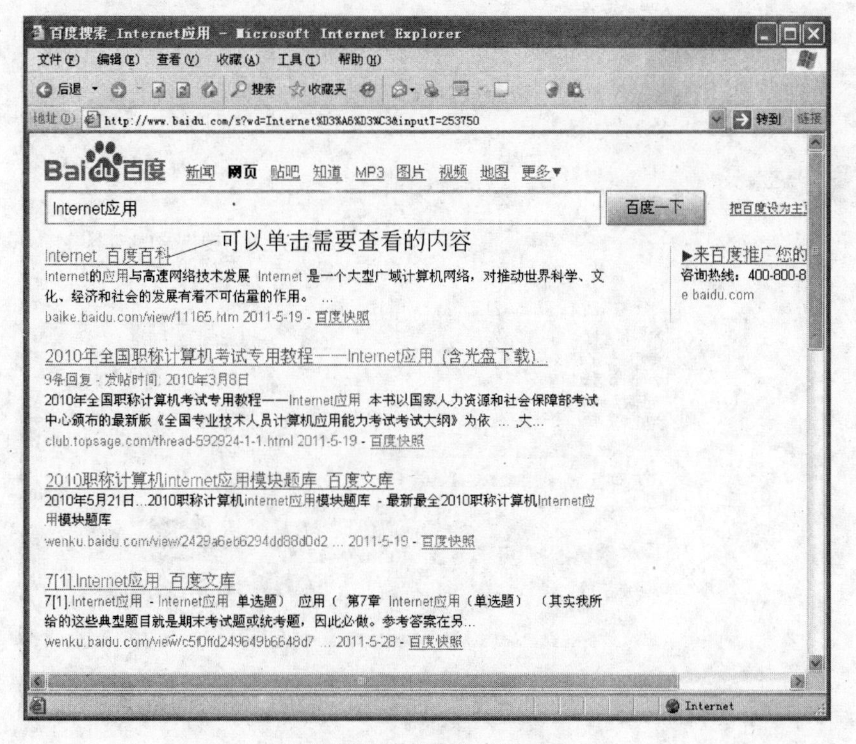

图 5-25 百度搜索(二)

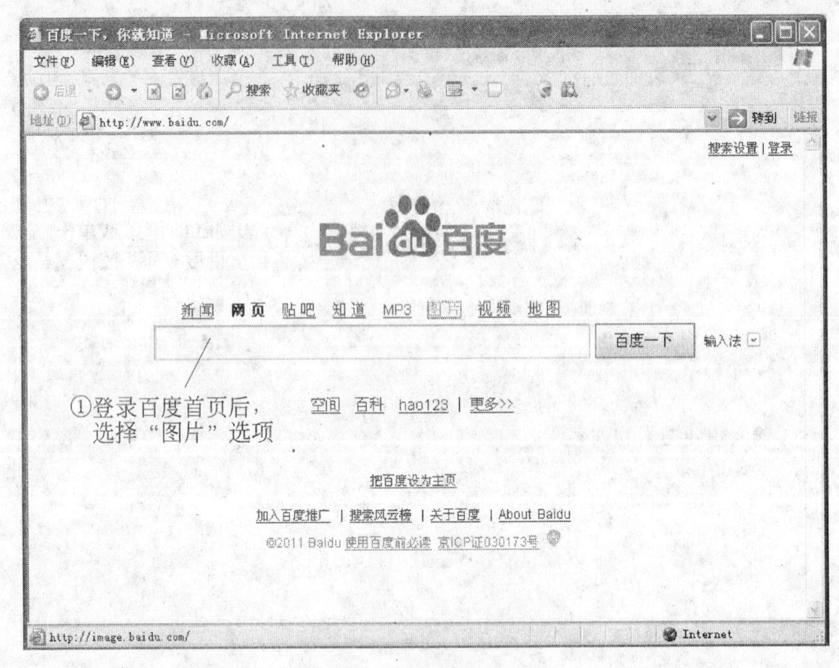

图 5-26 搜索图片(一)

图 5-27 搜索图片(二)

图5-28　搜索图片(三)

相关问题

想在网上查找到最想要的资料,但文档相关性越强,搜索的结果越少,该怎么做呢?

(1) 简单关键字查询。输入尽可能多而且精确的关键词,搜索得到的结果越少,文档相关性越强。

(2) 使用操作符辅助查找。常用的有"+"、","、"-"等,恰当应用它们可以使结果非常精确。

① "+"的使用:"郁金香+桂花+百合"表示查询的内容同时包括"郁金香、桂花、百合"。

② ","的使用:"郁金香,桂花,百合"表示查询的内容不必同时包括3个关键词,只要包括其中任何一个就可以。

③ "-"的使用:"+郁金香-兰花"表示查询的内容包括"郁金香",不包括"兰花"。

④ 组合使用:将"+"、","、"-"组合起来使用,可产生多种查询结果。"郁金香+桂花,+玫瑰-兰花"表示查询结果要么是包括"郁金香"和"桂花",要么是有"玫瑰"但没有"兰花"。

(3) 使用双引号进行精确查找。如果查找的是一个词组或多个汉字,最好的办法就是将它们用双引号括起来,这样得到的结果最少、最精确。例如在查询框中输入加双引号的"信息检索",这会比输入不加双引号的信息检索得到更少、更好的结果。

(4) 细化查询。许多搜索引擎都提供了对搜索结果进行细化与再查询的功能,如有的搜索引擎在结果中有"重新查找"、"在结果中再查找"、"在结果中去除"。

拓展与提高

在百度上搜索一些关于汽车的高清晰图片，下载到你的计算机中，并设置为桌面背景，需要注意关键词的组合。

5.4 使用 Outlook 收发电子邮件

电子邮件(Electronic Mail，简称 E-mail)就是通过计算机网络来发送或接收的信件，也就是我们常说的“伊妹儿”。它以其方便和快捷的特点成为网上人们相互交流信息的主要手段之一。它是目前 Internet 上使用最广泛、最受欢迎的一种服务。

相对于传统的邮政信件，E-mail 更加方便、快捷和廉价。它可以发送信件、照片、贺卡、传真、语音信息，甚至可以用来下载软件，订阅电子刊物。E-mail 已经成为现代人工作和生活中的重要通信工具。

E-mail 地址与生活中人们常用的信件类似，有收信人姓名、收信人地址等，其结构是用户名@邮件服务器。用户名就是用户使用的登录名，而@后面的是主机的域名，例如，xiaoli@163. com 即为一个邮件地址。E-mail 地址的基本格式如图 5-29 所示。

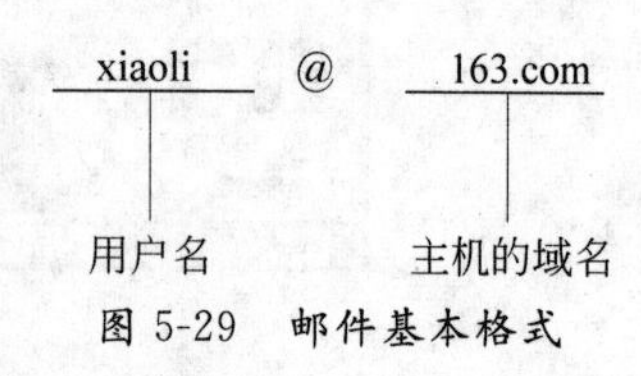

图 5-29　邮件基本格式

案例提出

小艾想给在国外的远房表弟写一封信并发一些照片，用传统的邮件大概需要几个星期，发送极为不便，听说发送 E-mail 既方便又快捷，发送完马上就可以接收到邮件，那么如何发送 E-mail 呢？

案例分析

本案例使用 Outlook 软件收发电子邮件，需要注意的是 Outlook 软件的设置，本案例以 163 邮箱为基础设置 Outlook。

案例实现

Outlook 软件的设置如下。

(1) 执行“开始”→“所有程序”→“Outlook Express”命令，在 Outlook Express 窗口的“电子邮件”选项组中选择“设置邮件账户”选项。打开“Internet 连接向导”对话框，如图 5-30 所示。首先输入“显示名”，如“163 免费邮”。此姓名将出现在所发送邮件的“发件人”一栏，然后单击“下一步”按钮。

(2) 在“Internet 电子邮件地址”对话框中输入邮箱地址，如 username@163. com，再单击“下一步”按钮，如图 5-31 所示。

(3) 在“接收邮件(POP3、IMAP 或 HTTP)服务器”文本框中输入 pop. 163. com。在“发送邮件服务器(SMTP)”文本框中输入 smtp. 163. com，然后单击“下一步”按钮，如图 5-32 所示。

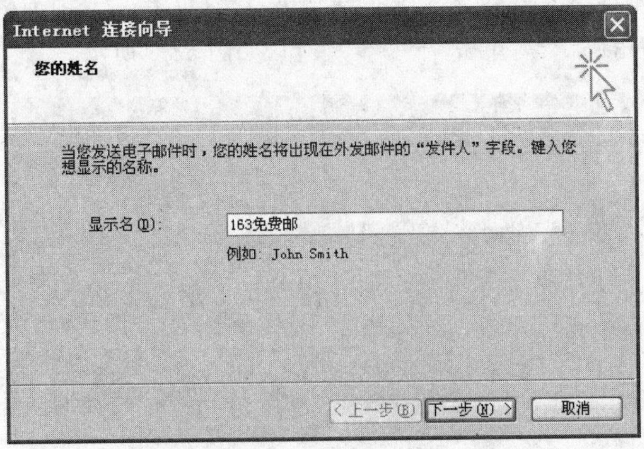

Internet 连接向导

您的姓名

当您发送电子邮件时，您的姓名将出现在外发邮件的“发件人”字段。键入您想显示的名称。

显示名(D): 163免费邮

例如: John Smith

< 上一步(B) 下一步(N) > 取消

图 5-30 Outlook 设置(一)

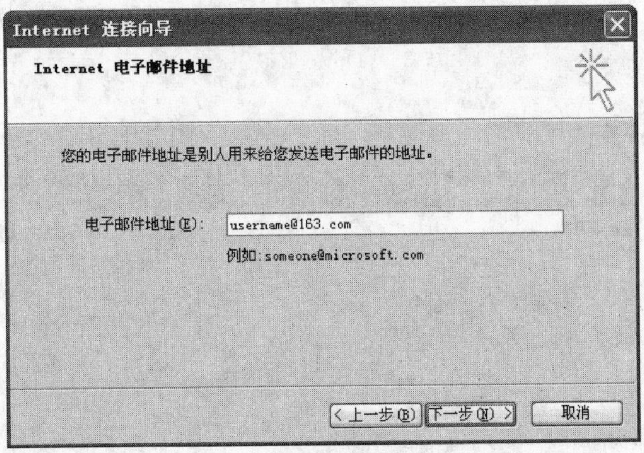

Internet 连接向导

Internet 电子邮件地址

您的电子邮件地址是别人用来给您发送电子邮件的地址。

电子邮件地址(E): username@163.com

例如:someone@microsoft.com

< 上一步(B) 下一步(N) > 取消

图 5-31 Outlook 设置(二)

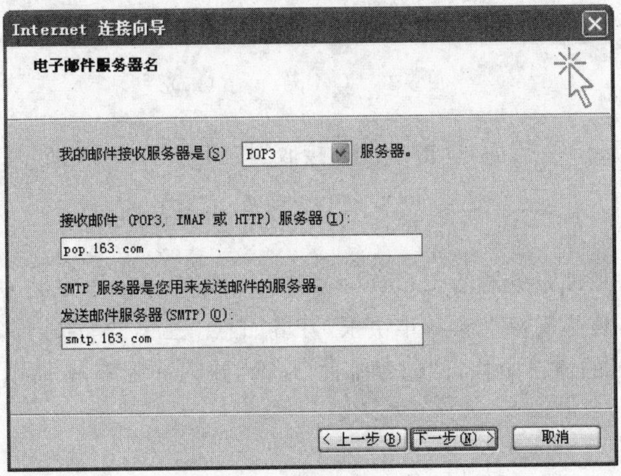

Internet 连接向导

电子邮件服务器名

我的邮件接收服务器是(S) POP3 服务器。

接收邮件 (POP3, IMAP 或 HTTP) 服务器(I):

pop.163.com

SMTP 服务器是您用来发送邮件的服务器。

发送邮件服务器(SMTP)(O):

smtp.163.com

< 上一步(B) 下一步(N) > 取消

图 5-32 Outlook 设置(三)

(4) 在“账户名”文本框中输入163免费邮用户名(仅输入@前面的部分)。在“密码”文本框中输入邮箱密码,然后单击“下一步”按钮,如图5-33所示。

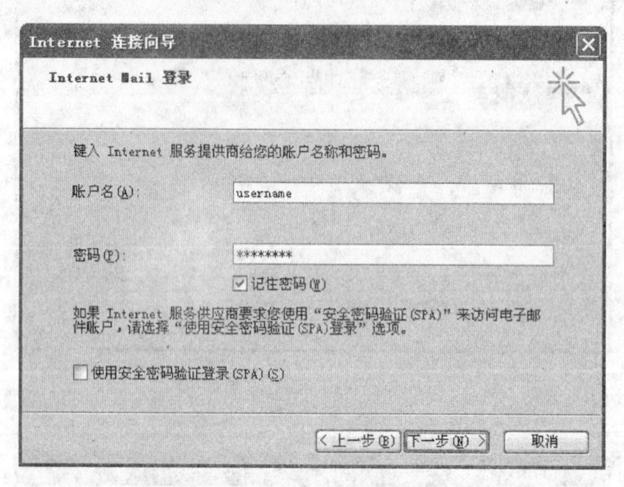

图5-33 Outlook设置(四)

(5) 单击“完成”按钮,如图5-34所示。

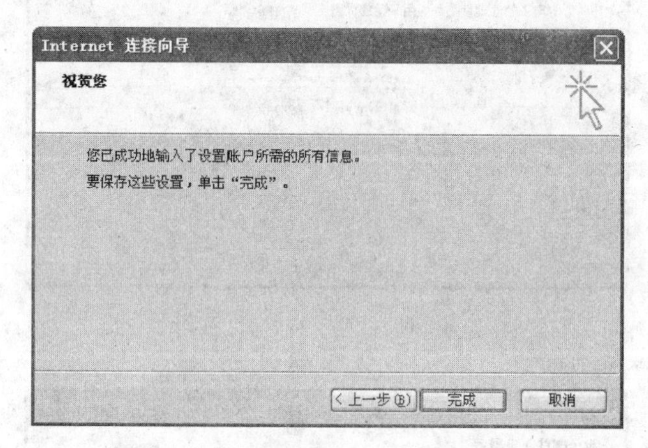

图5-34 Outlook设置(五)

(6) 回到Outlook主界面,单击“发送/接收”按钮,如图5-35所示。

相关问题

利用所建立的邮件服务器给xrabc668@163.com邮箱发送主题为“衷心祝福”、内容为“新年快乐到了,衷心祝福大家新年快乐,万事如意。王小二”的邮件。

在图5-35所示的窗口中执行“创建邮件”命令,进入如图5-36所示的窗口。

拓展与提高

回到家里帮自己的父母申请电子邮箱,并且给自己的父母写一封信,并在附件中上传一张自己的照片,当做礼物送给自己的父母。

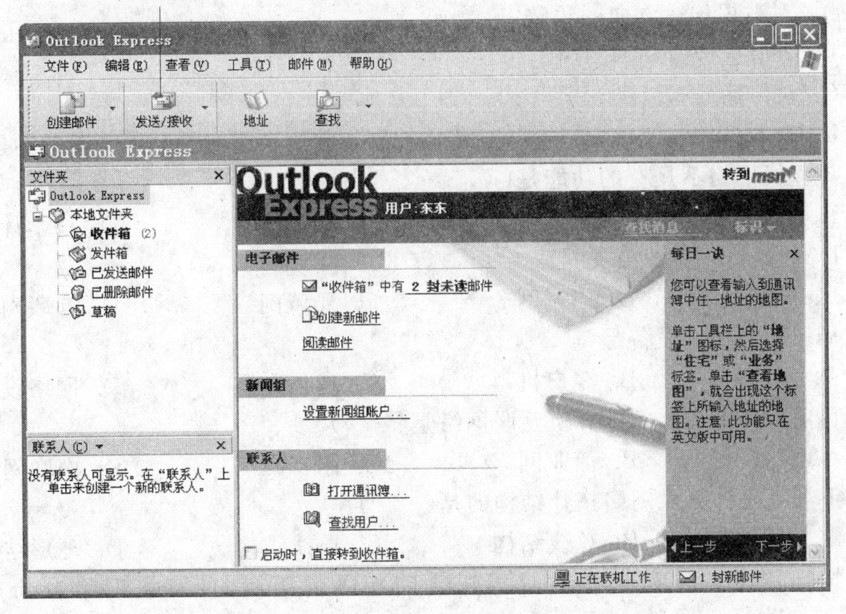

图 5-35　Outlook 设置(六)

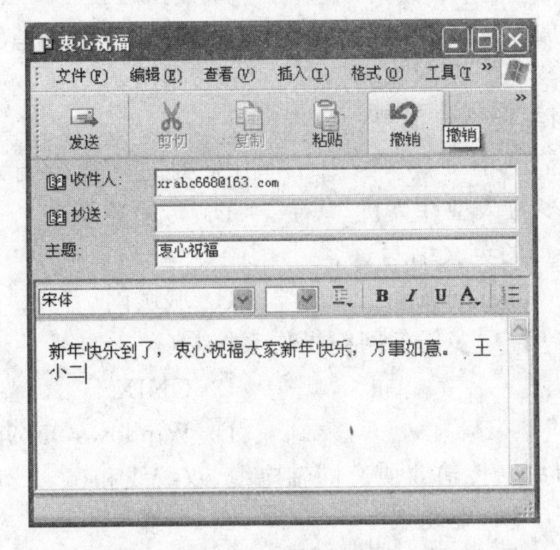

图 5-36　发送邮件窗口

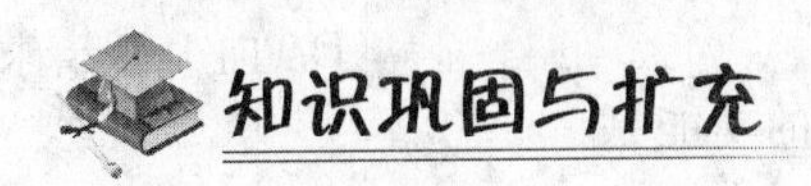

选择题

(1) 建立计算机网络的主要目的是(　　)。

A. 共享资源　　　　B. 提高计算精度

C. 增加内存容量　　D. 提高计算机运行速度

(2) 通信协议是指(　　)。
A. 对数据传输方向的约定
B. 对信息传输范围的约定
C. 对传输数据量的约定
D. 对数据传输速率、传输代码、传输控制步骤以及出错控制等方面的约定

(3) 计算机网络不具有的功能是(　　)。
A. 通信　　B. 数据传送　　C. 共享资源　　D. 科学计算

(4) LAN是(　　)的英文缩写。
A. 城域网　　B. 广域网　　C. 局域网　　D. 互联网

(5) 局域网的核心设备是(　　)。
A. 服务器　　B. 客户机　　C. 通信介质　　D. 网络设备

(6) 目前世界上最大的计算机互联网络是(　　)。
A. 教育网　　B. 商业网　　C. 因特网　　D. 内联网

(7) 下列不是计算机网络拓扑结构的是(　　)。
A. 星形结构　　B. 总线结构　　C. 单线结构　　D. 环形结构

(8) 按照网络的覆盖范围和计算机之间相隔的距离,计算机网络分为广域网和(　　)。
A. 互联网　　B. 局域网　　C. 内联网　　D. 校园网

(9) 一台计算机要加入局域网,首先要具备的网络硬件设备是(　　)。
A. 网络适配卡　　B. 调制解调器　　C. 路由器　　D. 集线器

(10) 不属于局域网主要特点的是(　　)。
A. 地理覆盖范围小　　B. 地理覆盖范围大
C. 入网机器多为微型计算机　　D. 传输速率高

(11) WAN是(　　)的英文缩写。
A. 广域网　　B. 局域网　　C. 城域网　　D. 互联网

(12) 最早推出的多用户、多任务网络操作系统是(　　)。
A. DOS　　B. UNIX
C. Windows 9x　　D. Windows 95/98

(13) 局域网使用的数据传输介质有同轴电缆、双绞线和(　　)。
A. 电话线　　B. 电缆线　　C. 光缆　　D. 总线

(14) 对付网上黑客的最有效的手段是(　　)。
A. 选择上网人少时上网　　B. 设置防火墙
C. 设置安全密码　　D. 向ISP请求保护

(15) 计算机网络不具备的功能是(　　)。
A. 传输语言信息　　B. 发送电子邮件
C. 传送物品　　D. 共享信息

(16) 广域网的英文缩写是(　　)。
A. WAN　　B. LAN　　C. MAN　　D. FAN

(17) 广域网和局域网主要按照(　　)来划分。

A. 网络使用者　　B. 网络覆盖范围

C. 信息交换方式　　D. 传输控制协议

(18) 网络设备不包括(　　)。

A. 网络配置卡　B. 中继器　C. 网桥　D. 硬盘

(19) 下列不是网络操作系统的是(　　)。

A. DOS　B. UNIX　C. NetWare　D. Windows NT

(20) 局域网的基本硬件不包括(　　)。

A. 服务器/客户机　　B. 网络设备

C. 网络操作系统　　D. 通信介质

(21) HTTP是(　　)协议。

A. 文件传输　B. 网际　C. 传输控制　D. 超文本传输

(22) 进入一个Web站点时,首先出现的页面称为(　　)。

A. 顶页　B. 主页　C. 目录页　D. 子页

(23) Internet中的IP地址是由(　　)bit组成的。

A. 4　B. 8　C. 32　D. 64

(24) 下列四项中,不合法的IP地址是(　　)。

A. 202.258.6.3　　B. 202.120.123.10

C. 10.10.0. .1　　D. 100,12,23,33

(25) TCP是(　　)协议。

A. 文件传输　B. 网际　C. 传输控制　D. 超文本传输

(26) IP是(　　)协议。

A. 文件传输　B. 网际　C. 传输控制　D. 超文本传输

(27) 在互联网常见的域名中,表示教育机构的为(　　)。

A. Org　B. Edu　C. Net　D. Com

(28) Internet域名采用分层次方法命名,常见的最高域名cn表示(　　)。

A. 中国　B. 商业网　C. 教育网　D. 网络机构

(29) WWW的中文名称是(　　)。

A. 国际互联网　　B. 综合业务数据网

C. 万维网　　D. 电子数据交换网

(30) WWW是一种(　　)。

A. 网络管理工具　　B. 网络操作系统

C. 网络教程　　D. 信息检索工具

(31) 支持Internet服务的协议是(　　)。

A. IPX/SPX　B. OSI　C. TCP/IP　D. CSMA/CD

(32) 调制解调器又称(　　)。

A. ISDN　B. DDN　C. ADSL　D. Modem

(33) 拨号接入Internet不需要的硬件配置是(　　)。

A. 计算机　B. 电话线路　C. Modem　D. 声卡

(34) URL是(　　)。

A. 浏览器　　B. 统一资源定位器

C. 服务器　　D. 域名服务器

(35) 下面关于WWW的说法不正确的是(　　)。

A. 它没有强大的通信功能

B. 它以HTML语言与HTTP协议为基础

C. 它提供面向Internet服务

D. 它是英文World Wide Web的缩写

(36) Internet中各个网络之间能进行信息交流的依据是(　　)。

A. 汉语　　B. 英语　　C. 世界语　　D. TCP/IP

(37) Internet是(　　)。

A. 局域网　　B. 内联网　　C. 国际互联网　　D. 城域网

(38) 一个IP地址是由网络号和(　　)两部分组成的。

A. 电子邮件地址　　B. 主机号

C. 网页地址　　D. 子网掩码

(39) DNS是(　　)。

A. 域名服务器　　B. 浏览器

C. 服务器　　D. 统一资源定位器

(40) Internet服务商的英文缩写是(　　)。

A. TCP　　B. FTP　　C. ISP　　D. IP

(41) 欲保存网页上的一幅图片，先右击图片，然后执行(　　)命令。

A. 设置为墙纸　　B. 图片另存为　　C. 设为桌面项　　D. 显示图片

(42) 在IE 5.0中，Web可以保存为TXT文本文件和(　　)。

A. DOC文件　　B. BAT文件　　C. HTML文件　　D. ZIP文件

(43) WWW的网页中包含有许多连接点，用户想要浏览它，只需在超链接项上(　　)。

A. 单击　　B. 拖动　　C. 右击　　D. 指向

(44) 将鼠标指针移至WWW页中的链接点，指针通常会变成(　　)。

A. 手形　　B. 十字形　　C. 左右箭头　　D. 上下箭头

(45) IE 5.0浏览器工具栏上“停止”按钮的作用是(　　)。

A. 停止传输当前的网页　　B. 停止并关闭浏览器

C. 暂时关闭浏览器　　D. 断开与因特网的连接

(46) 在IE 5.0浏览器地址栏中输入的是(　　)。

A. 域名　　B. 账号　　C. 网页地址　　D. 电子邮件地址

(47) 在因特网上，要快速寻找目标信息，应借助(　　)。

A. 电子邮件　　B. 电子公告牌　　C. 远程登录　　D. 搜索引擎

(48) HTTP的全称是(　　)。

A. 文件传输协议　　B. 网络协议

C. 超文本传输协议　　D. 用户数据报协议

(49) 如果电子邮件到达时，用户的计算机没有开机，那么电子邮件将(　　)。

A. 退回给发信人　　B. 保存在ISP的主机上

C. 不能发送　　D. 丢失

(50) 用户的电子邮件信箱是(　　)的一块区域。

A. 软盘　　B. 邮件服务器内存

C. 邮件服务器硬盘　　D. 用户计算机硬盘

(51) 以下不属于电子邮件主要特点的是(　　)。

A. 速度快　　B. 速度慢

C. 可传送多媒体信息　　D. 价格低

(52) 电子邮件的附件内容不可以是(　　)。

A. 文本　　B. 图像　　C. 声音　　D. 磁盘

(53) 电子邮件地址格式是(　　)。

A. 用户名.主机名　　B. ×××号×××弄×××路

C. 用户名@主机名　　D. 主机名@用户名

(54) 通常用于Web的软件是(　　)。

A. Internet Explorer 5.0　　B. Word

C. Foxmail　　D. WinZIP

(55) 如果希望将一个邮件转发给另一个人，应使用Outlook Express工具栏中的(　　)按钮。

A. 新邮件　　B. 回复作者　　C. 全部回复　　D. 转发

(56) 收藏夹是一个(　　)。

A. 网页地址　　B. 工作簿　　C. 文件夹　　D. 文件

(57) 设用户名为xyz，Internet邮件服务器的域名是sina. com，则该用户的电子邮件地址为(　　)。

A. sina. com. xyz　　B. xyz. xyz. tpt. tj. cn

C. sina. com@xyz　　D. xyz@sin. com

(58) E-mail地址中@后面的内容是(　　)。

A. 邮件服务器名称　　B. 用户名

C. 密码　　D. 账号

(59) 电子邮件中包含的信息(　　)。

A. 只能是数字　　B. 只能是图像

C. 只能是文字　　D. 可以是数字、文字、声音或图像

(60) Outlook Express软件主要用于(　　)。

A. 文字处理　　B. 图像处理　　C. 收发电子邮件　　D. 统计报表

第6章 PowerPoint的应用

使用 PowerPoint 2003 可以很方便地制作出集文字、图表、图像、声音及视频剪辑为一体的演示幻灯片。由于 PowerPoint 还提供了所见即所得的幻灯片放映效果，所以可以很容易地在屏幕上编辑演示文稿。

6.1 新建演示文稿的方法

初学使用 PPT 一定要掌握 PPT 生成文件的方法，知道产生的是一个什么样的文件。

案例提出

我从来没有使用过 PPT，它建立演示文稿的简单过程是什么？

案例分析

首先初学者要知道，PowerPoint 是 Microsoft Office 家族中的一个重要成员，它与 Word 的使用相似，了解它的工作环境及简单的操作工具很重要。下面以建立一张演示文稿为例进行介绍。

案例实现

执行"开始"→"所有程序"→Microsoft Office→PowerPoint 2003 命令即可启动 PowerPoint 2003。这时就会看到如图 6-1 所示的窗口界面，即新建的演示文稿 1。

在演示文稿编辑区，各种不同版式的幻灯片提供了不同样式的文本框，可以在相应的文本框中输入文字或通过"插入"菜单插入日期、图片、图表、视频、声音等对象。编辑这些文字内容的方法与 Word 类似。完成编辑后，执行"文件"→"保存"命令，命名演示文稿，然后单击"保存"按钮，将会在所指定的文件夹中保存一个扩展名为".ppt"的文件。

相关问题

PowerPoint 2003 有几种视图方式？如何将文字、图片、图形等内容放置在一张演示文稿中？

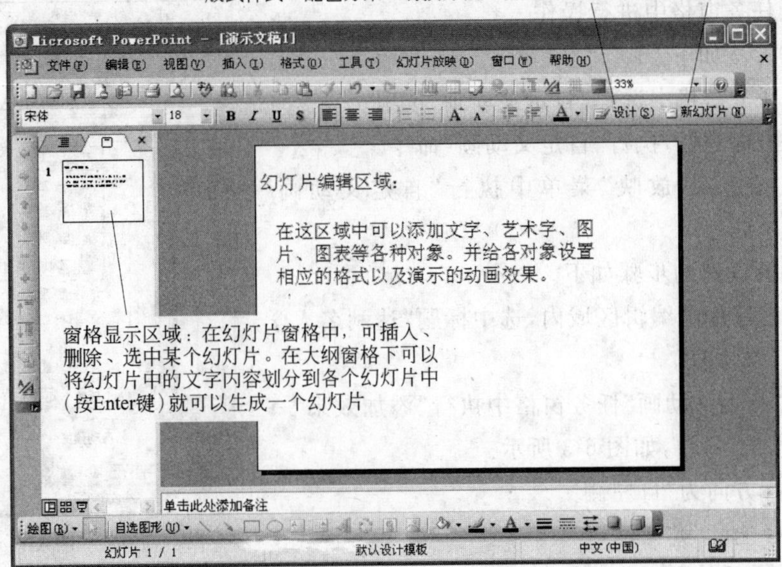

图 6-1　演示文稿窗口

拓展与提高

制作一张幻灯片，其内容为标题字“我的第一张幻灯片”，字体为隶书，字号为 60，红色字。插入一个五角星图案，图案填充红色，其中添加文字“第一”，字为楷体黑色，幻灯片的背景色填充为“雨后初晴”，名称为“第一张幻灯片”，将文件保存在 C 盘，如图 6-2 所示。

图 6-2　第一张幻灯片

6.2　设计幻灯片对象的动画效果

设计幻灯片中的动画效果能为演示文稿增添许多动感色彩，吸引观看者。

例如，当单击时，幻灯片标题“达利名人学生用品公司”从左侧中速飞入。这就需要对标题的文本框加动画效果。给某对象加动作时,需要到自定义动画任务窗格中进行操作。

实现的方法如下。

(1) 在任务窗格中选择"自定义动画"选项。

(2) 右击标题框,执行"自定义动画"命令。

(3) 在"幻灯片放映"菜单中执行"自定义动画"命令。

完成动画设计的步骤如下。

(1) 在幻灯片的编辑区域内,选中标题"达利名人学生用品公司"文本框。

(2) 在"自定义动画"任务窗格中执行"添加效果"→"进入"→"飞入"命令,如图 6-3 所示。

(3) 选择方向为"自左侧"。

(4) 选择速度为"中速"。

(5) 单击"播放"按钮观看播放效果,如图 6-4 所示。

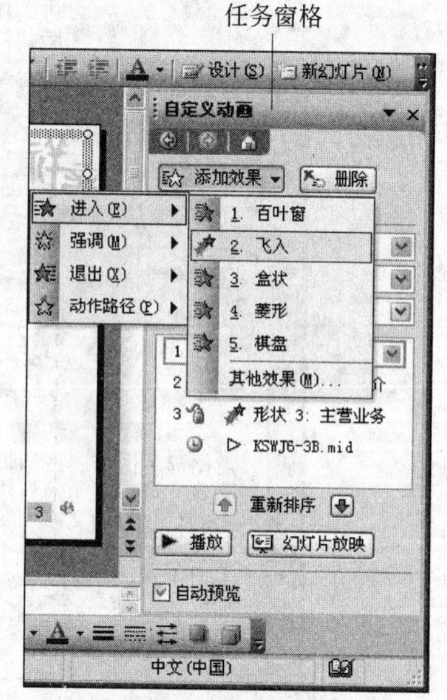

图 6-3 任务窗格

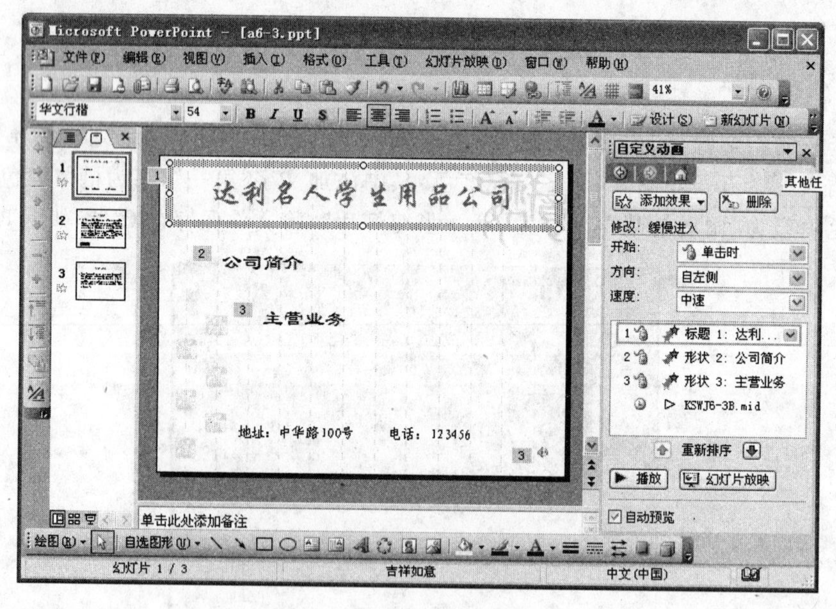

图 6-4 设置自定义动画

案例提出

某人在 Word 中已经输入了以下文字,想用这些文字制作一个演示文稿。

达利名人学生用品公司

公司简介

达利名人学生用品公司专门生产各种学生用品。产品远销日本、欧洲、美国等国家和地区。我们厂拥有先进的设备、标准的生产车间、大量的技术人才，使用流水线生产。严格的管理、完善的质量检测，赢得客户的一致好评。采用三个第一的商业目的："质量第一、客户第一、声誉第一"，欢迎海内外客户来厂参观，洽谈业务！

主营业务

"名人"视力保护器(仪)、多功能视力保护笔、微电脑红外线多功能视力保护板，由名人星科拥有完全自主知识产权，并拥有多项国家专利，保护器(仪)和保护笔更是获得了团中央"全国广大青少年学生用品优秀品牌"。

具体要求如下。

(1) 用 3 张幻灯片来演示这些文字，标题文字都是 36 号，内容文字为 32 号，字体、颜色不限。

(2) 第 1 张幻灯片是目录，内容有"公司名称"、"公司简介"、"主营业务"，下方是"公司地址、联系电话"。每页每个对象在播放时都有动画效果出现。其中"公司名称"第 1 个从左侧中速进入，然后是"公司简介"、"主营业务"和"公司地址、联系电话"分别从右侧或下侧快速进入，最后将"公司名称"字体放大 150%。"公司简介"和"主营业务"两个目录标题要分别链接到相应幻灯片中，单击这两个链接标题时，会播放相应的幻灯片。

(3) 第 2 张幻灯片的内容及动画要求是，"公司简介"标题进入时有动画效果，方式不限，正文文字动画效果为盒式外向展开，中速效果。

(4) 第 3 张幻灯片的内容及动画要求是，"主营业务" 标题进入时有动画效果，方式不限，正文文字动画效果为水平百叶窗，中速效果。

(5) 每张幻灯片的设计模板为"吉祥如意"。

(6) 每张幻灯片的切换方式为当单击时中速扇形展开。

(7) 完成后保存在 D 盘，名字为"公司介绍"。

案例分析

根据演示文稿的要求，使用 PowerPoint 2003 就可以制作"公司介绍"演示文稿。

案例实现

(1) 打开 PowerPoint 2003，选择大纲窗格，将 Word 中的文字复制并粘贴到大纲内容中，如图 6-5 所示。

(2) 分别在"公司名称"、"公司简介"、"简介内容"、"主营业务"文字后按 Enter 键，使其生成 5 张幻灯片。

(3) 利用"大纲"选项卡中的"降级"命令，将第 3 张和第 5 张幻灯片降级后便成为第 2 张和第 4 张的内容。这时在"大纲"选项卡中就有标题分别为"达利名人学生用品公司"、"公司简介"、"主营业务"的 3 张幻灯片。

(4) 将光标放到适当位置，利用 Del 键删除空行，如图 6-6 所示。

(5) 在幻灯片窗格中，执行"视图"→"母版"→"幻灯片母版"命令，在母版编辑视图中选中标题框，利用"格式"工具栏设置字体为"隶书"、字号 36、字体颜色"红色"。右击标题框，执行"自定义动画"命令，为标题框加从左侧快速飞入效果(也可以每一张幻灯片分别选择标题框进行设置)，然后关闭母版视图。这时每一张幻灯片的标题格式和动画效果均设置完毕。

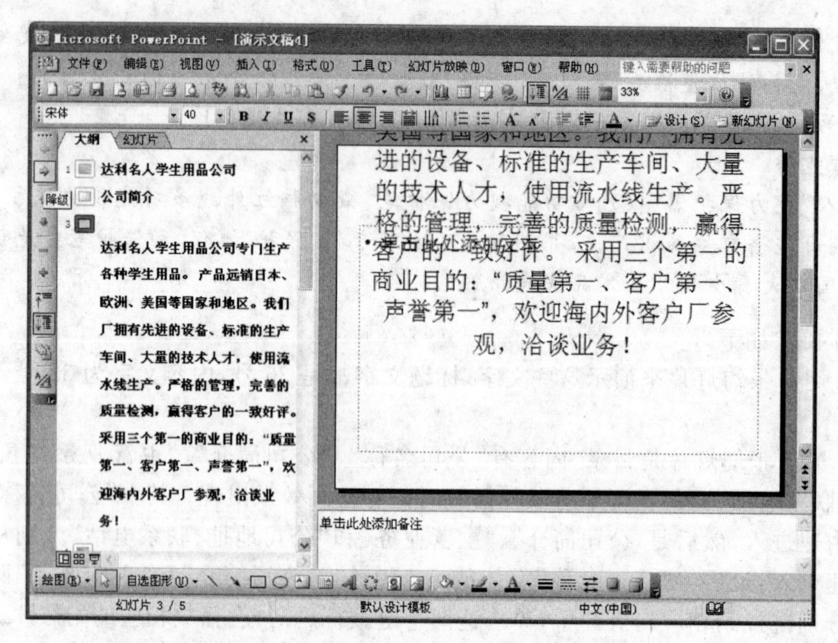

图 6-5 在"大纲"窗口中编辑文本到幻灯片中

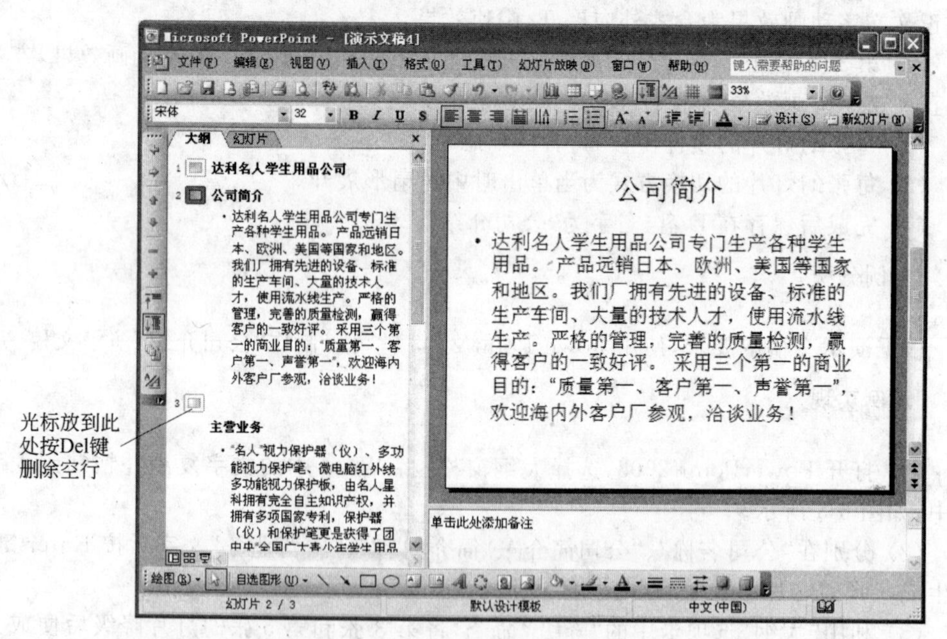

图 6-6 利用"大纲"工具将文字内容编排在各张幻灯片中

(6) 在幻灯片窗格中，选中第 1 张幻灯片，用 3 个文本框分别输入"公司简介"、" 主营业务"、"公司地址：中山区解放路 101 号 电话：12345678"字符，位置、大小、字体、颜色随意，如图 6-7 所示。

(7) 单击"设计"按钮，选择"自定义动画"窗格，分别选中每个文字框设计动画效果，1、2、3、4 各自从不同方向"飞入"，5 是最后再设计标题的"强调"动画效果，文字放大 150%，如图 6-8 所示。

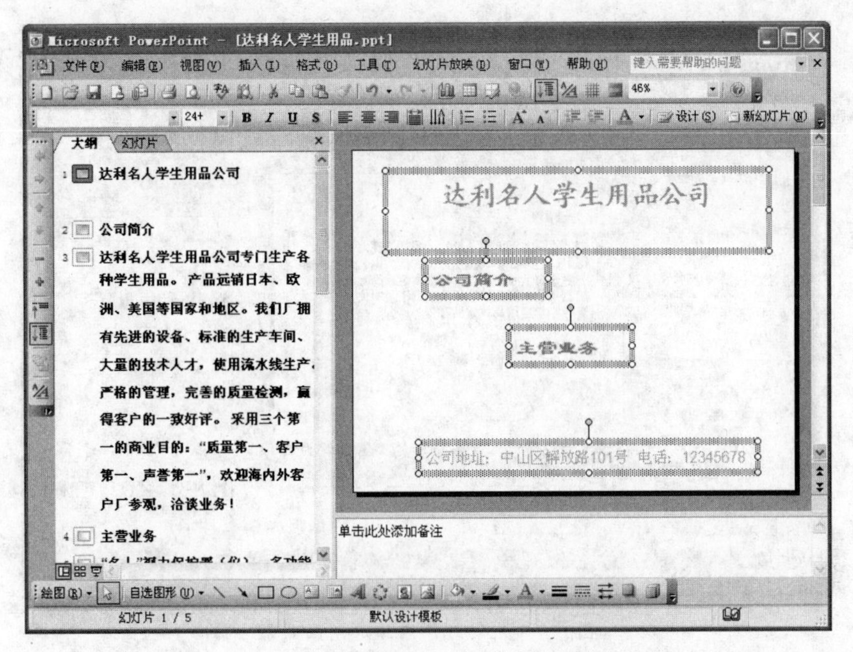

图 6-7　设置第 1 张幻灯片的文本内容

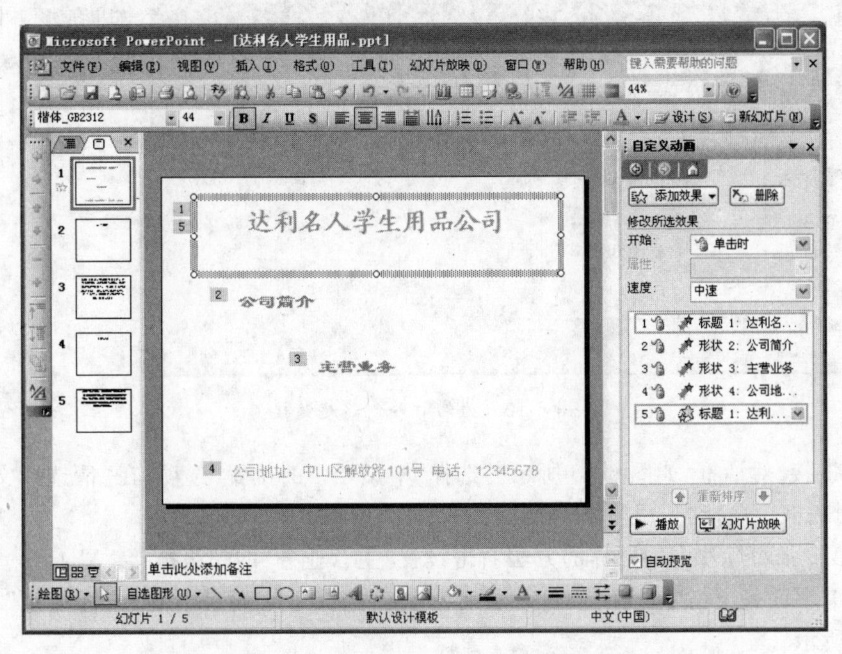

图 6-8　为第 1 张幻灯片文本加动画效果

(8) 选择第 2 张幻灯片，选中内容框，在“自定义动画”窗格中单击“添加效果”按钮，执行“飞入”→“盒式”→“从内向外”→“快速”命令 。用同样方法选中第 3 张的内容框，添加动画效果为“飞入”→“盒式”→“从外向内”→“快速”，如图 6-9 所示。

(9) 在第 1 张幻灯片中，选中“公司简介”文本框。右击，执行“超级链接”命令，进入

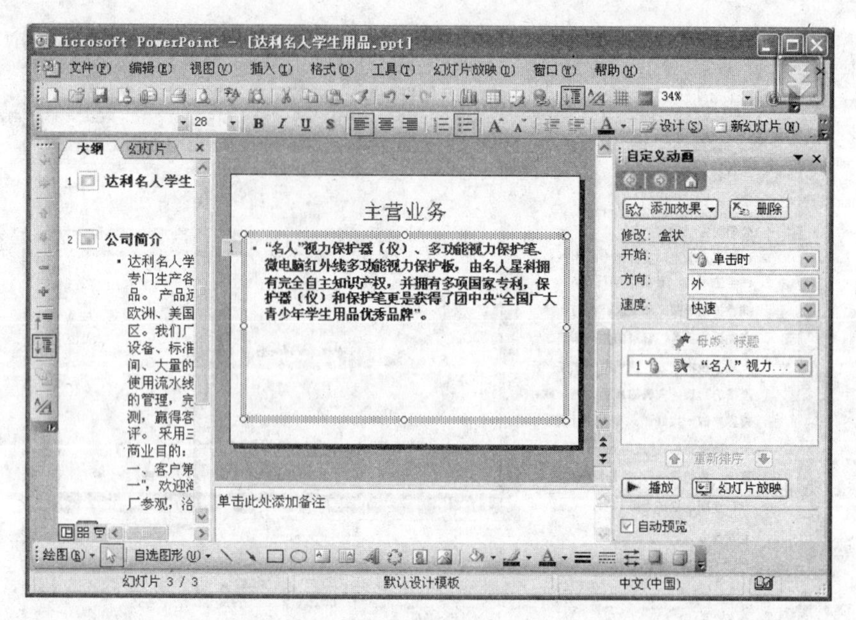

图 6-9　为幻灯片内容加动画效果

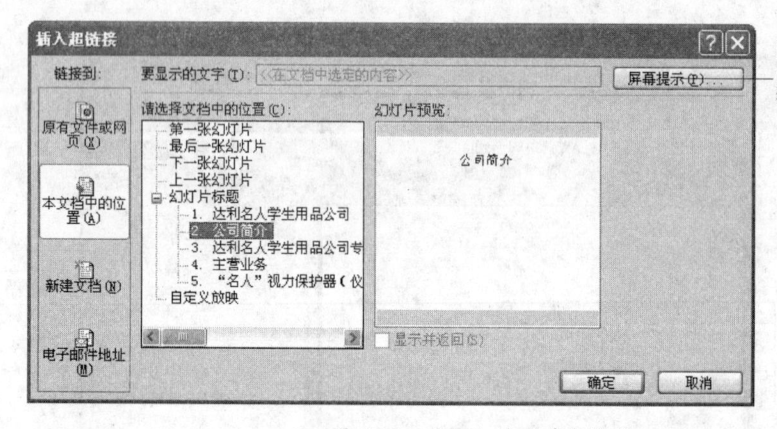

如果在演示中链接需要提示时，可以输入提示内容

图 6-10　为幻灯片创建超链接

"插入超链接"对话框，如图 6-10 所示。选择"本文档中的位置"选项，在"请选择文档中的位置" 列表框中选择"公司简介"选项。

在第 2 张幻灯片中用同样的方法右击设置"主营业务"的超级链接。

(10) 在任务窗格中选择"幻灯片设计"窗格，选择下拉列表中的"吉祥如意"模板，如图 6-11 所示。

(11) 在任务窗格中选择"幻灯片切换"窗格，选择下拉列表中的"扇形展开"效果，如图 6-12 所示。

(12) 完成后执行"文件"→"保存"命令，在"另存为"对话框中选择 C 盘，文件名为"公司介绍"，然后单击"保存"按钮，如图 6-13 所示。

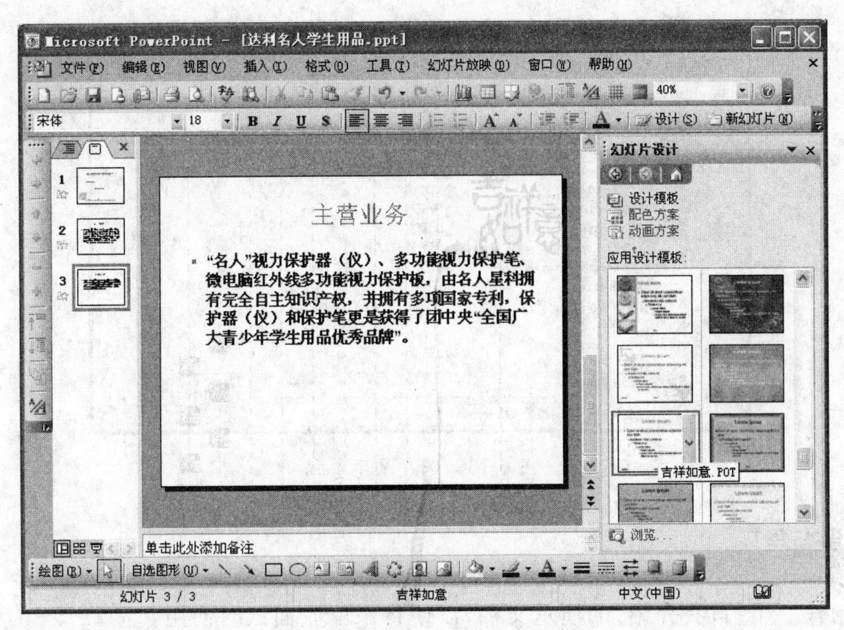

图 6-11 设计幻灯片模板样式

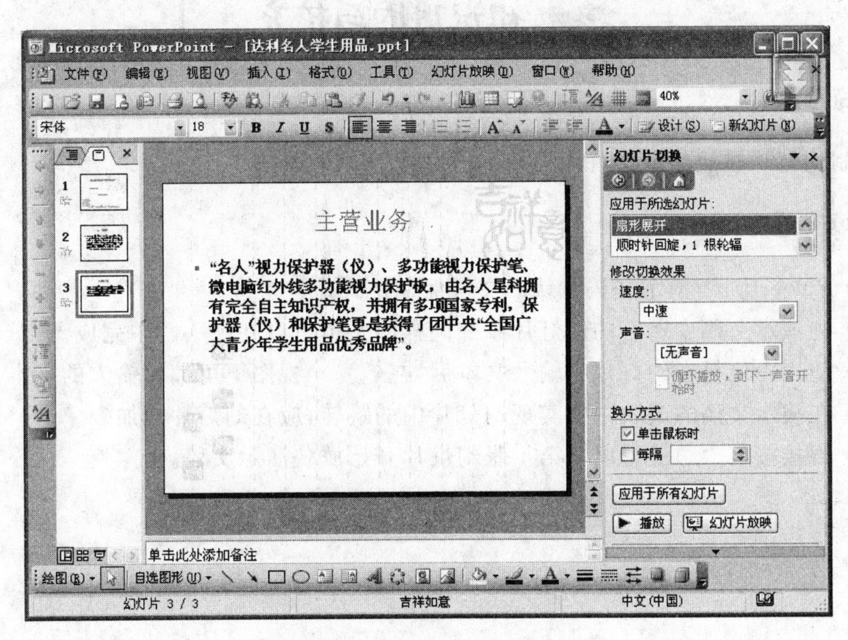

图 6-12 设计幻灯片切换方法

相关问题

幻灯片的放映顺序是以张的顺序，再以每一张中内容设置的动画顺序放映的。如果要控制播放顺序可以建立连接关系。

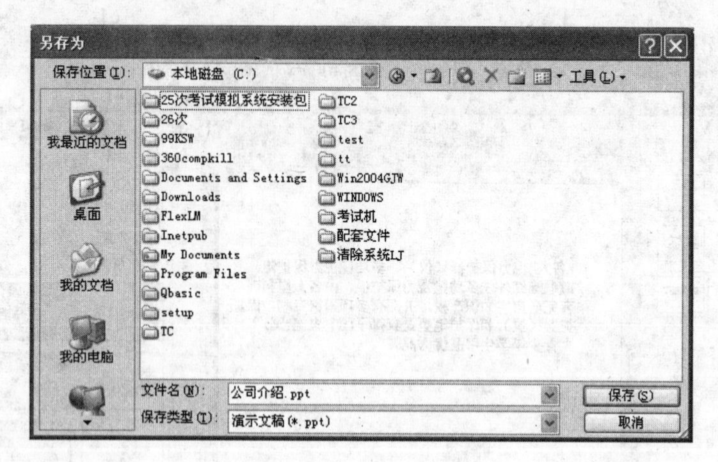

图 6-13 保存演示文稿

拓展与提高

请制作一个“自我介绍”的演示文稿，以便将来就业面试时使用。

1. 简答题

控制幻灯片播放的方法有几种？怎样设置？

2. 填空题

(1) PowerPoint 演示文稿默认的文件保存格式是(　　)。
(2) 为演示文稿中所有的幻灯片添加同样的文本可以在(　　)中完成。
(3) 使用占位符在幻灯片中输入文本后，在(　　)视图下可编辑输入的文本。
(4) 在演示文稿的放映中要实现幻灯片中的跳转，应在幻灯片中加(　　)。
(5) 直接按(　　)键可以从第 1 张幻灯片开始放映演示文稿。

第7章 计算机常用工具软件的应用

工具软件分为系统工具、网络工具、病毒防治、网络安全、图形图像、媒体工具等。下面介绍几款常用的软件以方便办公需要。

7.1 解压缩软件的使用

多个文件可放在文件夹中保存，如果把多个文件发送给远方的亲人，又不能发送文件夹，如何处理好呢？

案例提出

小艾要帮助父母将几十张照片通过网络传给外地的姐姐，可是这些照片文件太大了，怎么发呢？她请教了小涛，小涛说："你要把这些照片文件放在一个'照片'文件夹中，再用 WinRAR 对文件进行压缩，然后通过邮箱发送大附件。"如何使用 WinRAR 呢？

案例分析

从网上下载的文件大部分是压缩文件，发送邮件的时候如果发送的附件过多，通常需要压缩文件打包，给朋友通过 QQ 或者 MSN 传送东西时最好能压缩一下。那么，小艾要完成这项工作，需要掌握使用 WinRAR 压缩工具的基本操作方法，包括认识 WinRAR 工具的界面，选择文件进行压缩、解压缩。

案例实现

(1) 进入 WinRAR 的界面。从"开始"菜单启动 WinRAR 程序，进入 WinRAR 界面，如图 7-1 所示。

(2) 选择文件并进行压缩。选择要创建的文件右击，在弹出的快捷菜单中执行"添加到压缩文件"命令，如图 7-2 所示。在弹出的对话框中设置相应的选项，如图 7-3 所示。

文件压缩结束后，在当前目录下创建 99KSW. rar 文件。

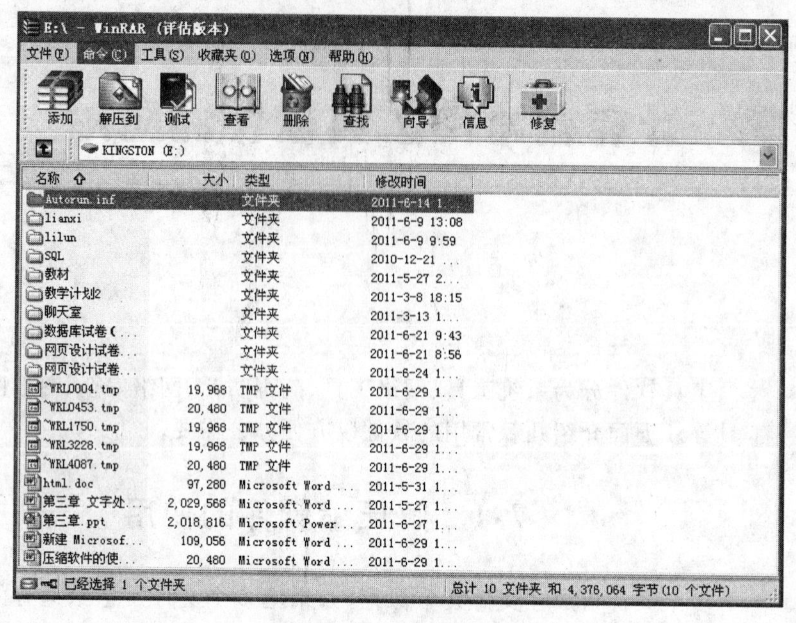

图 7-1 WinRAR 的界面

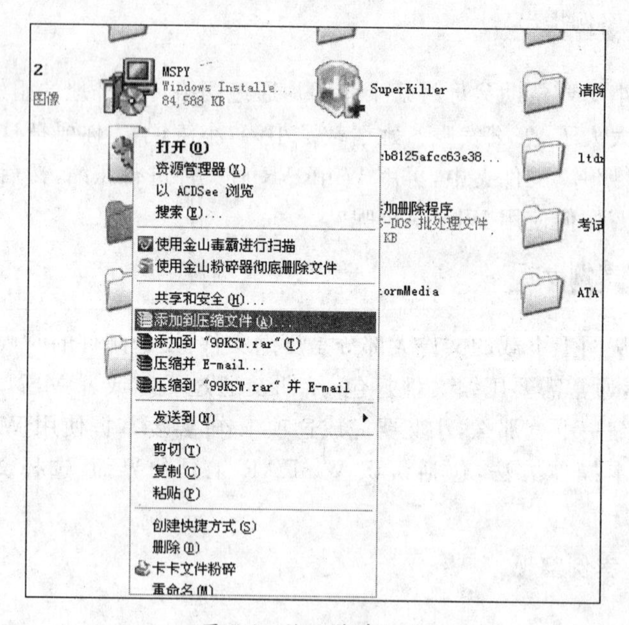

图 7-2 快捷菜单(一)

(3) 选择压缩文件并进行解压。选择要解压的文件右击,在弹出的快捷菜单中执行“解压到当前文件夹”命令(如图 7-4 所示),在弹出的对话框中设置相应的选项。

然后就会出现一个和当前文件名一样的文件夹,这就是解压缩后的文件。

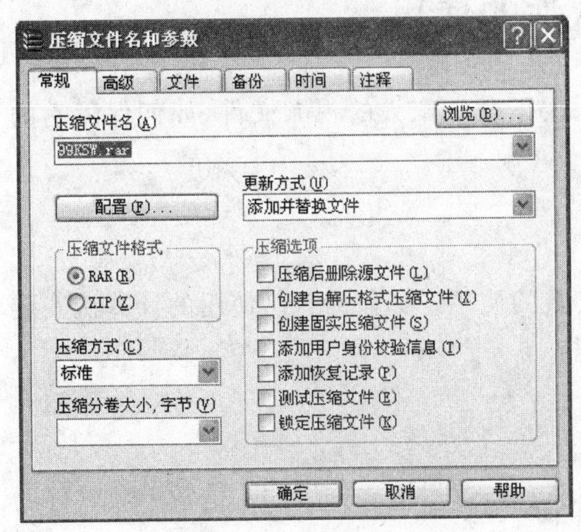

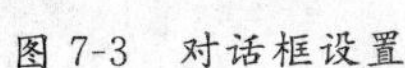
图 7-3　对话框设置

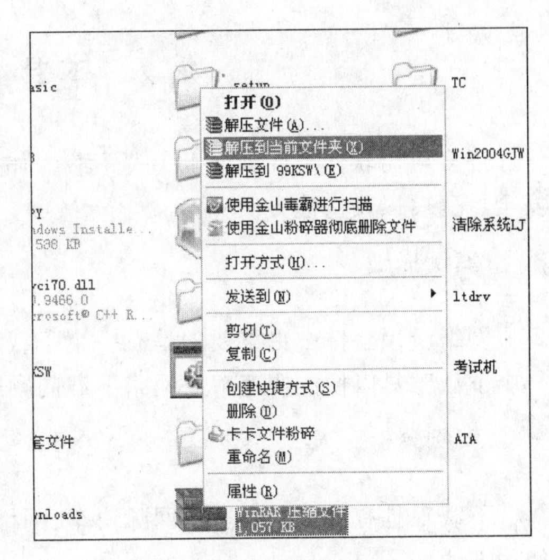

图 7-4　快捷菜单(二)

相关问题

(1) WinRAR 的概念。WinRAR 是目前流行的压缩工具，界面友好，使用方便，在压缩率和速度方面都有很好的表现。其压缩比率高，采用了更先进的压缩算法，是现在压缩率较大、压缩速度较快的格式之一。

(2) 压缩文件内部的情况。双击打开一个压缩文件，会出现如图 7-5 所示的界面。第一个图标"添加"是向当前的压缩文件内添加文件；使用第二个图标"解压到"时，必须指定一个位置，例如桌面、D 盘或者某个文件夹；"病毒扫描"可以定义一个当前的杀毒软件来扫描病毒，这个按钮的好处是不用解开文件包就可以扫描病毒；"保护"可以为压缩文件指定密码，免得别人轻易偷看；最后一个图标"自解压格式"为那些没有安装压缩软件的计算机提供了一个解压的更友好的方法。

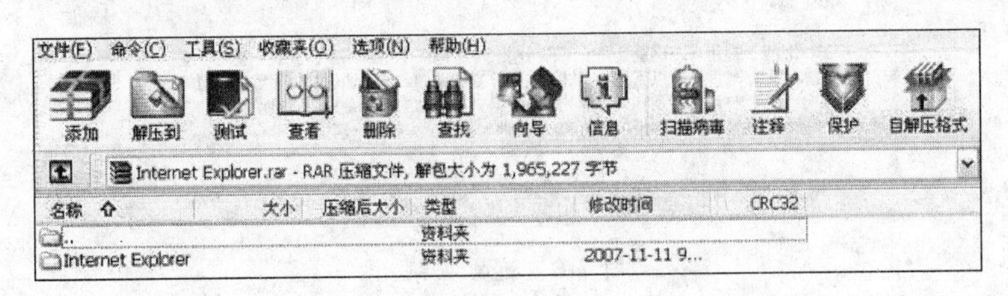

图 7-5　压缩文件内部

拓展与提高

请将自己平时的照片整理到一个文件夹中，并且使用压缩工具进行压缩，然后通过电子邮件发送给同班同学；同时，将接收到的本班同学的压缩文件，利用压缩工具进行解压缩。

7.2 下载软件的使用

许多应用软件可以到网上免费下载。如果要下载一个大的视频文件，如何保障它的安全、完整，以及快速方便呢？

案例提出

网络应用软件中更重要的是有一个下载工具的使用。如何为自己使用的计算机安装一个下载工具以便能快速解决网络下载问题呢？

案例分析

下载工具有许多，如迅雷、网际快车、网络蚂蚁等，这里主要介绍的是迅雷下载软件的使用方法。

案例实现

(1) 安装迅雷软件。首先通过百度搜索迅雷软件的安装程序，下载完后双击安装程序快捷方式进行迅雷的安装，如图 7-6 所示。

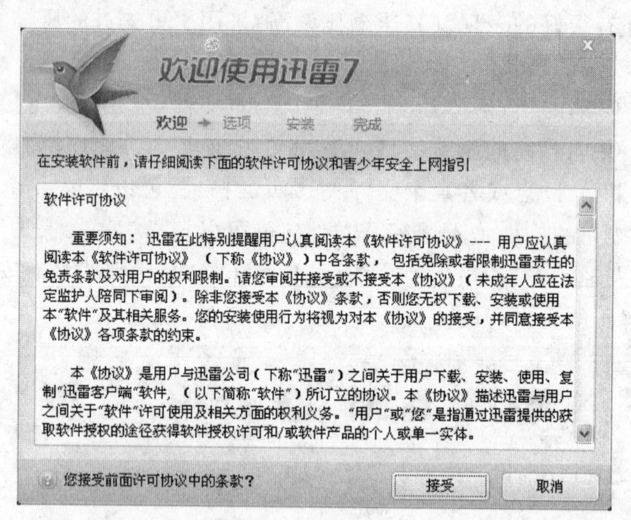

图 7-6 迅雷安装

(2) 安装完成后运行迅雷，显示主界面如图 7-7 所示。

(3) 使用迅雷下载音乐，如图 7-8～图 7-10 所示。

相关问题

下载软件很多，你知道的有哪些？能否在某个网站下载一个自己喜欢的网络下载软件，并安装到自己的计算机上？

图 7-7　迅雷主界面

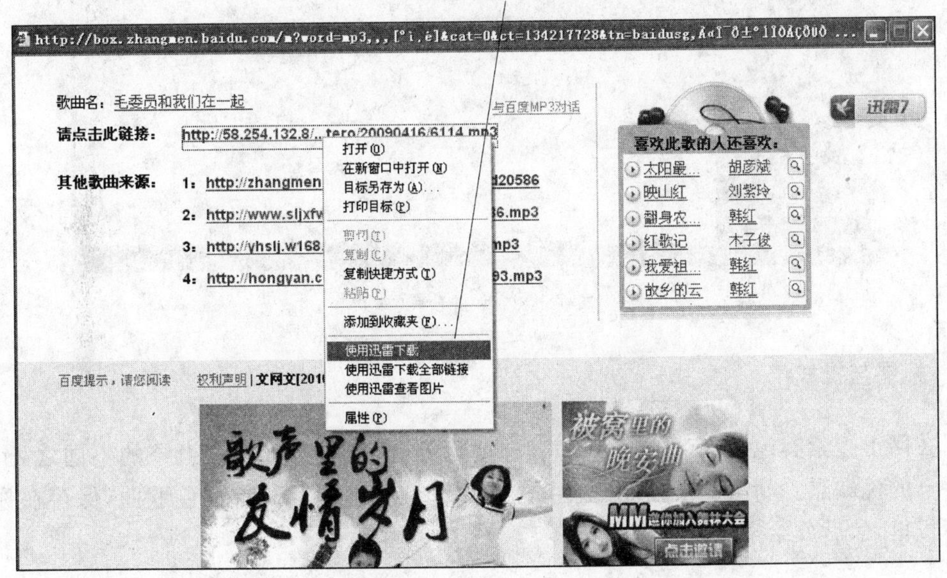

图 7-8　迅雷下载(一)

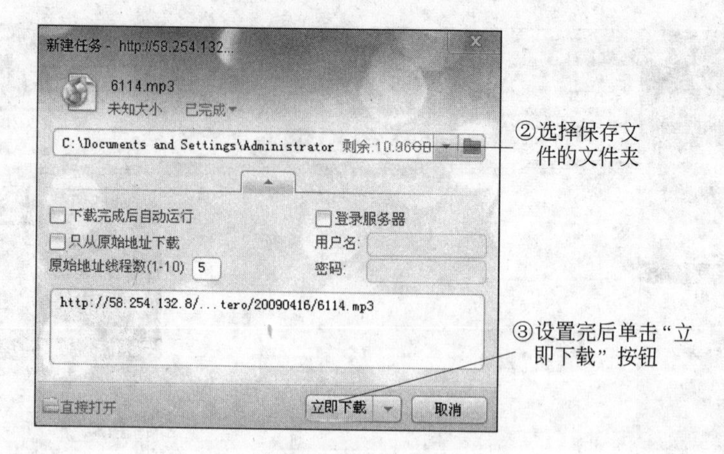

图 7-9 迅雷下载(二)

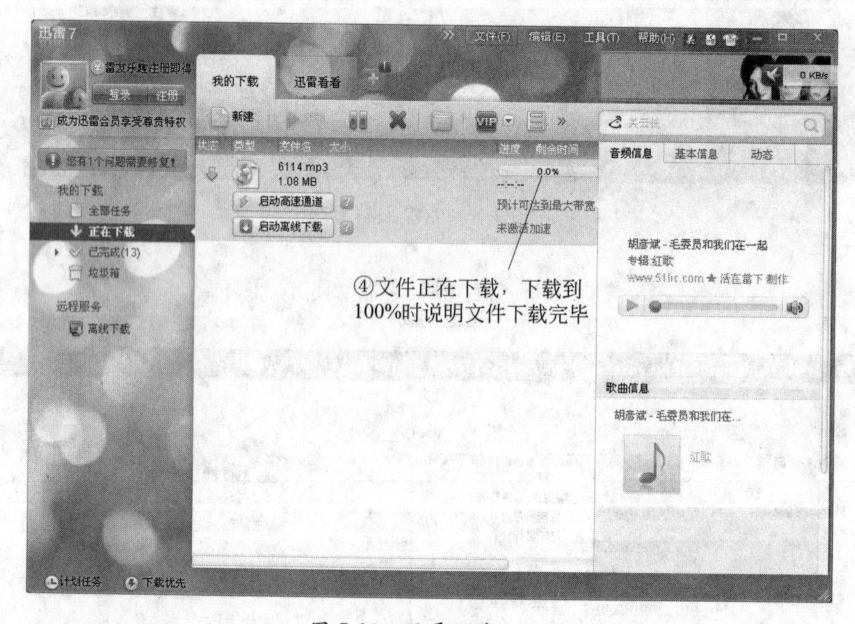

图 7-10 迅雷下载(三)

拓展与提高

在网上搜索其他搜索引擎,如 Google、搜狐等,体验与百度搜索引擎的不同之处,找到各自的优缺点。利用迅雷软件搜索并下载一部红色电影和一首红色歌曲,保存在你的计算机里,然后放给家人看和听。

7.3 杀毒软件的使用

计算机病毒是人为编写的一段具有破坏性的程序代码,计算机病毒的特点就是具有隐藏性、破坏性、潜伏性、寄生性、传染性,所以说计算机病毒肯定是有危害的。计算机病毒的危害主要表现在对软件或数据安全的破坏，也有部分病毒会对计算机硬件进行破坏。为防止计算机病毒可以采用安装杀毒软件或防火墙等办法将病毒危害控制到最低。

1. 使用“360 安全卫士”全面保护系统

案例提出

计算机开机速度慢，系统存在垃圾，网页被篡改等一系列的异常现象出现，当务之急就是要为自己的系统安装一套安全软件，提升系统的安全。

案例分析

“360 安全卫士”可以对计算机查杀流行木马、清理恶评及系统插件，管理应用软件，系统实时保护，修复系统漏洞等数个强劲功能，同时还提供系统全面诊断，弹出插件免疫，清理使用痕迹以及系统还原等特定辅助功能，并且提供对系统的全面诊断报告，方便用户及时定位问题所在，可为每一位用户提供全方位系统安全保护。为避免或修复个人计算机出现案例的情况，首先下载并安装“360 安全卫士”；其次要设置并运行“360 安全卫士”。

案例实现

(1) 下载“360 安全卫士”

① 在 IE 地址栏中输入“http://www.360.cn”，进入 360 安全中心，如图 7-11 所示。

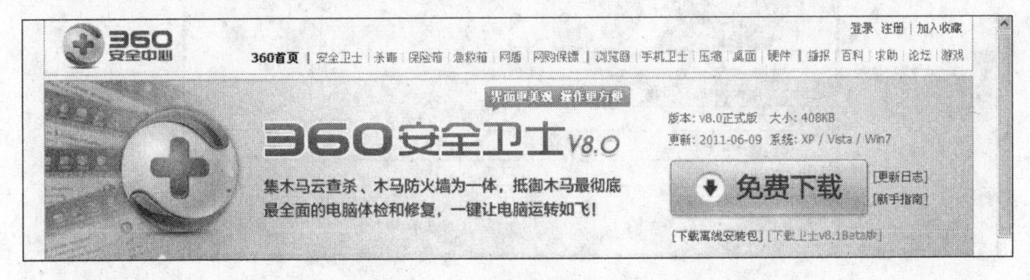

图 7-11　360 安全中心首页

② 单击“免费下载”超链接进行下载。通过下载工具完成软件的下载，如图 7-12 所示。

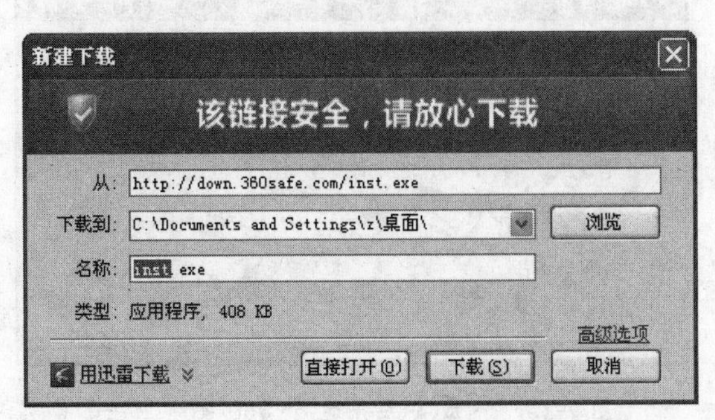

图 7-12　360 安全卫士下载过程

(2) 安装“360 安全卫士”

① 双击已下载的“360sd_se”文件,运行 360 安全卫士安装程序,如图 7-13 所示。

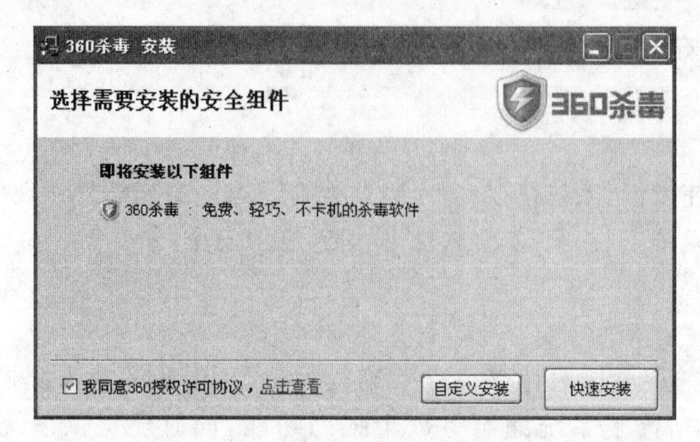

图 7-13 360 安全卫士安装过程

② 勾选“我同意 360 授权许可协议”复选框,单击“快速安装”按钮,如图 7-14 所示。

图 7-14 安装过程

③ 单击“完成”按钮,结束安装,如图 7-15 所示。

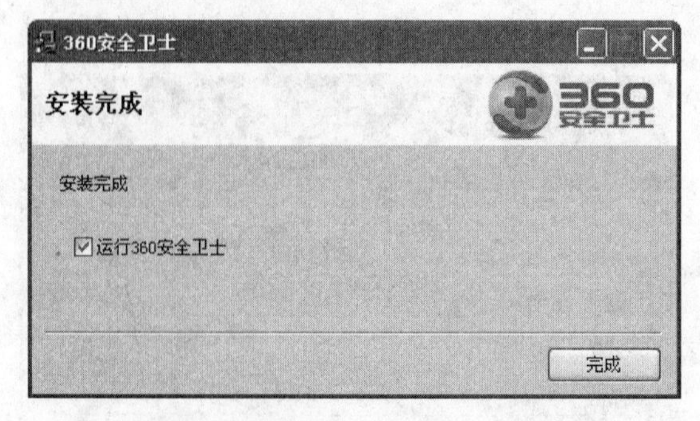

图 7-15 完成安装并运行“360 安全卫士”

(3) 设置并运行“360 安全卫士”对系统实时全面保护

① 运行“360 安全卫士”,进行系统全面体检,如图 7-16 所示。

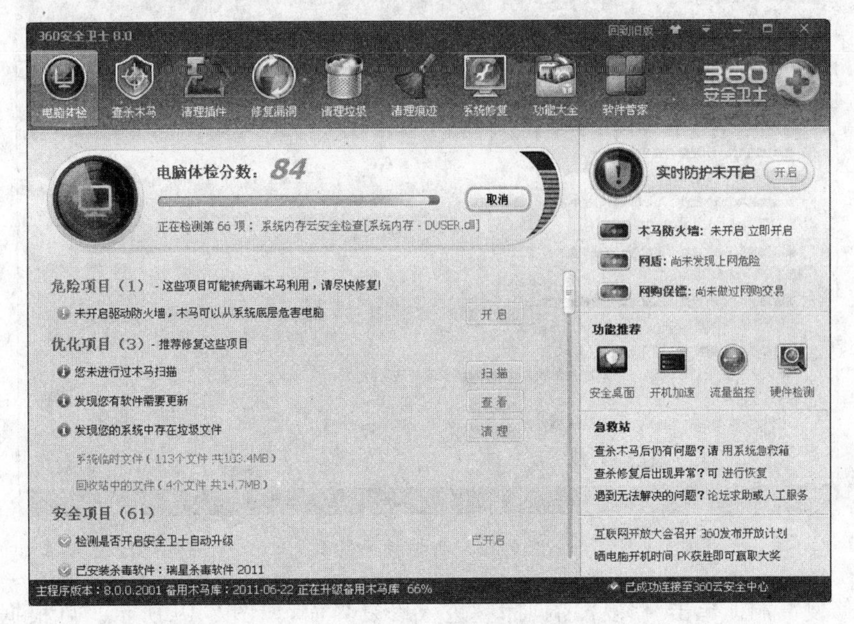

图 7-16　系统体检

② 根据检测结果,单击“开启”按钮可以开启防火墙和自我保护。

③ 清理插件。单击“清理插件”标签,进入清理界面,如图 7-17 所示。单击“开始扫描”按钮,可根据网友评分及清理建议选择要清除的插件(如图 7-18 所示),单击“立即清理”按钮即可。

图 7-17　清理插件界面

图 7-18 扫描插件界面

④ 修复漏洞。单击“修复漏洞”标签进入修复界面，如图 7-19 所示。可根据计算机情况智能地安装补丁。

图 7-19 修复漏洞界面

⑤ 清理痕迹。单击“清理痕迹”标签进入清理界面。单击“开始扫描”按钮，扫描计算机留下的各种痕迹。单击“立即清除”按钮，如图 7-20 所示。

⑥ 系统修复。单击“系统修复”标签进入修复界面。单击“开始扫描”按钮，恢复系统到健康状态，如图 7-21 所示。

图7-20　扫描痕迹

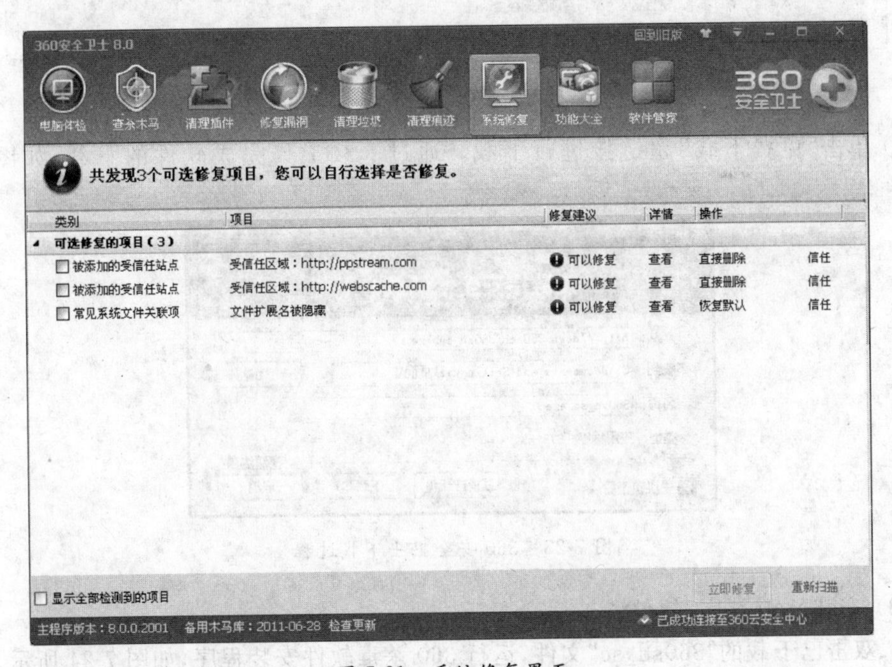

图7-21　系统修复界面

2. 安装使用360杀毒软件

案例提出

安装了“360安全卫士”后，发现系统给出了“没有安装杀毒软件或杀毒软件已过期”

的提示。难道“360 安全卫士”不是杀毒软件吗?

案例分析

“360 安全卫士”是一款杀木马、防盗号的安全软件,主要是利用 360 云查杀引擎杀掉网上新出现的未知木马,不能作为杀毒软件使用。故而还需在“360 安全卫士”的基础上安装一款杀毒软件。本例将完成的主要任务如下。

① 下载并安装“360 杀毒”软件。

② 设置并运行“360 杀毒”软件。

案例实现

(1) 下载“360 杀毒”软件

① 在 IE 地址栏中输入“http://www.360.cn”,进入 360 安全中心,如图 7-22 所示。

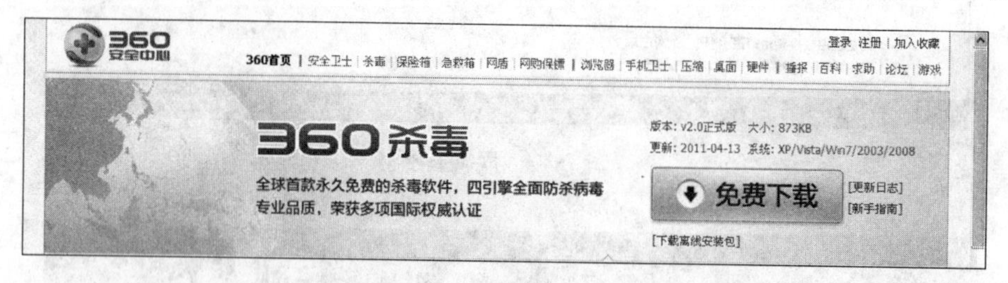

图 7-22 360 安全中心首页

② 单击“免费下载”超链接进行下载。通过下载工具完成软件的下载,如图 7-23 所示。

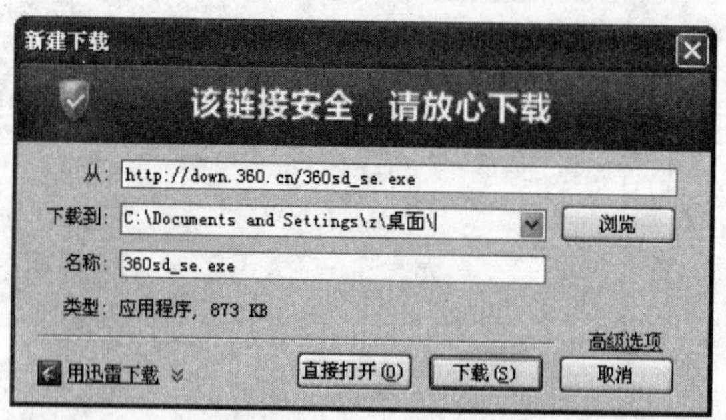

图 7-23 360 安全卫士下载过程

(2) 安装“360 杀毒”软件

① 双击已下载的“360sd_se”文件,运行 360 杀毒软件安装程序,如图 7-24 所示。

② 勾选“我同意 360 授权许可协议”复选框,单击“快速安装”按钮,安装界面如图 7-25 所示。

③ 进入安装向导,通过向导完成下面的安装,如图 7-26 所示。

④ 单击“下一步”按钮,进入“许可证协议”界面,阅读并接受协议,如图 7-27 所示。

⑤ 单击“下一步”按钮,进行安装位置设置,如图 7-28 所示。

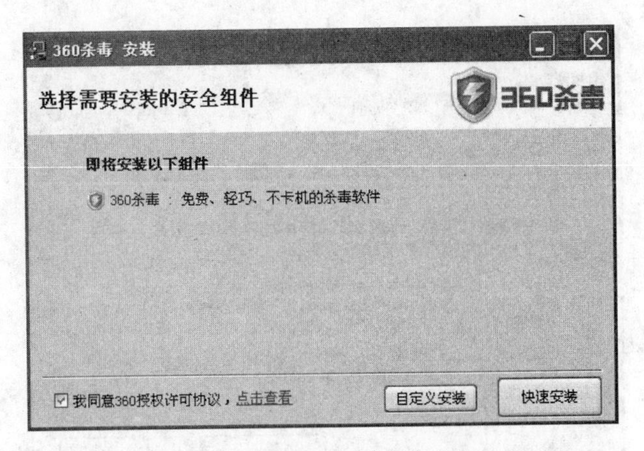

图 7-24　“360 杀毒”安装过程

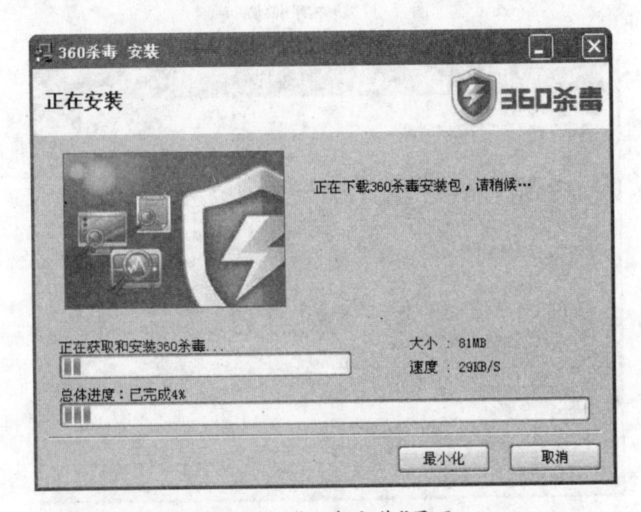

图 7-25　“正在安装”界面

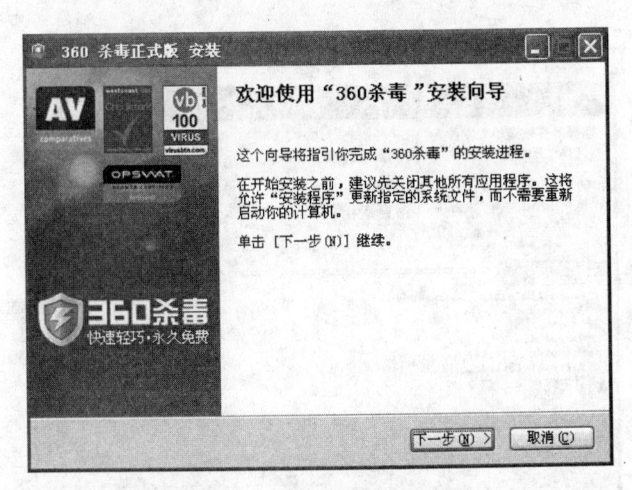

图 7-26　“360 杀毒”安装向导

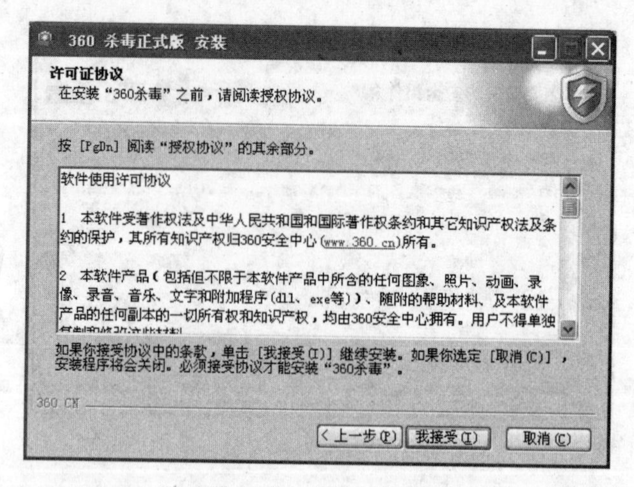

图 7-27 许可证协议

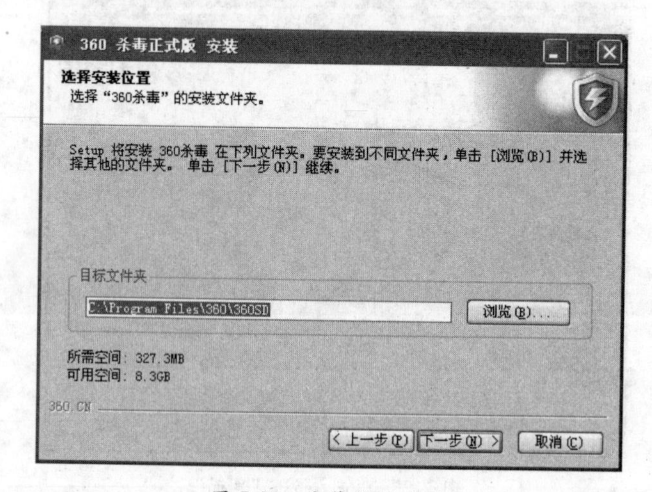

图 7-28 安装位置设置

⑥ 单击“安装”按钮进行安装，如图 7-29 所示。

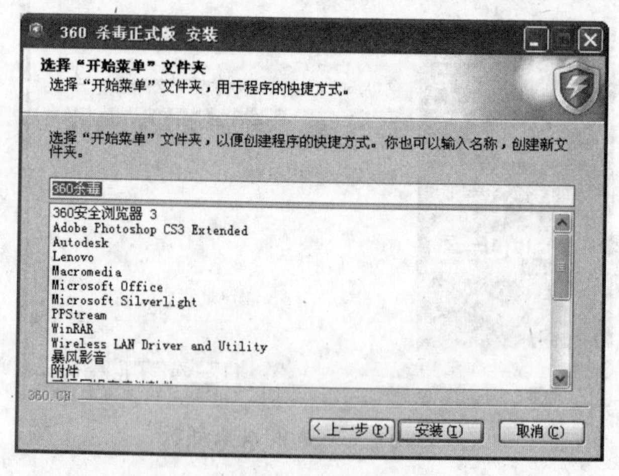

图 7-29 安装过程

⑦ 完成安装向导并运行“360 杀毒”软件，如图 7-30 所示。

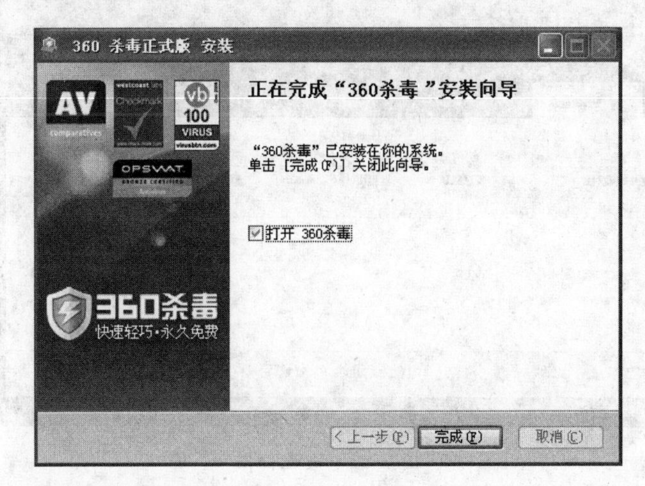

图 7-30　完成安装向导

(3) 运行“360 杀毒”软件

“360 杀毒”提供了四种手动病毒扫描方式，即快速扫描、全盘扫描、指定位置扫描及右键扫描，如图 7-31 所示。

图 7-31　360 病毒查杀

① 快速扫描：仅扫描计算机的关键目录和极易有病毒隐藏的目录，如图 7-32 所示。

② 全盘扫描：对所有分区进行扫描，如图 7-33 所示。

③ 指定位置扫描：仅对指定目录和文件进行扫描，如图 7-34 所示。

(4) 产品升级

选择“产品升级”选项卡，自动下载并安装升级文件，如图 7-35 所示。

图 7-32 快速扫描

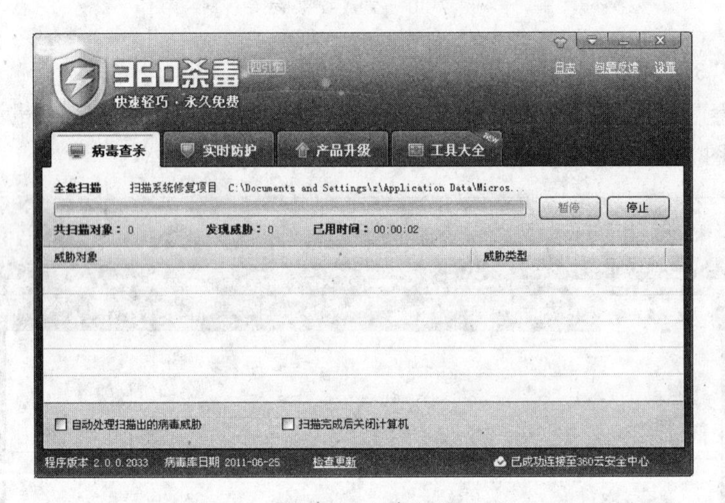

图 7-33 全盘扫描

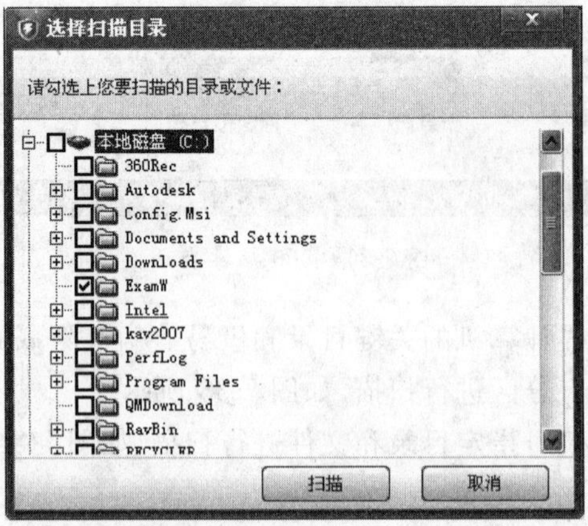

图 7-34 选择扫描目录

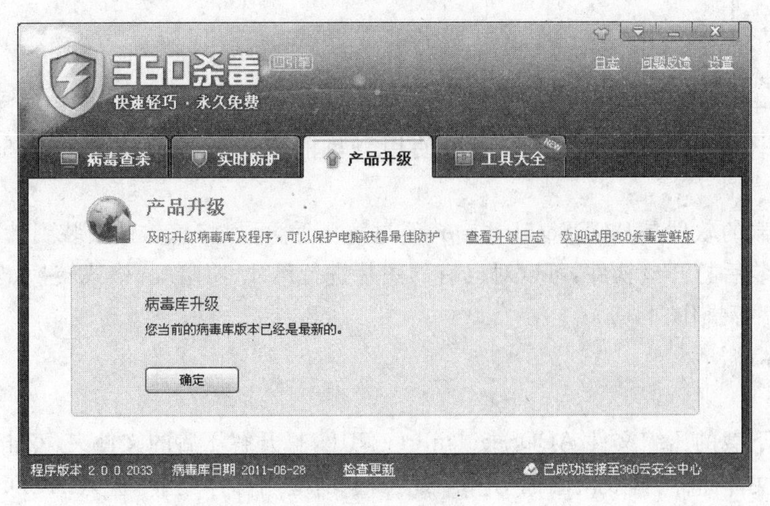

图 7-35　产品升级

相关问题

木马病毒源自古希腊特洛伊战争中著名的“木马计”，是一种伪装潜伏的网络病毒。它的传播方式主要是通过电子邮件附件发出，或捆绑在其他的程序中。病毒特性表现为修改注册表、驻留内存、在系统中安装后门程序、开机加载附带的木马等。其破坏性主要表现为，一旦发作，就可设置后门，定时地发送用户的隐私到木马程序指定的地址，一般同时内置可进入该用户计算机的端口，并可任意控制此计算机，进行文件删除、修改密码等非法操作。

拓展与提高

将自家的计算机安装上“360 杀毒”软件，使其正常工作。

7.4　ACDSee 图像处理软件的使用

自从有了数码相机和扫描仪以来，利用计算机存储、浏览、处理图片的人越来越多。如果我们是专业的平面设计师，一定要学一些专业的图像处理软件，例如 Photoshop 等软件。但我们只是想简单地将图片进行存储、浏览或对图片的尺寸、明暗度等进行调整，那么使用什么样的软件更为方便呢？这里介绍 ACDSee 图像处理软件，它在使用上比较方便适用。

案例提出

小艾拍摄了十幅风景图片，但照片拍摄的效果不是很理想，有暗有明。若想利用这些照片制作一个幻灯片，怎样用 ACDSee 图像处理软件达到想要的结果呢？

案例分析

(1) 使用 ACDSee 图像处理软件首先要有一套该软件的安装程序。这个程序到网上下载一个简体中文免费版就可以使用。目前该软件的最新版本是 5.0 简体中文版。

(2) 下载的软件是 ACDSee5lsjj. rar，经过解压后，可以将该软件安装到计算机中。

(3) 安装后打开该软件，可以对已有的图片进行尺寸、明暗度、格式转换、创建浏览方式、添加文字等操作。

案例实现

(1) 将下载的压缩文件 ACDSee5lsjj. rar 解压，打开解压后的文件夹，双击“请运点我注册. cmd”文件图标，再双击图标为 ACDSee5. exe 的应用程序，就可进入 ACDSee v5.0 窗口，如图 7-36 所示。

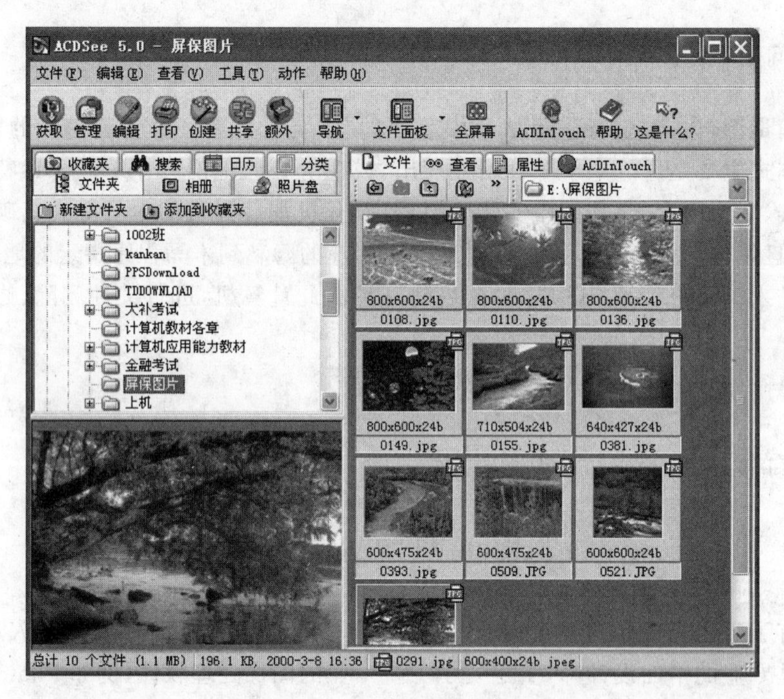

图 7-36 ACDSee v5.0 窗口

(2) 将 10 幅图片重命名为 1.jpg～10.jpg，将每幅图片设置大小为 600 像素×400 像素。选中所有图片(按 Shift 键连续选，按 Ctrl 键不连续选)，右击，执行“批量重命名”命令，进入如图 7-37 所示的对话框，在“开始于”文本框中选择 1，在“模板”下拉列表框中选择“#”选项，设置文件名大小写为“扩展名改为小写”，单击“确定”按钮。

选中所有图片，单击“编辑”按钮，在“编辑”工具栏中单击“批量调整尺寸”按钮。如图 7-38 所示，选择宽 600，高 400，勾销“保持原始大小比率”复选框，单击“确定”按钮，将文件夹中原尺寸的图片删除。

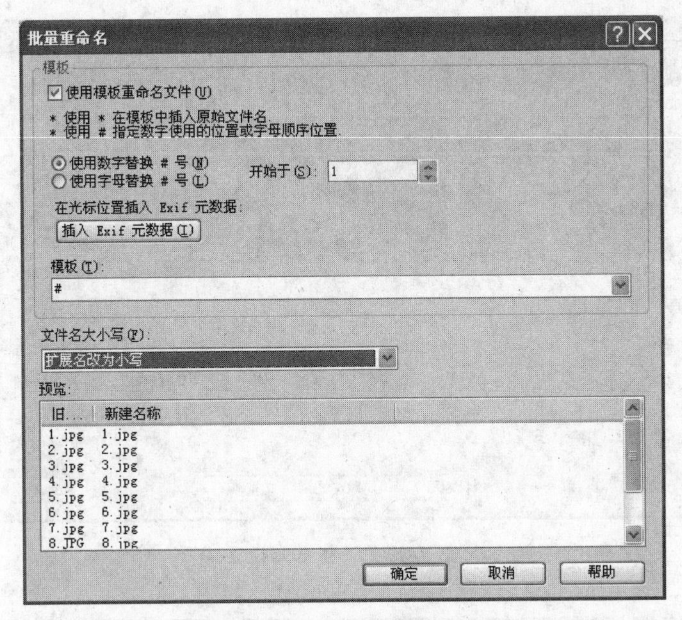

图 7-37　批量重命名

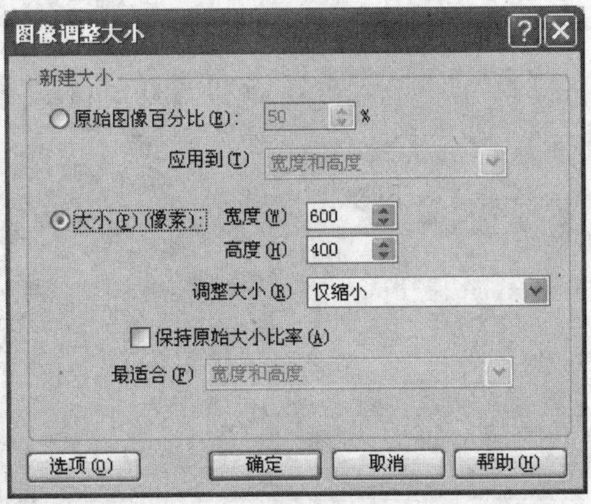

图 7-38　调整图片尺寸

(3) 修改 5.jpg 图片的曝光，将黑色调整为 43。

选中 5.jpg 图片，单击“编辑”工具栏中的曝光按钮，进入如图 7-39 所示的对话框，调整黑色为 43，单击“应用”按钮。

(4) 修改 6.jpg 图片，将其水平翻转，并添加文字“俯瞰孤岛”，字体为幼圆，字号为 30，颜色为白色。

选中 6.jpg 图片，单击“编辑”工具后再单击“编辑器”按钮，进入调整大小窗口，如图 7-40 所示。单击“翻转”按钮，将图片翻转，单击下边“文字”按钮后，出现输入文字的对话框，将文字输入其中，在“字体”工具栏中调整字体、颜色、字号等。在这个窗口中可以对图片进行裁剪、缩放、添加图形或图片、修改斑点或擦除不需要痕迹等操作，修改后保存并关闭窗口。

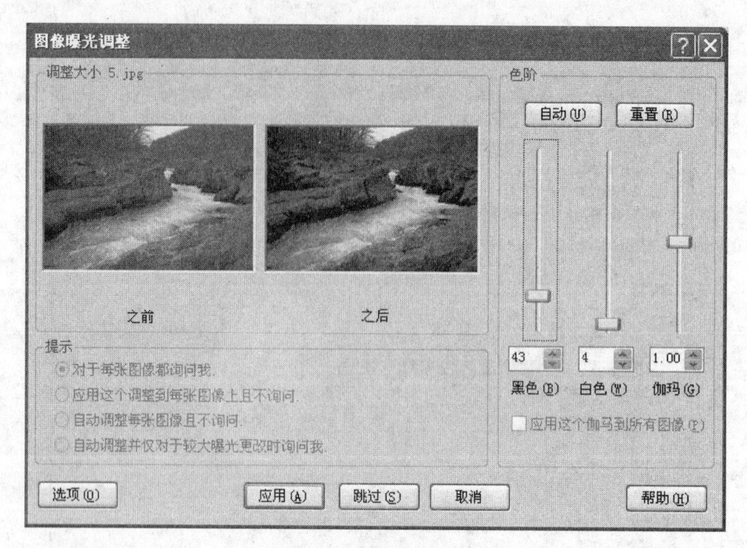

图 7-39　调整曝光设置

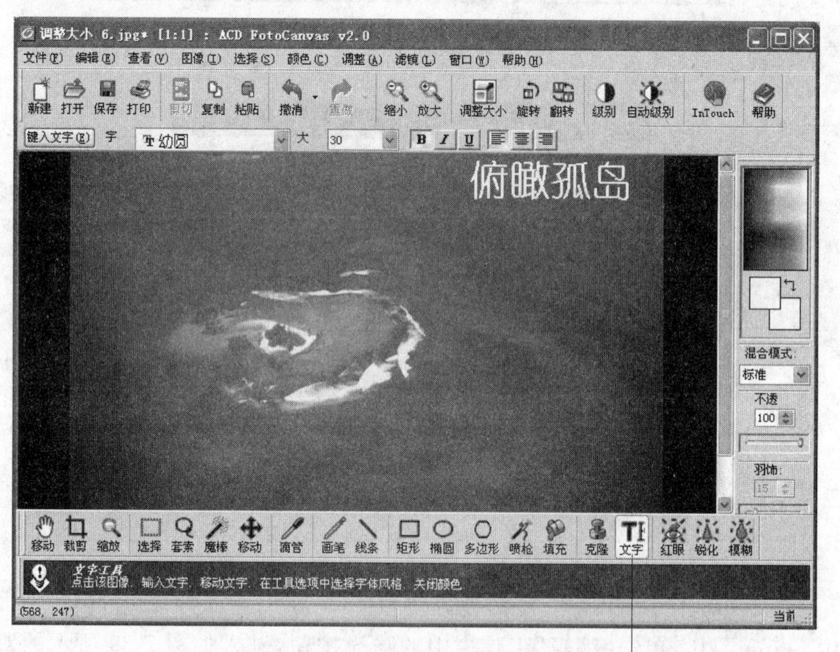

图 7-40　修改图片内容

(5) 将这 10 张图片用幻灯片切换方式浏览观看。

选中这 10 张幻灯片，执行“工具”→“幻灯片”命令，在如图 7-41 所示的对话框中设置相应的参数，单击“开始”按钮观看。

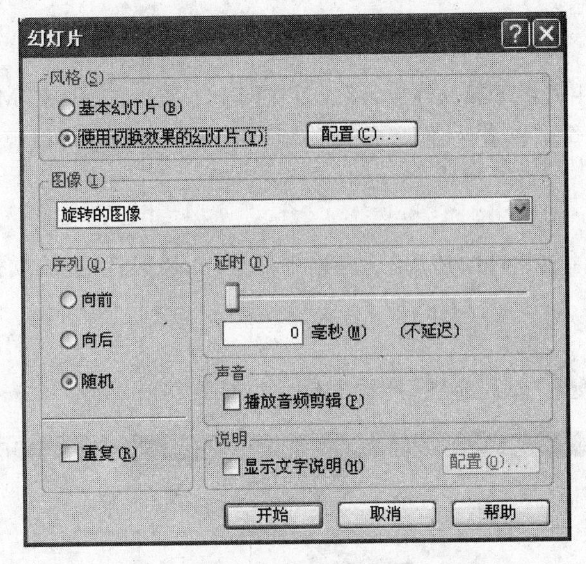

图7-41 设置图片以幻灯片形式浏览

相关问题

ACDSee的三种模式如下。

(1) 使用ACDSee的“浏览器”

使用ACDSee的“浏览器”，可以浏览、排序、管理、处理以及共享文件与图像。用户可以综合使用不同的工具与窗格来执行复杂的搜索和过滤操作，并查看图像与媒体文件的略图预览。“浏览器”窗格可以完全自定义，可以移动、调整大小、隐藏、驻靠或关闭。用户可以将窗格层叠起来，以便于参考和访问，同时最大化屏幕时间。

(2) 使用“查看器”

用户可以使用“查看器”以实际尺寸或各种缩放比例来显示图像与媒体文件，也可以按顺序显示一组图像。

(3) 使用“编辑模式”

ACDSee包含功能强大且简单易用的图像编辑器，它包括一套有用的工具，可以帮助消除数码图像中的红眼、不需要的色偏，应用特殊效果等。

拓展与提高

将自己的图片选择5张进行调整处理并添加文字，制作一个幻灯片浏览形式。

7.5 媒体播放软件的使用

随着计算机应用的普及，申请互联网的用户越来越多，人们已经不仅仅用计算机来办公，还用它来享受许多的娱乐生活。能够播放音乐、影视的软件都称为媒体播放器。怎样应用它们呢？

案例提出

小艾学会了使用迅雷下载软件后，便试着在网上下载一部“国家”MV，下载完后他想观看这部电影，双击这个电影文件，但是怎么也打不开，那么如何才可以观看这部电影呢？

案例分析

本案例着眼于播放软件的使用，这里列举的是“暴风影音”播放软件。

案例实现

(1) 在百度上搜索“暴风影音”播放器软件，如图 7-42 所示。

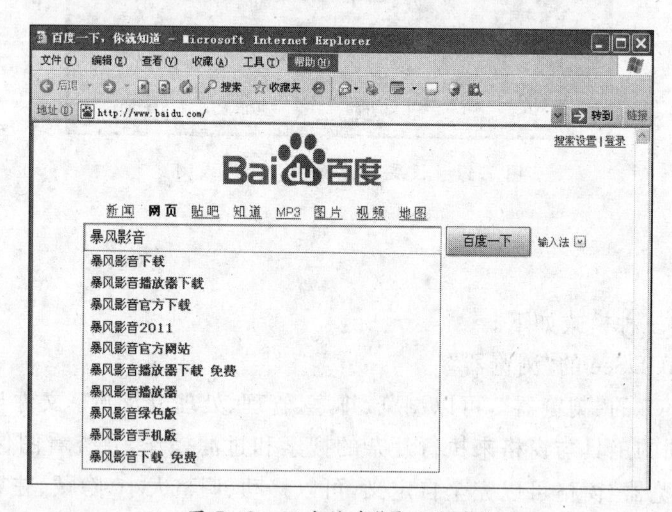

图 7-42 百度搜索“暴风影音”

(2) 利用“迅雷”下载“暴风影音”，如图 7-43 所示。

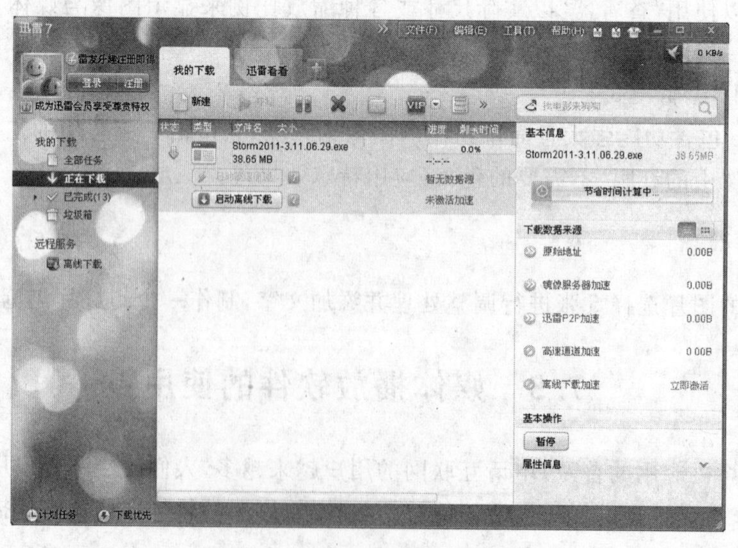

图 7-43 用迅雷下载“暴风影音”

(3) 安装"暴风影音",如图 7-44 所示。

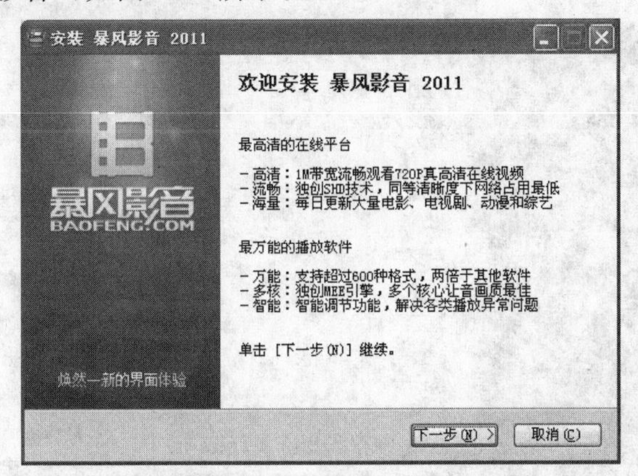

图 7-44　安装"暴风影音"

(4) 运行"暴风影音",如图 7-45 所示。

图 7-45　运行"暴风影音"

(5) 播放影音文件,如图 7-46～图 7-48 所示。

图 7-46　播放影音文件(一)

图 7-47 播放影音文件(二)

图 7-48 播放影音文件(三)

相关问题

除了上述的播放方法之外,还有没有其他的方法播放影音文件呢?

可以采用鼠标拖动的方法。单击需要播放的文件,然后拖动到播放软件当中就可以了,如图 7-49 和图 7-50 所示。

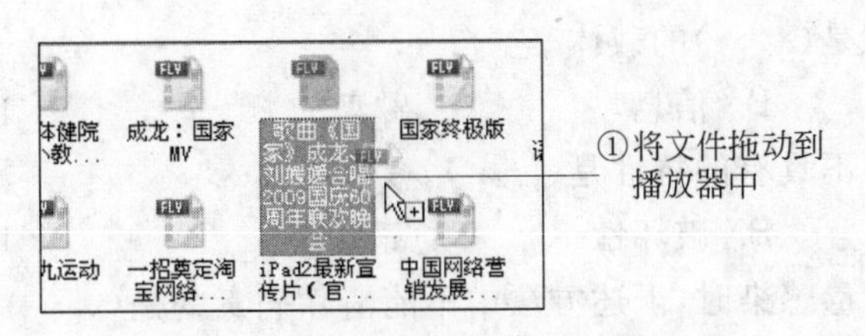

图 7-49　拖动播放影音文件(一)

图 7-50　拖动播放影音文件(二)

拓展与提高

在网上搜索其他播放器，如 QQ 影音、豪杰、Realplayer，体验与暴风影音的不同之处，找到各自的优缺点。

选择题

(1) 计算机病毒感染的主要对象是(　　)类文件。

A. DBF　　B. WPS　　C. COM 和.EXE　　D. DOC

(2) 多媒体信息的处理中，信息(　　)是最关键的技术之一。

A. 压缩　　B. 存储　　C. 传输　　D. 显示

(3) 文件型病毒是(　　)进入内存的。

A. 自动　　B. 启动系统时

C. 输入 TUPE 命令时　　D. 随宿主文件的执行

(4) 所谓媒体就是(　　)的载体。
A. 无线电　B. 信息　C. 磁盘　D. 乐器

(5) 计算机病毒不具有的特性是(　　)。
A. 传染性　B. 破坏性　C. 寄生性　D. 友好性

(6) 当文件被病毒感染时,下述方法中不能清除病毒的是(　　)。
A. 关机　B. 使用杀毒软件
C. 将磁盘格式化　D. 删除病毒的宿主程序

(7) 防止软盘感染病毒的有效方法是(　　)。
A. 不和有病毒的软盘放一起　B. 将写保护口封上
C. 保持机房清洁　D. 保持软盘驱动器清洁

(8) 不属于多媒体系统特性的是(　　)。
A. 多变性　B. 集成性　C. 交互性　D. 实时性

(9) 不属于检测、清除病毒的软件是(　　)。
A. 超级解霸　B. KV3000　C. 瑞星　D. 金山毒霸

(10) 声卡不具有(　　)功能。
A. 数字音频　B. 音乐合成　C. MIDI 音频　D. 文字处理

(11) 多媒体系统常用的设备不包括(　　)。
A. 扫描仪　B. 光盘刻录机　C. 数码相机　D. 复印机

(12) 发现计算机病毒后,比较彻底的清除方式是(　　)。
A. 用杀病毒软件处理　B. 删除磁盘文件
C. 重新启动计算机　D. 格式化磁盘

(13) 集成性、实时性和(　　)是多媒体的重要特征。
A. 交互性　B. 安全性　C. 友好性　D. 传染性

(14) 计算机病毒是指(　　)。
A. 编制有错误的程序　B. 设计不完善的程序
C. 已被破坏的程序　D. 以危害系统为目的的特殊程序

(15) 计算机杀病毒软件可以(　　)。
A. 演示病毒　B. 杜绝病毒
C. 不再感染已发现的病毒　D. 清楚大部分已发现的病毒

第8章 计算机应用能力综合测试

1. 测试对象

中职学校一年级学生，能够在计算机 Windows XP 系统支持下，使用 Word、Excel 应用软件，完成测评内容。

2. 测试形式

考核部门组织考生，利用 100 分钟时间，统一集中在计算机室完成测试内容，并组织考评人员统一评价，给出评价结果。

3. 评价标准

优秀级：在规定时间内完成全部内容，准确度在 95%以上。

合格级：在规定时间内，完成三页内容，准确度在 90%以上。

4. 测评办法

在 Word 中用 2 张 A4 幅面、1 张 A3 幅面纸张编制测评内容——样文 1～3 样文，并以“办公应用能力测试”命名并保存在考生文件夹中，同时利用给定型号(现场给定)打印机将测评内容打印在 2 张 A4 纸、1 张 A3 纸中。

测评内容中数据、文字及图片素材的来源标记说明如下。

⌨表示由现场录入。

🖱表示到“计算机办公能力测评”文件夹的 Index. htm 网页中查找下载。

▤表示在“计算机办公能力测评”文件夹相应的 Excel 工作表中获取。

⚒需要到“计算机办公能力测评”文件夹中将相应的字体安装到字体库。

5. 内容格式要求

版面内容不缺项，布局充实不溢出。图片、文本框、艺术字图形等位置、大小、格式与试卷类似，文字内容要一致，字体、字形、字号要适当(符合视觉规律即可)。页眉、页脚内容要一致。

6. 完成测评需要的操作技能

（1）能熟练完成 Windows XP 操作系统下的字体安装、打印机添加、输入法调用、文件管理等操作，为测试操作做好准备。

（2）快速录入文字、数字及符号，并会使用 Word 中的格式排版完成样文 1 的操作。

（3）熟练掌握 Word 中表格的运用，能快速完成样文 2 中的表格内容及格式设置。

（4）会熟练使用给定的 Excel 文件的表中数据进行相应的数据管理操作，并加工出样文 2 中表格空格位置的数据和图表，并录入到样文 2 的相应空格中。

（5）熟练掌握 Word 中文本框的使用，能熟练利用图文混排技术编排样文 3 的内容。

（6）会快速正确地从给定网页中下载文字和图片，并将图片和文字用于样文 3 的编排。

（7）用打印机完成个人作品。

样文 1　A4 幅面

关于召开集团各商场 2010 年工作总结 2011 年工作打算

汇报会的通知

集团各商场：

为深入查找 2010 年集团各商场的工作不足，便于安排部署 2011 年集团各项工作，经研究决定，我集团将于近期召开 2010 年工作总结、2011 年工作计划汇报会。要通过此次会议，查找工作不足、总结管理经验、强化发展共识、明确责任事项，为实现企业快速发展、科学发展、和谐发展奠定基础。

■ ***会议时间***：2011 年 1 月 15 日 8:30

■ ***会议地点***：集团 6 楼会议室

■ ***参会人员***：集团领导班子成员、各商场主管经理及各商场职工代表

■ ***有关要求***：

1. 与会人员要准时参加会议，无特殊情况不得请假。到会人员到会场签到，发言者签到后必须报送汇报材料一份。

2. 各商场要高度重视此项工作，工作总结要客观实际，真正查找到工作的不足。2010 年任务完成情况用数字说明，没有完成的任务一定要说明问题发生的原因。在制订 2011 年计划中要说清完成任务的具体内容，工作的实施步骤和时间进度，要有具体的责任人。结合各商场的优势和业务特点，说明完成新任务的可行性。

3. 汇报材料形成后，要组织本部门人员座谈讨论、认真修改、提高质量，坚决防止言之无物、以偏概全。汇报材料字数在 1600 字左右，汇报时间控制在 8 分钟以内。

※望相互转告，届时参加！

中海集团办公室

2010 年 12 月 15 日

样文 2　、A4 幅面

一商场四季度销售统计汇总表

数据来源		一商场销售报表			
报表人		张大成	统计时间	2010 年 12 月 28 日	
序号	部门	员工数	销售金额合计	纯利润	人均奖金
1					
2					
3					
4					
5					
6					
7					
8					
9					
10					
四季度各部门人均奖金情况示意图：					
情况说明：没完成销售计划的奖金为 0。（*以上表格数据和图表从“计算机办公能力测评”文件夹下“数据文件”的“一商场销售表”工作表中加工获取*）					

样文 3 横版 A3 幅面

实习生导报

实习生最基本的规范

实习感言：时光如梭，我已经实习了一个月的时间，这期间，经历了十多天的夜班，半个月的白班，体验着劳动的光荣与艰辛，在这里我学到了我离开校园的第一笔知识，这些都是从书本上学不到的知识，从体验公司的文化到亲身接触公司的每个部门的人员，从公司的季刊杂志上，从其他员工的言谈中，有好的信息，也有不好的耳闻，总之，我的感觉中，我们的公司还是在不断前进发展。

生活小常识

长时间打电话也会得"网球肘"

别以为只有运动过量才会遭遇"网球肘"！如果你长时间打电话，肘部绷得太紧，肘关节神经一样会受到伤害，这时你会感到下臂疼痛、肘关节活动不利，电脑操作速度也会被大大影响！因此小编建议你在打电话时尽量戴上耳机！

发行单位：大连商业学校

主 编 人：学生姓名

发行日期：2011 年 4 月

1、不论你住得多么远，每天早上最少提前 10 分钟到办公室，如果是统一班车，也应提前 5 分钟赶到候车点。上班不迟到，少请假。
2、在任何地方，碰到同事、熟人都要主动打招呼，要诚恳。
3、在车上，要主动给年长者、领导、女同事让座。不要与任何人争上车先后、争座位。
4、进入办公室应主动整理卫生，即使有专职清洁工，自己的办公桌也要自己清理。这一切都应在上班时间正式开始前完成。
5、早餐应在办公室之外的地方、上班开始前的时间里完成。
6、每天工作开始前，应花 5 至 10 分钟时间对全天的工作做一个书面的安排，特别要注意昨天没完成的工作。
7、每天都要把必须向领导汇报、必须同别人商量研究的工作安排在前面。
8、找领导、同事汇报、联系工作，应事前预约，轻声敲门，热情打招呼。
9、上班时间，不要安排处理私事的时间，特殊情况须提前向领导请示。
10、工作需要之外，不要利用工作电脑聊天、游戏、看新闻。
11、不可利用工作电话聊天。即使是工作需要通话，也应长话短说，礼貌用语。
12、在办公室说话做事，都不应发出太大的声音，以不影响他人工作为宜。
13、每天上班前都要准备好当天所需要的办公用品。不要把与工作无关的东西带进办公室。
14、下班后，桌面上、电脑里不要放置工作文件、资料。下班前，应加密、上锁、关闭电源等，下班不早退。
15、除必须随身携带的外，不要把工作文件、材料、资料、公司物品等带回宿舍。
16、除工作需要外，与自己工作相关的技术、信息不能轻易告诉别人，哪怕是同事、领导。
17、与别人同住一室，应注意寝室和个人卫生，充分尊重别人的生活习惯，彼此互相信任，友好相处。
18、因公出差时，要绝对服从公司的人员、时间、经费、工作安排，不提与工作无关的要求，不借机办私事。
19、出差在外，应礼貌待人，与领导、同事、客户、合作方见面、分手都要主动握手、问好、告别。
20、与他人沟通、合作、交流、谈判时，须注意说话的语速和声调，不宜过快过大，更不能情绪失控造成不良后果。
21、与同事、领导、客户、朋友一道乘车外出时，应礼貌后让，随手关好车门。
22、与同事、领导、客户、朋友一同赴宴时，应礼貌让座，必要时还应协助服务员做一些事情。
23、酒席上应尊重领导、年长者、女士，礼貌敬酒，控制饮酒，严禁过量。
24、与领导一同外出，遇事在领导发话之前不宜抢先说话，多帮忙不添乱。
25、拜访领导、同事、客户、朋友时，对受到的热情接待应及时表示感谢。遇到条件、环境不好或接待不热情时，不要提出额外的要求。
26、除非一个人独处，否则不要在上班时间和公共场合玩手机或频繁发短信、打电话。
27、要坚持学习专业知识，每天睡觉前学习半小时最少 10 分钟。天天坚持，不论在什么地方。
28、要坚持接受新的信息，每天看电视半小时或阅读主流、专业报纸半小时或上网浏览半小时。坚持不懈，但应在下班后的时间。
29、即使不是工作需要，也应定期与领导、同事进行沟通、交流。
30、关注公司、部门工作与发展，如有想法和建议，应及时通过适当方式向上级乃至最高层反映。
31、适时总结自己的工作和生活，适当规划一段时期内的个人工作和生活。
32、同事、领导、朋友的红、白喜事，不应缩手缩脚，但也不宜太过张扬。
33、定期同家人、同学、老师、朋友联系，互通工作、生活信息。
34、生活尽量有规律，饮食均衡保证营养，平时穿着简洁大方。如有工作装，必须按要求着装。不要穿不干净、有补丁的衣服上班、会客、出差。
35、注意个人仪表，定期理发、剃须，天天擦鞋。
36、如果工作不能按时完成或出现意外，必须及时向领导通报，寻求新的解决方法，尽量避免损失。
37、生活发生困难时，要及时寻求同事或公司的帮助。
38、生病不能上班时，要及时请假，积极治疗，必要是寻求朋友帮助。
39、要养成主动干工作、简单过生活、结识好朋友的良好习惯。
40、以出色达成工作目标为准则，不要给自己额外的压力，要学会享受工作、享受生活。

附录 A 键盘指法分布

(1) 指法要求

手指的管辖范围如图 A-1 所示。

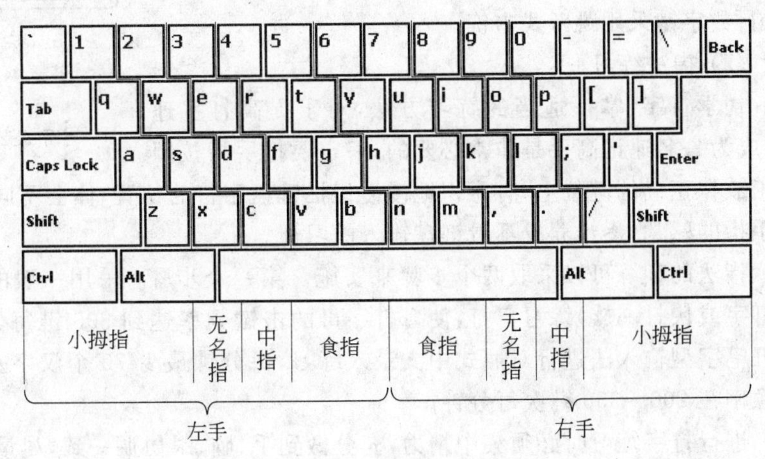

图 A-1 指法分布

指法是指双手在计算机标准键盘上的手指分工。指法正确与否、击键频率快慢与否都直接影响着打字速度,因此,有必要强调指法训练要求。

据统计,双文速记以词为单位进行输入,平均每个汉字不足 1.25 个键,如果击键频率按 300 键计算,每分钟可输入汉字 240 个,完全可以满足与汉语语言同步的速记(速录)要求和高级速记师(速录师)的考核标准。

(2) 坐姿

打字开始前一定要端正坐姿,如果姿势不正确,不但会影响打字速度,还容易导致身体疲劳,时间长了还会对身体造成伤害。坐姿要求如下。

① 两脚平放,腰部挺直,两臂自然下垂,两肘贴于腋边。

② 身体可略倾斜,离键盘的距离约为 20～30cm。

③ 打字教材或文稿放在键盘的左边,或用专用夹固定在显示器旁边。

④ 打字时眼观文稿,身体不要跟着倾斜。

⑤ 注意休息,速记工作者的训练和工作中要注意休息,防止因过度疲劳导致对身体和眼睛的伤害。

(3) 基本键位

基本键位：A、S、D、F(左手)；J、K、L(右手)。在输入时，手指必须置于基本键位上面。在输入其他键位后必须重新放回基本键上面，再开始新的输入。

注：手指要自然弯曲，轻放在基本键位上面，大拇指置于空格键上，两臂轻轻抬起，不要使手掌接触到键盘托架或桌面(会影响输入速度)。

右手数字键盘指法要求如图 A-2 所示。右手中指放在数字键 5 上，右手食指放在数字键 4 上，右手无名指在数字键 6 上。

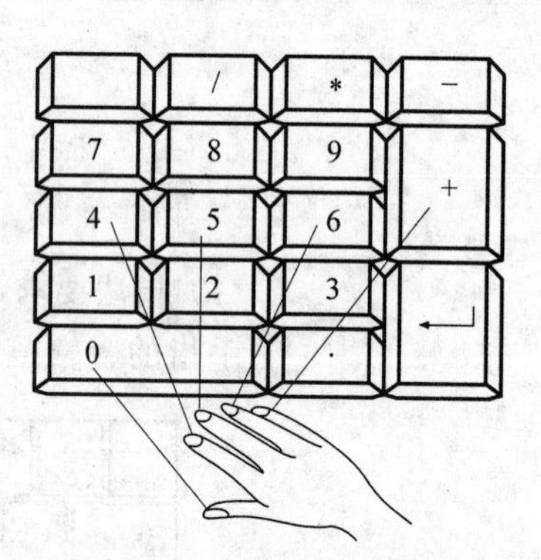

图 A-2 数字键指法

(4) 指法练习技巧

将左手和右手的手指放在基本键上；按完其他键迅速返回原位；食指击键注意键位角度；小指击键力量保持均匀；数字键采用跳跃式击键。

(5) 指法练习

初学打字，掌握适当的练习方法，对于提高打字速度，成为一名速记高手是非常必要的，一定要把手指按照分工放在正确的键位上，有意识地慢慢记忆键盘字符的位置，体会不同键位上字键被敲击时手指的感觉，逐步养成不看键盘输入的习惯。

指法的训练可以采取两个步骤来实施。第一个步骤：采用一般的指法训练软件(金山打字或快打一族)练习盲打，使盲打字母的击键频率达到 300 键每分钟。第二个步骤：用五笔字型输入法进行对照式中文录入练习，每分钟最少 70 个汉字。要求击键准确，击键频率在 200～350 键次每分钟。

进行打字练习时必须集中精力，充分做到手、脑、眼协调一致，尽量避免边看原稿边看键盘，这样容易分散记忆力，初级阶段的练习即使速度很慢，也一定要保证输入的准确。

速记员指法训练要领：正确指法、键盘记忆、集中精力、准确输入、刻苦训练。

操作训练：

按照金山打字软件训练英文录入。英文文章测试按照最低 120 字符/分钟的速度，正确率 100%为合格。

附录 B 五笔字型输入法

一、汉字输入法

① 音码：利用汉语拼音方法输入汉字，如智能 ABC 和搜狗拼音输入法。

② 型码：五笔字型输入法。

二、五笔字型编码方案

1. 汉字的五种笔画

五笔字型规定的笔画是一笔写出的线，即只考虑笔画的运笔方向，而不管其轻重长短。将汉字笔画分为五种，即横、竖、撇、捺、折，代码分别为 1、2、3、4、5，并用这五种笔画将键盘分为 5 个区。

1 区（横区）：A、S、D、F、G；区位代码：15、14、13、12、11。

2 区（竖区）：H、J、K、L、M；区位代码：21、22、23、24、25。

3 区（撇区）：Q、W、E、R、T；区位代码：35、34、33、32、31。

4 区（捺区）：Y、U、I、O、P；区位代码：41、42、43、44、45。

5 区（折区）：X、C、V、B、N；区位代码：55、54、53、52、51。

汉字的其他笔画按其运笔方向并入以上五区。竖带左钩的笔画并入竖；提笔因是由左向右都视为横；点视为捺；竖笔向右钩和其他只要带拐笔画均为折。

五笔字型将那些组字能力强、使用频率高的字根作为基本字根，共选出了 130 个。这 130 个字根中，有些是汉语词典中传统的偏旁部首，有些是根据五笔字型编码的需要硬性规定的。另外，五种单笔画（横、竖、撇、捺、折）也是作为基本字根来看待的。

2. 五笔字型字根键位

五笔字型根据字根首笔画的类型，同时又考虑到键位设计的需要，将 130 个字根分为五大类，安排在键盘的五区中。这五个区在键盘中部三排 25 个键上，每区五个键，每个键称为位，位号由中间向两边排列，所以每个键都对应一个区位号，如图 B-1 所示。

五笔字型字根在键盘上的分布大部分按以下原则。

① 按第一笔的笔画分区。根据前面所说的五种笔画的代码，按字根第一笔的代码确定该字根在哪一区，也就是把字根按首笔是横、竖、撇、捺、折的分别分到 1、2、3、4、5 区。

35	34	33	32	31	41	42	43	44	45
Q	W	E	R	T	Y	U	I	O	P
金	人	月	白	禾	言	立	水	火	之
15	14	13	12	11	21	22	23	24	
A	S	D	F	G	H	J	K	L	
工	木	大	土	王	目	日	口	田	
55	54	53	52	51	25				
X	C	V	B	N	M				
纟	又	女	子	已	山				

图 B-1 字根分布

② 按第二笔的笔画定位。按第二笔笔画代码号安排该字根在几号位。如“王”字，第一笔为横，可知区代码为 1，第二笔仍为横，位码也是 1，于是，安排在 11 键上；如“土”字，首笔为横，第二笔为竖，区码 1，位码 2，就在 12 键上；如“七”字，首笔为横，第二笔为折，就在 15 键上；如“之”字，首笔为点，第二笔为折，在 45 键上。

③ 按笔画数定位号。如横笔一横、二横、三横，分别在 11、12、13 键；一竖、二竖、三竖、四竖分别在 21、22、23、24 键；一撇、二撇、三撇分别在 31、32、33 键；一点、二点、三点、四点分别在 41、42、43、44 键；一折、二折、三折分别在 51、52、53 键。

④ 按以上规则分配，有些位上分配字根较少，则将字根分布过于集中的键上的字根调剂进去。如汉字书写笔画中没有首笔为横或竖，第二笔为捺的字根，于是在 14 和 24 键上分别安排了“木、丁、西”和“田、甲、车”，这都是从其他键位调剂过来的。

⑤ 按与汉字传统偏旁部首有相应关系的，虽笔画走向不同，为便于记忆，也安排在一起，如水、耳等。

总之，五笔字型的键位排列，既考虑了各个键的使用频率，又做到了使字根代号从键盘中央向两侧依大小顺序排列。这样便于记忆键位，提高击键效率。

3. 五笔字型字根助记词

五笔字型字根助记词如表 B-1 所示。

表 B-1 五笔字型字根助记词

第一区	第二区	第三区	第四区	第五区
G 王旁青头戋五一 F 土士二干十寸雨 D 大犬三羊古石厂 S 木丁西 A 工戈草头右框七	H 目具上止卜虎皮 J 日早两竖与虫依 K 口与川，字根稀 L 田甲方框四车力 M 山由贝，下框几	T 禾竹一撇双人立 反文条头共三一 R 白手看头三二斤 E 月彡乃用家衣底 W 人和八，三四里 Q 金勺缺点无尾鱼 犬旁留叉儿一点夕 氏无七	Y 言文方广在四一 高头一捺谁人去 U 立辛两点六门疒 I 水旁兴头小倒立 O 火业头，四点米 P 之宝盖，摘示衣	N 已半巳满不出己 左框折尸心和羽 B 子耳了也框向上 V 女刀九臼山朝西 C 又巴马，丢矢矣 X 慈母无心弓和匕 幼无力

4. 五笔字型编码规则

(1) 键名汉字的编码

五笔字型规定每个键上的第一个字，也就是助记口诀中每个区位中的第一个字为键名,除了五区第五位的X键以外,每个键名都是一个完整的汉字。要输入键名字,在该键上连击四次就可以了,如输入"金"字,按Q键四次即可。

(2) 成字字根的编码

在五笔字型130多个字根中,除了键名字以外,一部分字根也是汉字,这样的字称为成字字根,如"五、戋、寸、雨、石、古、西、丁、七、止、卜、早、虫、车、力、由、贝、几、竹、手、斤、乃、用、八、儿、广、辛、六、门、小、米、己、巳、尸、心、羽、耳、也、臼、弓、匕"等。成字字根的编码规则为键名码+第一笔码+第二笔码+末笔码。如"西"字在S键上,先击S键(键名码,又称报户口,就是先报出"西"字所在的键位),然后再按书写顺序打第一笔一横(G),再打第二笔一竖(H),最后一笔一横(G),"西"字的编码就是SGHG。当成字字根只有两笔时,打完第二笔码后补空格。

注:凡是成字字根就不能再拆成其他字根,报了户口以后,只能一笔画一笔画地打。

(3) 拆码原则

除以上介绍键名字、成字字根和一级简码字以外,其余的汉字在向计算机输入时都要把它拆成字根。

① 依照笔顺。取码顺序依照从左到右、从上到下、从内到外这种传统的汉字书写顺序来拆分。但也有少数汉字,为了"兼顾直观",没有按书写顺序,如乘:禾、丬、匕,(TUX);酉:西、一,(SGD)。

② 每字四码。一个汉字拆分的字根数如果是四个或大于四个,那就取第一、第二、第三和最末一码。超过四码的,中间的笔画就不用管它了。

③ 取大优先。取大优先就是能大不小,也就是每次尽可能拆出笔画最多的字根,使拆出来的字根个数最少。

④ 能散不连。"散"是指基本字根的笔画之间可以有一定距离。"连"基本字根笔画间无距离的结构,这种结构一般有两种:一种是单笔画与基本字根相连;另一种是带点结构的汉字视为相连。如"亥",拆分为"亠乚丿人",因为一撇与"人"字之间有距离,是散,若拆成两撇与一捺则为连,所以后者错误。带点结构的字,孤立的点不管与基本字根有无距离均视为相连,如勺、术、太、义、头、斗。

⑤ 能连不交。两个或多个基本字根交叉嵌套组成的汉字称为"交"。拆分汉字时,能拆成相连结构的就不要拆成相交的。如"天"字,视作"一"和"大"为相连,视作"二"和"人"为相交,按此原则应取"一大"。而对于"夫"字来讲,不论取"一大"或"二人"都是相交结构,根据"取大优先"的原则应取"二人"。

⑥ 兼顾直观。有些汉字完全按照前面的规则拆分,破坏了字的完整性,不符合人对汉字识别的传统习惯,所以也有例外的。如"自"字,按"取大优先"原则应先取一撇一竖的单立人旁字根,可没有看做是一撇再加个"目"字直观。再如"羊"字如先取了两点一横这个字根,下面的羊字底就破坏了,所以先取了不带横笔画的两点。

(4) 末笔画识别码

一个汉字如果是由少数字根组成,就很容易出现重码,也就是说有两个以上的汉字都是这样的编码。如只按S、F这两键,"村、杜、杆"都是木字旁,右边的"寸、土、干"都在F键上,那么怎样识别呢?可以看出,几个字虽编码一样,但它们的末笔画不一样,这就想到以末笔画来区别它们。然而，有些重码字单从末笔画也不能识别，如“只”和“叭”，它们的编码和末笔画完全一样，只是结构不一样，一个是上下型结构，一个是左右型结构，这样的字只有从结构上去区分。

五笔字型使用了一种方法，就是最后加一个识别码。这个码既包含字的末笔画信息，又有字的结构形式信息，叫“交叉识别码”，如表 B-2 所示。五笔字型规定左右型结构为 1 型；上下型结构为 2 型；杂合型结构为 3 型，如表 B-2 所示。交叉识别是用汉字的末笔画所在区里的码，可要取第几位码作识别码，要看字结构类型如左右型结构为 1 型，就取该区第一位作识别码；上下型结构为 2 型字，取第二位作识别码；对于既不属于左右型又不属于上下型结构的字，一律视为杂合型，即 3 型字，就取第三位作识别码。

表 B-2　五笔字型交叉识别码

笔画＼字型		左右型	上下型	杂合型
		1	2	3
横	1	11(G)	12(F)	13(D)
竖	2	21(H)	22(J)	23(K)
撇	3	31(T)	32(R)	33(E)
捺	4	41(Y)	42(U)	43(I)
折	5	51(N)	52(B)	53(V)

五笔字型对于全包围和半包围型的汉字，规定取末笔画时取被包围里面的字根的末笔画。如“边、连”，识别码只能用“力、车”字根的末笔画（如用外面的走之旁字根的末笔画就都一样了）。如“圆、固”等也只能取里面的笔画。如果是“九、刀、力、匕”为末字根，规定一律取折笔为末笔画。以“戈、戋”为末字根时，取撇为末笔画。

五笔字型方案规定，不足四码的汉字要加末笔识别码，加后还不足四码的再补打空格。不过，为了提高输入速度，五笔字型方案将一些常用汉字的编码仅取其前面的几个为简码，因此，大部分汉字不用输入识别码。

5. 词语的编码规则

1982 年年底，“五笔字型”首创了依形编码、字码词码体例一致、不需换挡的实用化词语输入法。不管多长的词语，一律取四码。而且单字和词语可以混合输入，不用换挡或其他附加操作，谓之“字词兼容”。其取码方法如下。

① 两字词。每字取其全码的前两码组成，共四码，举例如下。

经济：纟　又　氵　文(55 54 43 41 XCIY)

操作：扌　口　亻　𠂉(32 23 34 31 RKWT)

② 三字词。前两字各取一码，最后一字取两码，共四码，举例如下。

计算机：讠　竹　木　几(41 31 14 25 YTSM)

操作员：扌　亻　口　贝(32 34 23 25 RWKM)

③ 四字词。每字各取全码的第一码，举例如下。

科学技术：禾　⺍　扌　木(31 43 32 14 TIRS)

汉字编码：氵　宀　纟　石(43 45 55 13 IPXD)

王码电脑：王　石　曰　月(11 13 22 33 GDJE)

④ 多字词。取第一、二、三及末一个汉字的第一码，共四码，举例如下。

电子计算机：曰　子　讠　木(22 52 41 14 JBYS)

中华人民共和国：口　亻　人　囗(23 34 34 24 KWWL)

美利坚合众国：丷　禾　刂　囗(42 31 22 24 UTJL)

五笔字型计算机汉字输入技术：五　竹　宀　木(11 31 45 14 GTPS)

另外，在 Windows 版五笔字型输入法中，系统为用户提供了 15 000 条常用词组。此外，用户还可以使用系统提供的造词软件另造新词，或直接在编辑文本的过程中从屏幕上"取字造词"。对于所有新造的词，系统都会自动给出正确的输入外码合并入原词库统一使用。

6. 关于简码、重码和容错码

简码输入：为了减少击键次数，提高输入速度，一些常用的字，除可以按其全码输入外，多数都可以只取其前边的一至三个字根，再加空格键输入之，即只取其全码最前边的一个、两个或三个字根(码) 输入，形成所谓一、二、三级简码。

(1) 一级简码(即高频字码)

按各键，再按空格键，即可打出 25 个最常用的汉字如下。

一地在要工，上是中国同，和的有人我，主产不为这，民了发以经

G F D S A，H J K L M，T R E W Q，Y U I O P，N B V C X

(2) 二级简码

化：亻　匕(WX)　　信：亻　言(WY)

李：木　子(SB)　　张：弓　丿(XT)

(3) 三级简码

华：亻 匕 十(WXF)　　想：木 目 心(SHN)

陈：阝 七 小(BAI)　　得：彳 曰 一(TJG)

注：有时，同一个汉字可有几种简码。例如"经"，就同时有一、二、三级简码及全码四个输入码(X、XCA、XC、XCAG)。

(4) 重码

几个"五笔字型"编码完全相同的字，称为"重码"，举例如下。

雨：(FGHY)

寸：(FGHY)

枯：木　古　一　(SDG)

柘：木　石　一　(SDG)

① 选择方法：当输入重码字的外码时，重码的字会同时出现在屏幕的"提示行"中。如果所要的字在第 1 个位置上，继续输入下文，该字即可自动跳到光标所在的位置上；如

果所要的字在第 2 个位置上，可按字母键上方的数字键 2，即可将所要的字挑选到屏幕上。五笔字型的重码本来就很少，加上重码在提示行中的位置是按其频度排列的，常用字总在前边，所以，实际需要挑选的机会极少，平均打 1 万个字，才需要挑 2 次。

② L 的用法：所有显示在后边的重码字，将其最后一个编码人为地修改为 L，使其成为一个唯一的编码，按这个码输入，便不需要挑选了。例如："喜"和"嘉"的编码都是 FKUK，现将最后一个 K 改为 L，FKUL 就作为"嘉"的唯一编码了（"喜"虽重码，但不需要挑选，也相当于唯一码）。

(5) 容错码

容错码有两个含义：其一是容易搞错的码，其二是容许搞错的码。容易弄错的码，容许按错的输入，谓之容错码。五笔字型输入法中的容错码目前将近有 1000 个，使用者还可以自已再建立。容错码主要有以下两种类型。

① 拆分容错：个别汉字的书写顺序因人而异，因而容易弄错者，举例如下。

长：丿 七 丶 氵（正确码）　　长：七 丿 丶 氵（容错码）

长：丿 一 丨 丶（容错码）　　长：一 丨 丿 丶（容错码）

秉：丿 一 彐 小（正确码）　　秉：禾 彐 氵（容错码）

② 字型容错：个别汉字的字型分类不易确定者，举例如下。

占：⺊ 口 二（正确码）　　占：⺊ 口 三（容错码）

右：⺊ 口 二（正确码）　　右：⺊ 口 三（容错码）

7. 五笔字型字根总表

五笔字型字根总表如图 B-2 所示。

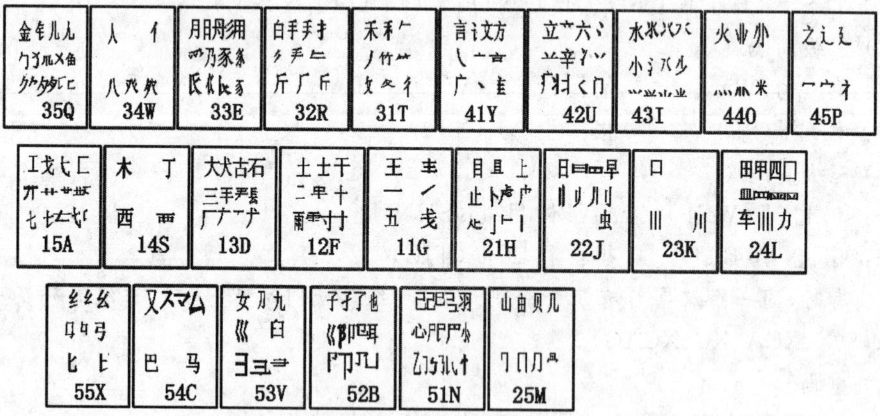

图 B-2　五笔字型字根总表

参考文献

[1] 周南岳.计算机应用能力基础.北京：高等教育出版社，2009

[2] 袁胜昔.常用工具软件及应用.北京：中国铁道出版社，2010

[3] 姬立中.计算机应用基础(中专).北京：中国铁道出版社，2010

[4] 许洪杰.计算机应用基础教程.北京：清华大学出版社，2007

[5] 余棉水.计算机网络技术.北京：机械工业出版社，2009

[6] 戴宇.计算机应用基础与实践.北京：人民邮电出版社，2010